AF457076

POMOLOGIE GÉNÉRALE

PAR A. MAS

SUITE DE LA PUBLICATION PÉRIODIQUE

LE VERGER

HUITIÈME VOLUME

POMMES — Nos 1 à 96

18150

BOURG (AIN)
CHEZ Mme ALPHONSE MAS
Rue Lalande, 20.

PARIS
LIBRAIRIE DE G. MASSON
Boulevard St-Germain, 120.

1882

POMOLOGIE GÉNÉRALE

POMMES

TOME HUITIÈME

POMOLOGIE GÉNÉRALE

PAR A. MAS

SUITE DE LA PUBLICATION PÉRIODIQUE

LE VERGER

HUITIÈME VOLUME

POMMES — Nos 1 à 96

BOURG (AIN)
CHEZ Mme ALPHONSE MAS
Rue Lalande, 20.

PARIS
LIBRAIRIE DE G. MASSON
Boulevard St-Germain, 120.

1882

Bourg, Imprimerie Villefranche.

POMOLOGIE GÉNÉRALE

REINETTE AMANDE

(MANDEL REINETTE)

(N° 1)

Illustrirtes Handbuch der Obstkunde. VOLTMANN.
DIETZER MANDEL REINETTE. *Versuch einer Systematischen Beschreibung der Kernobstsorten.* DIEL.
Sichere Führer. DOCHNAHL.
DIETZER ROTHE MANDEL REINETTE. *Systematisches Handbuch der Obstkunde.* DITTRICH.

OBSERVATIONS. — D'après Diel, cette variété serait probablement originaire des environs de Dietz, dans le duché de Nassau. — L'arbre, d'une grande vigueur, forme de belles pyramides même sur paradis. Sa haute tige sur franc élève bien sa tête d'une grande dimension. Sa fertilité, seulement moyenne, est sujette à l'alternat. Son fruit de première qualité, de longue conservation, en recommande la culture.

DESCRIPTION.

Rameaux de moyenne force, un peu anguleux dans leur contour, à entre-nœuds un peu longs et inégaux entre eux, d'un brun rougeâtre tense; lenticelles blanchâtres, nombreuses, peu larges et apparentes.

Boutons à bois moyens, courts, épais, obtus, plus ou moins appliqués au rameau, soutenus sur des supports peu saillants dont les côtés et l'arête médiane se prolongent assez distinctement; écailles d'un rouge intense et recouvertes d'un duvet gris sombre.

Pousses d'été d'un vert clair et vif, non lavées de rouge à leur sommet et couvertes d'un duvet court et hérissé.

Feuilles des pousses d'été grandes, elliptiques bien arrondies, se terminant brusquement en une pointe courte, large et bien aiguë, à peine concaves et non arquées, bordées de dents profondes, un peu couchées et bien aiguës, très-solidement soutenues sur des pétioles extraordinairement courts, forts et redressés.

Stipules assez longues, en forme de flammes.

Boutons à fruit petits, conico-ellipsoïdes, obtus; écailles d'un rouge brun brillant et entièrement glabres.

Fleurs grandes; pétales largement arrondis, concaves, peu lavés de rose en dehors et presque blancs en dedans; divisions du calice longues, étroites et peu recourbées en dessous; pédicelles courts, forts et duveteux.

Feuilles des productions fruitières grandes, obovales-elliptiques, allongées et peu larges, exactement planes, bordées de dents fines, assez profondes et finement aiguës, s'étalant sur des pétioles très-courts, forts, raides et divergents.

Caractère saillant de l'arbre : teinte générale du feuillage d'un vert herbacé intense et mat; feuilles des pousses d'été remarquablement épaisses; feuilles des productions fruitières planes et se dirigeant bien horizontalement; toutes les feuilles garnies d'une serrature remarquablement acérée; tous les pétioles extraordinairement courts et forts.

Fruit moyen, sphérico-cylindrique, paraissant un peu plus haut que large, parfois à peine déformé dans son contour par des élévations très-largement aplanies, atteignant sa plus grande épaisseur au-dessous du milieu de sa hauteur; au-dessus de ce point, s'atténuant peu par une courbe peu convexe en une pointe plus ou moins courte, épaisse et largement tronquée à son sommet; au-dessous du même point, s'arrondissant par une courbe bien convexe jusque dans la cavité de la queue.

Peau fine, mince, d'abord d'un vert clair semé de points gris cernés de vert plus foncé, nombreux, régulièrement espacés et peu apparents. Une rouille fine et verdâtre couvre la cavité de la queue. A la maturité, **courant et fin d'hiver,** le vert fondamental passe au jaune paille et le côté du soleil, sur une large étendue, est lavé d'un rouge sanguin peu foncé et un peu mat, traversé par des raies de la même couleur plus foncées et qui ne deviennent un peu distinctes que sur les parties moins éclairées.

Œil grand, ouvert ou demi-ouvert, à divisions larges, finement aiguës, recourbées en dehors et restant longtemps vertes, placé dans une cavité peu profonde, bien évasée, plissée dans ses parois et par ses bords, et ces plis ne se prolongent pas d'une manière bien appréciable sur la hauteur du fruit. Tuyau du calice en entonnoir court, dépassant à peine la première enveloppe du cœur dont la coupe est largement cordiforme.

Queue de moyenne longueur, forte, attachée dans une cavité assez peu profonde, un peu évasée et le plus souvent régulière par ses bords.

Chair jaunâtre, fine, assez tendre, abondante en jus sucré, acidulé, relevé d'un parfum agréable, mais assez difficile à qualifier.

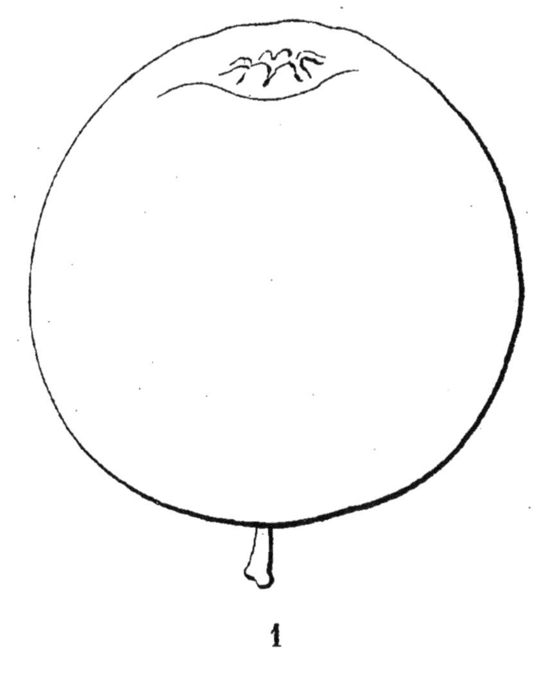

1

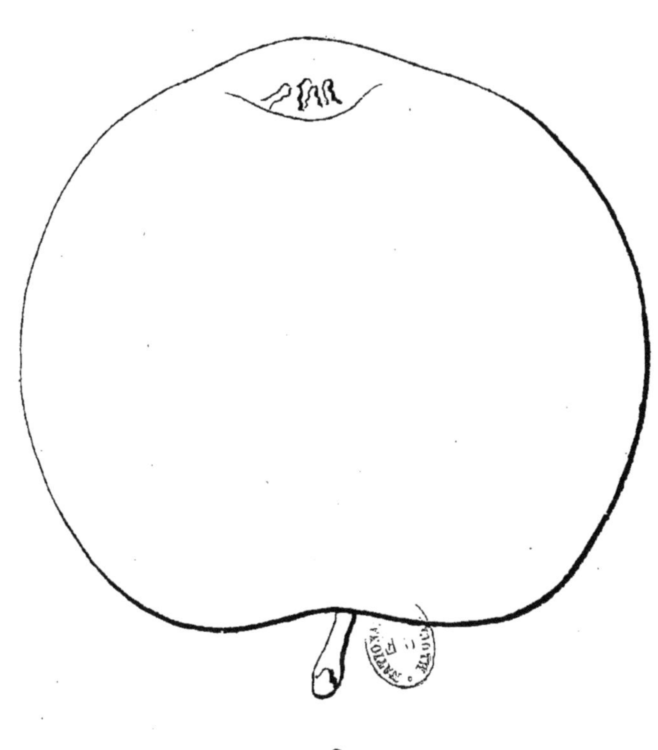

2

1. REINETTE AMANDE. 2. NON-PAREILLE DE L'OHIO.

NON-PAREILLE DE L'OHIO

(OHIO NONPAREIL)

(N° 2)

The Fruits and the fruit-trees of America. DOWNING.
American Pomology. JOHN WARDER.

OBSERVATIONS. — Downing donne à cette variété les synonymes : Myer's Nonpareil, Cattell Apple, Rusty Core. Warder dit qu'elle fut obtenue par M. Myers, aux environs de Massillon, Etat de l'Ohio, et Downing fait remarquer que, si les premiers arbres connus de cette variété ont été observés dans le jardin de M. Myers, son origine n'en est pas moins douteuse. — L'arbre, d'une belle végétation même sur paradis, s'accommode bien des formes régulières et surtout de la pyramide. Sa haute tige sur franc, bien vigoureuse, forme une tête robuste, élevée, d'une grande dimension, d'un rapport riche et précoce. Son fruit, de première qualité et de la plus belle apparence, se recommande bien à la culture de spéculation.

DESCRIPTION.

Rameaux forts, assez courts, un peu épaissis à leur sommet, obscurément anguleux dans leur contour, droits, à entre-nœuds assez courts, d'un rouge brun foncé et à peine voilé d'une pellicule mince du côté du soleil; lenticelles blanches, larges, arrondies, saillantes, assez nombreuses et apparentes.

Boutons à bois gros, coniques-allongés et émoussés, appliqués au rameau, soutenus sur des supports renflés dont l'arête médiane se prolonge obscurément; écailles rougeâtres et un peu duveteuses.

Pousses d'été d'un vert clair, lavées de rouge à leur sommet et très-peu duveteuses sur toute leur longueur.

Feuilles des pousses d'été moyennes, ovales un peu élargies, profondément échancrées vers le pétiole, se terminant un peu brusquement en une pointe longue, largement creusées en gouttière et un peu arquées, bordées de dents fines, assez peu profondes, le plus souvent doubles, un peu couchées et bien aiguës, bien soutenues sur des pétioles assez courts, très-forts et peu redressés.

Stipules lancéolées et souvent recourbées en croissant.

Boutons à fruit gros, conico-ovoïdes, peu aigus; écailles d'un rouge brun très-foncé et à peine duveteuses.

Fleurs grandes; pétales elliptiques, bien élargis, se recouvrant bien entre eux, bien concaves, légèrement lavés de rose tendre en dehors et en dedans; divisions du calice longues et bien recourbées en dessous; pédicelles de moyenne longueur, de moyenne force et peu duveteux.

Feuilles des productions fruitières assez petites, les unes ovales un peu élargies, les autres obovales un peu allongées, se terminant un peu brusquement en une pointe courte, largement creusées en gouttière et largement ondulées dans leur contour, bordées de dents fines, peu profondes, un peu couchées et bien aiguës, bien soutenues sur des pétioles plus ou moins courts, peu forts, raides et divergents.

Caractère saillant de l'arbre : teinte générale du feuillage d'un vert pré peu foncé et peu brillant; toutes les feuilles garnies d'une serrature plus ou moins fine et bien acérée, bien soutenues sur des pétioles plus ou moins courts et bien raides.

Fruit moyen ou assez gros, sphérique largement déprimé à ses deux pôles, bien uni dans son contour, atteignant sa plus grande épaisseur au milieu de sa hauteur; au-dessus et au-dessous de ce point, s'arrondissant également par des courbes bien convexes, soit du côté de la cavité de l'œil, soit du côté de celle de la queue.

Peau un peu épaisse et ferme, d'abord d'un vert vif semé de points gris, larges et largement espacés. Parfois un peu de rouille verdâtre couvre le fond de la cavité de la queue. A la maturité, **automne et commencement d'hiver,** le vert fondamental passe au jaune intense et mat; le côté du soleil est couvert d'un nuage de rouge orangé traversé par des raies courtes et assez peu distinctes d'un rouge cramoisi frais, et sur ce rouge ressortent des points nombreux d'un jaune doré.

Œil grand, demi-fermé, à divisions larges et courtes, réfléchies en dedans, placé dans une jolie cavité en forme de soucoupe large, un peu profonde, à peine plissée dans ses parois et le plus souvent unie par ses bords. Tuyau du calice descendant en forme d'entonnoir presque jusqu'à la cavité du cœur dont la coupe cordiforme offre peu d'étendue par rapport au volume du fruit.

Queue tantôt courte, tantôt longue, bien grêle, attachée dans une cavité profonde, largement et régulièrement évasée et bien unie par ses bords.

Chair jaunâtre, assez fine, peu ferme, abondante en jus sucré, acidulé, relevé d'une saveur rafraîchissante et agréable.

GRANNY EARLE

(N° 3)

The Fruits and the fruit-trees of America. Downing.

Observations. — Downing ne donne aucune indication sur l'origine de cette variété; elle fut, d'après lui, déjà décrite par le pomologiste Américain Hovey. — L'arbre, de vigueur normale sur paradis, se prête facilement aux formes régulières. Son fruit, petit, réclame l'emploi de la taille pour améliorer son volume, et il est d'assez bonne qualité pour le recommander aux amateurs.

DESCRIPTION.

Rameaux de moyenne force, un peu anguleux dans leur contour, à peine flexueux, à entre-nœuds de moyenne longueur, d'un brun rougeâtre intense; lenticelles larges, peu nombreuses et apparentes.

Boutons à bois moyens, coniques-allongés et un peu aigus, appliqués au rameau, soutenus sur des supports saillants dont les côtés et l'arête médiane se prolongent souvent assez distinctement; écailles rougeâtres et peu duveteuses.

Pousses d'été d'un vert d'eau, non colorées de rouge à leur sommet, couvertes d'un duvet extraordinairement court et peu serré.

Feuilles des pousses d'été moyennes ou assez petites, ovales ou ovales-elliptiques, se terminant peu brusquement en une pointe courte, bien creusées en gouttière et non arquées, parfois largement ondulées dans leur contour, bordées de dents un peu larges, assez peu profondes, un peu surdentées, bien obtuses, soutenues horizontalement sur des pétioles de moyenne longueur, de moyenne force et peu redressés.

Stipules extraordinairement courtes, fines et caduques.

Boutons à fruit petits, conico-ovoïdes, maigres et un peu aigus; écailles d'un brun sombre et peu duveteuses.

Fleurs grandes; pétales arrondis-élargis, bien concaves, à onglet court, se recouvrant très-largement entre eux, presque blancs en dehors et blancs en dedans; divisions du calice assez courtes, finement aiguës et bien réfléchies en dessous; pédicelles courts, un peu forts et un peu cotonneux.

Feuilles des productions fruitières à peu près de même grandeur que celles des pousses d'été, ovales-elliptiques, allongées et peu larges, se terminant peu brusquement en une pointe courte et fine, creusées en gouttière et non arquées, largement ondulées dans leur contour, bordées de dents fines, peu profondes, un peu recourbées et peu aiguës, s'abaissant un peu sur des pétioles de moyenne longueur, grêles et un peu flexibles.

Caractère saillant de l'arbre : teinte générale du feuillage d'un vert bleu intense et mat; feuilles des pousses d'été paraissant plutôt crénelées que dentées; toutes les feuilles assez petites et bien creusées en gouttière.

Fruit petit, sphérico-ovoïde, uni dans son contour, atteignant sa plus grande épaisseur au-dessous du milieu de sa hauteur; au-dessus de ce point, s'atténuant par une courbe largement convexe en une pointe courte, épaisse et tronquée à son sommet sur une moyenne étendue; au-dessous du même point, s'arrondissant un peu brusquement et par une courbe plus convexe jusque dans la cavité de la queue.

Peau mince, souple, d'abord d'un vert terne sur lequel il est difficile de reconnaître de très-petits points gris, un peu cernés de vert plus clair. Une tache d'une rouille fauve couvre le plus souvent la cavité de la queue, mais sans s'étendre au-delà de ses bords. A la maturité, **courant d'hiver**, le vert fondamental passe au jaune pâle et mat dont on n'aperçoit ordinairement qu'une très-petite étendue, car il est presque entièrement ou même quelquefois entièrement voilé d'un nuage de rouge sanguin traversé par des raies fines, allongées et assez distinctes, d'un rouge cramoisi, et sur ce rouge apparaissent un peu quelques points jaunâtres.

Œil petit, fermé ou presque fermé, à divisions courtes, recourbées en dehors, placé dans une cavité étroite, peu profonde, à peine plissée dans ses parois et ordinairement régulière par ses bords. Tuyau du calice en entonnoir très-court et obtus, ne dépassant pas la première enveloppe du cœur dont la coupe largement cordiforme offre une grande étendue par rapport au volume du fruit.

Queue courte ou de moyenne longueur, attachée dans une cavité peu profonde, évasée et dans laquelle elle est souvent repoussée obliquement par une bosse charnue.

Chair blanche et un peu teintée de jaune sous la peau, fine, serrée, croquante, suffisante en jus sucré, relevé, bien parfumé, constituant un fruit au moins de première qualité.

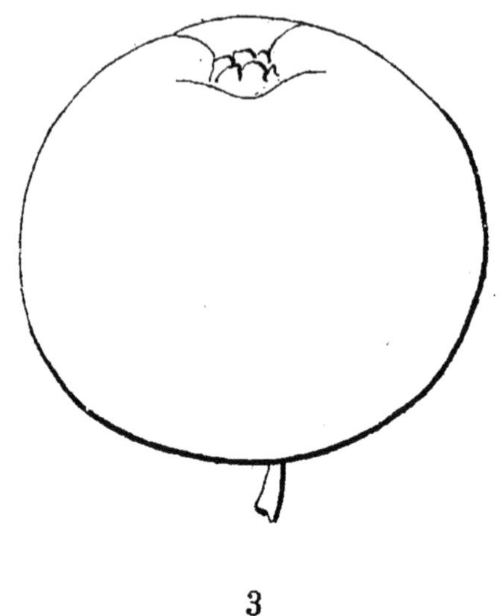

3

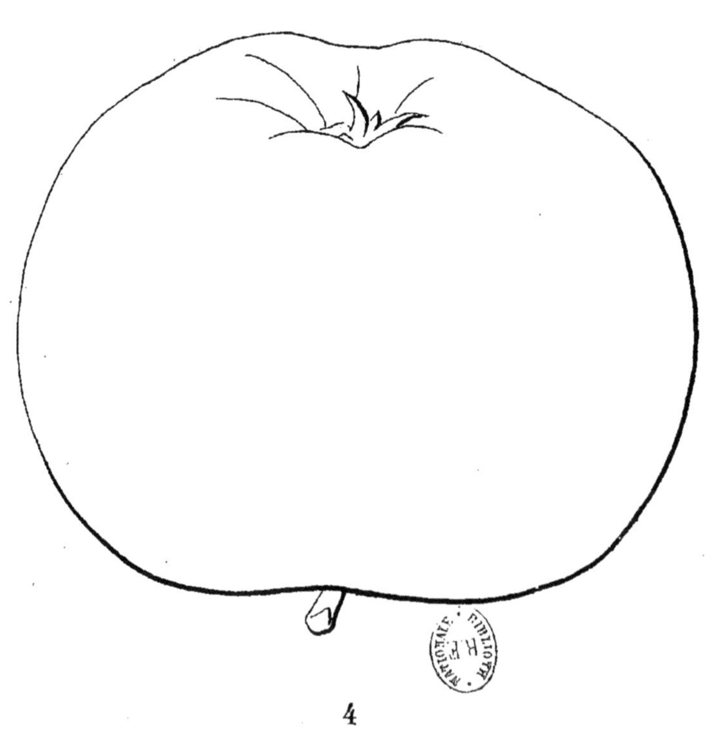

4

3. GRANNY EARLE. 4. TÊTE DE CHAT.

TÊTE DE CHAT

(CATSHEAD)

(N° 4)

A Guide to the Orchard. LINDLEY.
The Apple and its te Varieties. ROBERT HOGG.
The Fruits and the fruit-trees of America. DOWNING.
KUGELAPFEL. *Illustrirtes Handbuch der Obstkunde.* LUCAS [1].
Handbuch aller behannten Obstsorten. BIEDENFELD.

OBSERVATIONS. — Robert Hogg dit que c'est une de leurs plus anciennes variétés, et qu'elle fut toujours bien estimée pour la belle apparence de son fruit. Phillips la célébra dans son poëme sur le Cidre. Il cite aussi le passage suivant d'Ellis, auteur du *Modern Husbandman*, qui explique la faveur dont elle jouit en Angleterre : « La Tête de Chat est du plus grand usage chez les cultivateurs, parce que lorsqu'elle est pelée et roulée dans la farine, elle fait, sans beaucoup d'embarras, des chaussons bien appréciés par le fermier du comté de Kent. Elle constitue aussi un repas promptement préparé et économique pour rassasier la faim bien aiguisée du laboureur, et d'un transport facile, s'il n'est pas pris à la maison. Ce fruit est aussi maintenant en grande réputation dans le comté d'Hertford et quelques autres où il est employé comme garniture du lard et du porc salé. » — L'arbre est d'une grande vigueur aussi bien sur paradis que sur franc; assez difficile à soumettre aux formes régulières, sa véritable destination est la haute tige pour le grand verger où il croît vivement, prend une grande dimension et devient cependant bientôt très-fertile.

DESCRIPTION.

Rameaux de moyenne force, anguleux dans leur contour et surtout vers leur sommet, presque droits, à entre-nœuds inégaux entre eux, d'un brun rougeâtre très-intense, à peine voilé, et sur une très-petite étendue,

---

[1] Je donne cette synonymie avec une certaine hésitation, la figure de M. Lucas différant un peu de la forme ordinaire de notre fruit. Toutefois le reste de sa description est entièrement conforme, et j'ai achevé de me décider à une identité entre ces deux variétés en constatant que la Kugelapfel est aussi appelée dans le Wurtemberg Gruner Katzenkopf, qui répond exactement au nom de Cat's Head greening sous lequel j'ai reçu ma variété il y a environ vingt-cinq ans.

d'une pellicule très-mince; lenticelles blanches, un peu larges, un peu allongées, assez peu nombreuses et apparentes.

Boutons à bois petits, coniques, courts, épatés, obtus, comprimés et appliqués au rameau, soutenus sur des supports dont les bords et les côtés sont bien saillants, mais ne se prolongent pas longuement; écailles d'un brun rougeâtre sombre et terne.

Pousses d'été, d'un rouge brun et presque entièrement recouvertes d'un duvet gris, fin et assez serré.

Feuilles des pousses d'été grandes, ovales un peu arrondies, se terminant un peu brusquement en une pointe courte, concaves, bordées de dents larges, profondes et aiguës, bien fermes sur des pétioles longs, forts et redressés.

Stipules courtes, en forme de croissant.

Boutons à fruit moyens, ovoïdes, peu aigus; écailles rouges et bordées de marron clair.

Fleurs grandes; pétales ovales-élargis, un peu concaves, tachés de rose violet en dehors, légèrement lavés de la même couleur en dedans; divisions du calice de moyenne longueur, bien étroites et bien recourbées en dessous; pédicelles un peu longs, assez forts et peu duveteux.

Feuilles des productions fruitières grandes, ovales-élargies et bien allongées, se terminant un peu brusquement en une pointe assez courte, creusées en gouttière, largement ondulées dans leur contour, bordées de dents profondes et aiguës, bien soutenues sur des pétioles longs, forts et raides.

Caractère saillant de l'arbre: teinte générale du feuillage d'un vert herbacé intense; toutes les feuilles bien amples; aspect général de vigueur.

Fruit gros, sphérico-cylindrique et largement tronqué à ses deux pôles, plus ou moins anguleux dans son contour, atteignant sa plus grande épaisseur à peu près au milieu de sa hauteur; au-dessus et au-dessous de ce point, s'atténuant par des courbes presque de même longueur et presque également convexes, pour se terminer en deux surfaces à peu près de même étendue.

Peau épaisse et un peu ferme, d'abord d'un vert clair et gai semé de points d'un gris brun largement cernés d'une auréole nacrée, très-nombreux et très-apparents. On ne remarque ordinairement aucune trace de rouille sur sa surface. A la maturité, **commencement et courant d'hiver,** elle devient onctueuse et odorante, le vert fondamental passe au vert jaunâtre, et le côté du soleil est légèrement lavé d'un rouge brun doré.

Œil grand, demi-fermé, à divisions verdâtres, placé dans une cavité large, profonde, sillonnée dans ses parois et dont les bords se divisent en côtes saillantes qui ne se prolongent pas toujours d'une manière bien sensible sur la hauteur du fruit. Tuyau du calice en forme d'entonnoir court et aigu, descendant à peine au-delà de la première enveloppe du cœur dont la coupe est largement cordiforme.

Queue assez courte, un peu forte, dépassant la cavité large, profonde, anguleuse dans laquelle elle est attachée.

Chair d'un blanc mélangé de jaune verdâtre surtout sous la peau, demi-fine, un peu ferme quoique peu compacte, très-abondante en jus légèrement sucré, vineux-acidulé, constituant un fruit destiné aux usages de la cuisine et recommandable par son volume et sa beauté.

REINETTE DUCHESSE DE BRABANT

(N° 5)

Annales de Pomologie belge et étrangère. A. LOISEL.
Les Fruits du Jardin Van Mons. BIVORT.

OBSERVATIONS. — Cette variété serait un semis de M. Alfred Loisel, et son premier rapport eut lieu en 1846. Son fruit fut admis par la Commission royale de pomologie comme de toute première qualité, et nos propres observations ont confirmé cette appréciation. — L'arbre, d'une bonne vigueur même sur paradis, s'accommode bien des formes régulières et surtout de la pyramide. Sa haute tige sur franc forme une tête élevée, à branches érigées, un peu compacte, d'une fertilité précoce et grande.

DESCRIPTION.

Rameaux assez forts, bien unis dans leur contour, bien droits, à entrenœuds courts, d'un brun verdâtre à l'ombre, un peu teintés de rouge sombre du côté du soleil, et entièrement recouverts d'une pellicule épaisse.

Boutons à bois moyens, coniques, un peu renflés sur le dos, un peu aigus, pas tout à fait appliqués au rameau, soutenus sur des supports presque nuls dont les côtés et l'arête médiane ne se prolongent pas; écailles d'un marron foncé et glabres.

Pousses d'été d'un vert vif et couvertes d'un duvet grisâtre et peu épais.

Feuilles des pousses d'été assez grandes, elliptiques-arrondies, se terminant très-brusquement en une pointe courte et large, bien concaves et non arquées, bordées de dents profondes, le plus souvent simples et bien aiguës, soutenues horizontalement sur des pétioles de moyenne longueur, bien forts et peu redressés.

Stipules très-caduques.

Boutons à fruit gros, ovoïdes, un peu aigus; écailles extérieures d'un brun noirâtre, glabres ou à peine duveteuses; écailles intérieures recouvertes d'un duvet gris sombre.

Fleurs grandes; pétales ovales-elliptiques, peu concaves, à onglet très-court, se recouvrant peu entre eux, presque blancs en dehors et en dedans; divisions du calice assez longues, fines et annulaires; pédicelles assez courts, forts et un peu cotonneux.

Feuilles des productions fruitières à peu près de la même grandeur que celles des pousses d'été, obovales-elliptiques ou presque elliptiques, cependant toujours un peu plus atténuées vers le pétiole, se terminant un peu brusquement en une pointe courte et large, concaves, bordées de dents profondes, un peu couchées et bien aiguës, soutenues horizontalement sur des pétioles de moyenne longueur, de moyenne force et dressés.

Caractère saillant de l'arbre : teinte générale du feuillage d'un vert herbacé intense; serrature de toutes les feuilles remarquablement acérée.

Fruit moyen, conico-cylindrique, uni dans son contour, atteignant sa plus grande épaisseur souvent bien au-dessous du milieu de sa hauteur; au-dessus de ce point, s'atténuant par une courbe très-peu convexe en une pointe peu longue, épaisse et très-largement tronquée à son sommet; au-dessous du même point, s'arrondissant par une courbe bien convexe jusque dans la cavité de la queue.

Peau mince, souple, d'abord d'un vert gai semé de points d'un vert noirâtre, larges, largement espacés et bien apparents. Une rouille d'un brun grisâtre ou verdâtre rayonne en étoile dans la cavité de la queue et au-delà de ses bords et forme ordinairement des traits circulaires en devenant un peu squameuse sur les bords de la cavité de l'œil. A la maturité, **courant et fin d'hiver,** le vert fondamental passe au jaune citron conservant par places un ton un peu verdâtre, et le côté du soleil, sur les fruits bien exposés, est lavé d'un rouge orange, parfois flammé d'un rouge cramoisi, formant aussi des raies distinctes sur les parties moins éclairées. Des points gris cernés de jaune se concentrent et sont peu apparents sur ce rouge.

Œil grand, ouvert ou demi-ouvert, à divisions courtes, larges, un peu réfléchies en dedans, puis recourbées en dehors par leur pointe, placé dans une cavité très-peu profonde, très-évasée, un peu plissée dans ses parois et ordinairement unie par ses bords. Tuyau du calice en entonnoir très-court et obtus, ne dépassant pas la première enveloppe du cœur dont la coupe cordiforme est proportionnée au volume du fruit.

Queue courte, assez forte, attachée dans une cavité peu profonde, évasée et régulière par ses bords.

Chair jaunâtre, fine, tassée, un peu ferme, abondante en jus bien sucré, bien relevé, très-agréablement parfumé à la manière des meilleures Reinettes.

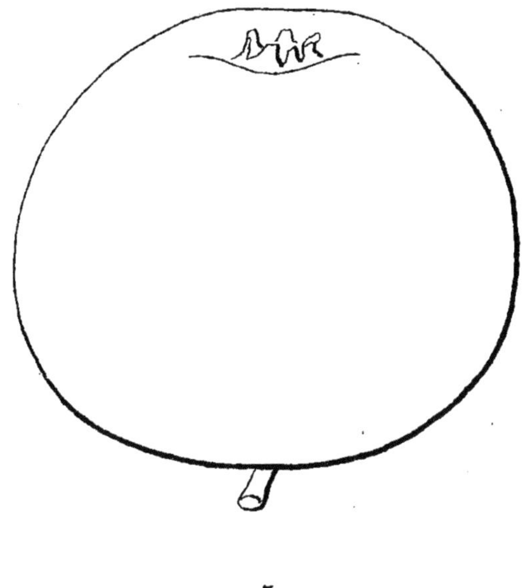

5

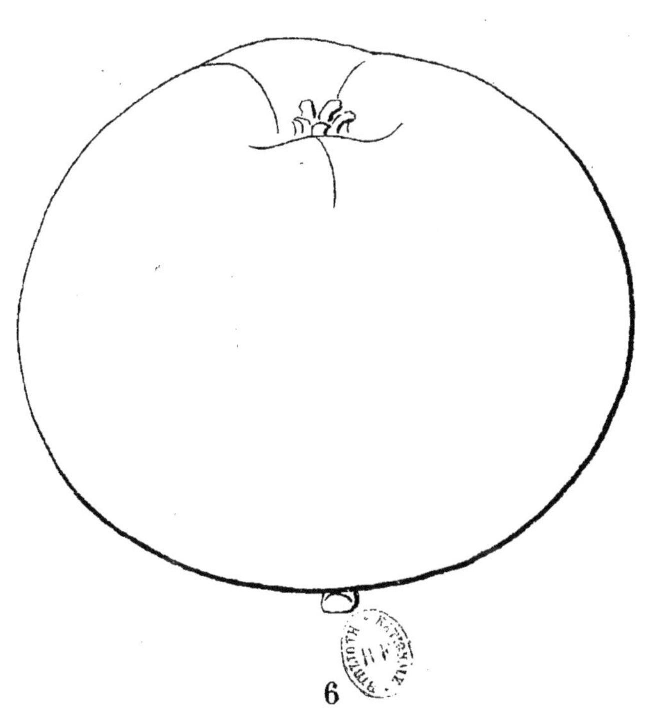

6

5. REINETTE DUCHESSE DE BRABANT. 6. CHANDELIER.

CHANDELIER

(CHANDLER)

(N° 6)

The Fruits and the fruit-trees of America. DOWNING.
American Pomology. JOHN WARDER.

OBSERVATIONS. — Downing nous apprend que cette variété est bien cultivée dans l'Etat de Connecticut, d'où elle est originaire. — La vigueur de l'arbre est modérée aussi bien sur franc que sur paradis, et sa fertilité est précoce et grande. Son fruit, par sa qualité, ne peut être considéré que comme propre aux usages du ménage.

DESCRIPTION.

Rameaux de moyenne force, un peu anguleux dans leur contour, d'un brun rougeâtre voilé du côté du soleil d'une pellicule de couleur sombre; lenticelles très-petites et très-peu apparentes.

Boutons à bois moyens, coniques, émoussés et appliqués au rameau, soutenus sur des supports saillants dont les côtés et l'arête médiane se prolongent souvent distinctement; écailles extérieures recouvertes d'un duvet gris et court.

Pousses d'été d'un vert clair, colorées de rouge à leur sommet et peu duveteuses.

Feuilles des pousses d'été grandes, ovales-elliptiques et allongées, se terminant brusquement en une pointe longue et étroite, bien creusées en gouttière et non arquées, souvent largement ondulées dans leur contour, bien régulièrement bordées de dents fines, peu profondes et aiguës, soutenues horizontalement sur des pétioles longs, grêles et redressés.

Stipules assez courtes, lancéolées-étroites et un peu recourbées.

Boutons à fruit assez petits, conico-ovoïdes, un peu aigus; écailles d'un rouge intense et uniforme, peu duveteuses.

Fleurs assez petites; pétales elliptiques, peu concaves, à onglet très-court, se recouvrant entre eux, bien lavés de rose violet en dehors et en dedans; divisions du calice courtes, fines et recourbées en dessous; pédicelles courts, un peu forts et un peu cotonneux.

Feuilles des productions fruitières assez grandes, obovales bien allongées ou obovales-lancéolées, se terminant un peu brusquement en une pointe courte et fine, bien creusées en gouttière et un peu arquées, bien régulièrement bordées de dents fines, peu profondes et aiguës, irrégulièrement soutenues sur des pétioles longs, grêles et un peu divergents.

Caractère saillant de l'arbre : teinte générale du feuillage d'un vert bleu intense et vif; toutes les feuilles bien allongées, bien creusées en gouttière et garnies d'une serrature bien régulière, peu profonde et aiguë; tous les pétioles longs et plus ou moins grêles.

Fruit gros ou assez gros, sphérico-conique, souvent un peu plus haut d'un côté que de l'autre, déformé dans son contour par des côtes aplanies, atteignant sa plus grande épaisseur peu au-dessous du milieu de sa hauteur; au-dessus de ce point, s'atténuant par une courbe plus ou moins convexe en une pointe très-courte, très-épaisse et très-largement tronquée à son sommet; au-dessous du même point, s'arrondissant brusquement par une courbe bien convexe jusque dans la cavité de la queue.

Peau un peu ferme, d'abord d'un vert décidé semé de points presque imperceptibles, s'ils n'étaient largement cernés d'un vert plus clair. Une tache d'une rouille dense et d'un brun grisâtre couvre la cavité de la queue et s'étale en étoile au-delà de ses bords. A la maturité, **courant et fin d'hiver,** le vert fondamental s'éclaircit à peine en jaune, et le côté du soleil se couvre d'un rouge brun un peu ombré de gris, traversé par des raies allongées du même rouge un peu plus foncé, et sur lequel apparaissent bien de larges points grisâtres.

Œil petit, fermé, à divisions très-courtes, enfoncé dans une cavité profonde, peu évasée et divisée dans ses parois et par ses bords en des côtes plus ou moins aplanies, et qui se continuent d'une manière assez prononcée sur la hauteur du fruit. Tuyau du calice en forme d'entonnoir un peu large et obtus, dépassant un peu la première enveloppe du cœur dont la coupe cordiforme-elliptique offre assez peu d'étendue pour le volume du fruit.

Queue courte, forte, attachée dans une cavité étroite, assez profonde et un peu irrégulière par ses bords.

Chair verdâtre, fine, serrée, un peu ferme, suffisante en jus légèrement sucré, un peu acidulé et sans parfum appréciable.

UPDEGRAFF

(N° 7)

The Fruits and the fruit-trees of America. DOWNING.

OBSERVATIONS. — Cette variété, d'après Downing, serait originaire de l'Etat de Pensylvanie. — L'arbre, d'une végétation contenue sur paradis, s'accommode des formes régulières, surtout de celles qui peuvent être appliquées à un treillage. Il est vigoureux sur franc et forme une tête d'une grande dimension, d'un rapport précoce et soutenu. Son fruit de belle apparence est aussi de bonne qualité.

DESCRIPTION.

Rameaux peu forts, très-obscurément anguleux dans leur contour, presque droits, à entre-nœuds de moyenne longueur, d'un brun rougeâtre à l'ombre, d'un rouge vineux intense et à peine voilé d'une pellicule mince du côté du soleil; lenticelles blanches, un peu larges, arrondies, assez nombreuses et apparentes.

Boutons à bois assez gros, coniques, peu aigus, appliqués au rameau, soutenus sur des supports un peu saillants dont les côtés et l'arête médiane se prolongent très-peu distinctement; écailles d'un rouge foncé et peu duveteuses.

Pousses d'été d'un vert d'eau, colorées de rouge à leur sommet et à peine duveteuses sur toute leur longueur.

Feuilles des pousses d'été petites, ovales, un peu brusquement atténuées vers le pétiole, se terminant peu brusquement en une pointe longue, large et finement aiguë, un peu concaves, bordées de dents larges, profondes, souvent surdentées, un peu recourbées et aiguës, irrégulièrement soutenues sur des pétioles courts, très-grêles et le plus souvent horizontaux.

Boutons à fruit assez petits, ovoïdes, un peu aigus; écailles d'un brun rougeâtre et glabres.

Fleurs moyennes; pétales obovales-arrondis, concaves, tachés de rose violet en dehors et lavés de la même couleur en dedans; divisions du calice assez longues, étroites et un peu recourbées en dessous; pédicelles assez longs, grêles et un peu duveteux.

Feuilles des productions fruitières petites, obovales-lancéolées, étroites, très-sensiblement atténuées vers le pétiole, se terminant un peu brusquement en une pointe un peu longue, un peu creusées en gouttière et à peine arquées, bien ondulées dans leur contour, bordées de dents fines, peu profondes et émoussées, bien soutenues sur des pétioles un peu courts, très-grêles et cependant fermes.

Caractère saillant de l'arbre : teinte générale du feuillage d'un vert bleu plus ou moins foncé; tous les pétioles remarquablement grêles; branchage et feuillage menus.

Fruit petit ou presque moyen, sphérico-conique, un peu déprimé et largement tronqué à ses deux pôles, ordinairement uni ou à peine déformé dans son contour, atteignant sa plus grande épaisseur à peine au-dessous du milieu de sa hauteur; au-dessus et au-dessous de ce point, s'arrondissant par des courbes presque de même longueur soit du côté de la queue, soit du côté de l'œil vers lequel il s'atténue un peu plus, et par une courbe un peu moins convexe.

Peau mince, d'abord d'un vert blanchâtre semé de petites taches nacrées plutôt que de véritables points. Une rouille fauve et squameuse couvre la cavité de la queue. A la maturité, **automne et commencement d'hiver,** le vert fondamental passe au blanc jaunâtre pâle et la plus grande partie de la surface du fruit est lavée d'un rouge cramoisi intense traversé par des raies distinctes d'un rouge violacé et sur lequel ressortent de petits points d'un jaune doré.

Œil moyen, fermé ou presque fermé, placé dans une cavité peu profonde, bien évasée, plissée dans ses parois et à peine ondulée par ses bords. Tuyau du calice en entonnoir très-court, ne dépassant pas la première enveloppe du cœur dont la coupe cordiforme, bien déprimée ou presque elliptique, est colorée d'un jaune bien décidé sur son contour.

Queue longue, bien grêle, ligneuse, attachée dans une cavité large, profonde, bien évasée et régulière par ses bords.

Chair d'un blanc jaunâtre, parfois à peine teintée de rose sous la peau et du côté du soleil, fine, tassée, assez ferme, suffisante en jus bien sucré et légèrement parfumé.

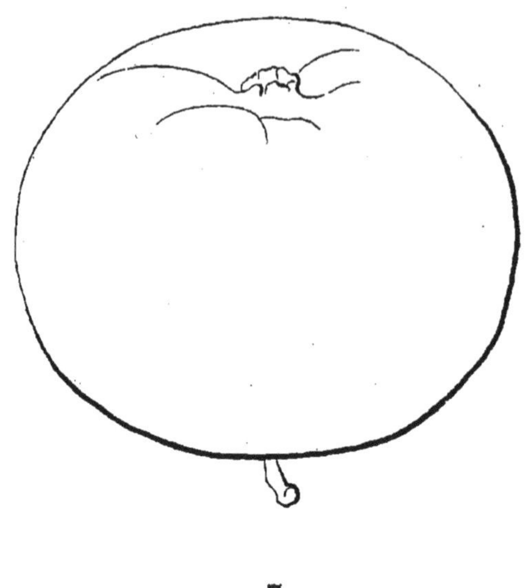

7

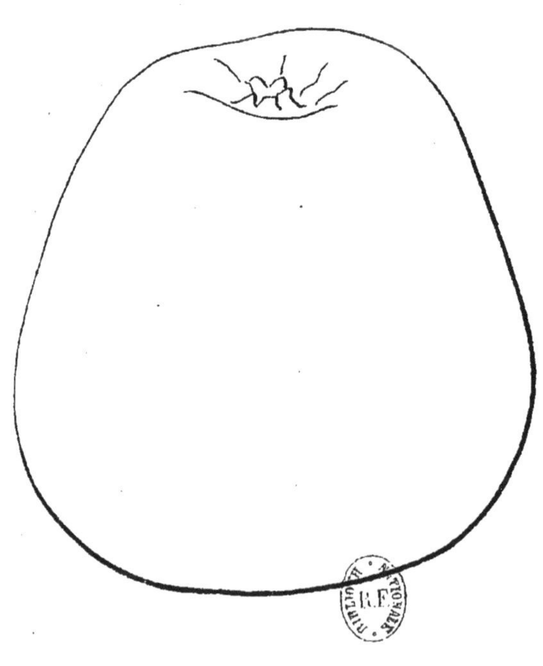

8

7. UPDEGRAFF. 8. SANS-PAREILLE DE DERRY.

Imp. Protat frères, Mâcon

SANS-PAREILLE DE DERRY

(DERRY NONSUCH)

(N° 8)

The Fruits and the fruit-trees of America. DOWNING.
The American fruit Culturist. THOMAS.
American Pomology. JOHN WARDER.

OBSERVATIONS. — Cette variété porte le nom d'une ville de l'Etat de New-Hampshire, aux Etats-Unis ; aurait-elle été obtenue dans ses environs ? Cependant Downing dit que son origine est inconnue. — L'arbre, vigoureux, rustique et fertile, se prête assez facilement aux formes régulières. Son fruit joli a beaucoup de rapport dans son apparence et dans sa chair avec la pomme King of the Pippins ou Reine des Reinettes. Il convient bien à la culture de spéculation par sa conservation facile et sa bonne mine capable de flatter le coup d'œil de l'acheteur.

DESCRIPTION.

Rameaux assez forts, un peu anguleux dans leur contour, à entre-nœuds de moyenne longueur et inégaux entre eux, d'un brun rougeâtre un peu voilé du côté du soleil d'une pellicule d'apparence métallique ; lenticelles petites, assez peu nombreuses et peu apparentes.

Boutons à bois assez gros, coniques, émoussés, appliqués au rameau, soutenus sur des supports un peu saillants dont l'arête médiane se prolonge assez distinctement ; écailles d'un rouge très-intense et un peu duveteuses.

Pousses d'été d'un vert clair et peu duveteuses.

Feuilles des pousses d'été moyennes ou assez grandes, ovales-elliptiques, se terminant brusquement en une pointe longue et large, un peu creusées en gouttière et souvent ondulées dans leur contour, bordées de dents assez peu profondes, bien recourbées et aiguës, soutenues horizontalement sur des pétioles de moyenne longueur, de moyenne force et redressés.

Stipules en alênes moyennes, bien fines et bien finement aiguës.

Boutons à fruit moyens, conico-ovoïdes, peu aigus ; écailles de couleur marron, bordées de noir et peu duveteuses.

Fleurs petites ; pétales elliptiques-arrondis, bien concaves, à onglet nul, se recouvrant entre eux, largement tachés d'un rose intense en dehors, lavés de la même couleur en dedans; divisions du calice étroites et peu recourbées en dessous; pédicelles courts, grêles et un peu cotonneux.

Feuilles des productions fruitières assez grandes, obovales-élargies, se terminant très-brusquement en une pointe très-courte, un peu concaves et à peine arquées, bordées de dents assez peu profondes, bien couchées et plus ou moins aiguës, bien soutenues sur des pétioles un peu longs, peu forts et raides.

Caractère saillant de l'arbre : teinte générale du feuillage d'un beau vert intense et brillant; serrature de toutes les feuilles formée de dents remarquablement couchées ou recourbées.

Fruit gros ou assez gros, conique-tronqué, tantôt uni dans son contour, tantôt un peu déformé par des côtes très-aplanies, atteignant sa plus grande épaisseur près de sa base; au-dessus de ce point, s'atténuant par une courbe à peine convexe en une pointe longue, épaisse et largement tronquée à son sommet; au-dessous du même point, s'arrondissant par une courbe bien convexe jusque dans la cavité de la queue.

Peau un peu ferme, d'abord d'un vert clair et vif semé de quelques points bruns très-rares et irrégulièrement espacés. Une rouille d'un brun fauve s'étend dans la cavité de la queue et souvent sans la recouvrir entièrement. A la maturité, **courant et fin d'hiver,** le vert fondamental passe au jaune clair dont on n'aperçoit souvent qu'une petite étendue, car il est presque entièrement recouvert d'un nuage de rouge cramoisi traversé par des raies longues d'un rouge cerise, bien distinctes surtout sur les parties moins éclairées; quelques points blanchâtres, peu visibles, apparaissent aussi sur ce rouge.

Œil grand, fermé, à divisions dressées en bouquet, recourbées en dehors et restant longtemps vertes, placé dans une cavité en forme de soucoupe assez profonde, largement évasée, finement plissée dans ses parois et un peu divisée dans ses bords par des rudiments de côtes très-émoussées. Tuyau du calice en forme d'entonnoir court, ne dépassant pas la première enveloppe du cœur dont la coupe cordiforme-allongée offre peu d'étendue pour le volume du fruit.

Queue courte, grêle, ligneuse, enfoncée dans une cavité peu large, extraordinairement profonde et ordinairement régulière par ses bords.

Chair jaunâtre, assez fine, ferme, abondante en jus sucré, acidulé, peu parfumé, constituant un fruit surtout convenable pour les usages de la cuisine.

PEPIN DE GOGAR

(GOGAR PIPPIN)

(N° 9)

The Apple and its Varieties. ROBERT HOGG.
A Guide to the Orchard. LINDLEY.
The Fruits and the fruit-trees of America. DOWNING.
Handbuch aller bekannten Obstsorten. BIEDENFELD.

OBSERVATIONS. — Cette variété, d'origine écossaise, est née, déjà anciennement, à Gogar, près d'Edimbourg. — L'arbre, d'une végétation contenue sur paradis, se plie facilement sur ce sujet aux petites formes régulières. Il est rustique et sa fertilité est précoce et grande. Son fruit est de bonne qualité.

DESCRIPTION.

Rameaux fluets, anguleux dans leur contour, presque droits, à entre-nœuds peu longs et un peu inégaux entre eux, d'un rouge sanguin intense et souvent presque entièrement voilé par une pellicule épaisse; lenticelles très-petites, peu nombreuses et très-peu apparentes.

Boutons à bois petits, coniques, un peu allongés, un peu renflés sur le dos, un peu aigus ou émoussés, presque appliqués au rameau, soutenus sur des supports peu saillants dont l'arête médiane se prolonge assez distinctement; écailles d'un rougeâtre très-foncé et souvent ombré de brun noirâtre.

Pousses d'été d'un vert vif et couvertes d'un duvet très-court et peu serré.

Feuilles des pousses d'été moyennes ou petites, ovales-elliptiques ou exactement elliptiques, se terminant brusquement en une pointe courte, bien creusées en gouttière et souvent largement ondulées dans leur contour, bordées de dents larges, profondes, souvent doubles et émoussées, bien fermes sur leurs pétioles de moyenne longueur, grêles et redressés.

Stipules très-courtes, lancéolées, obtuses.

Boutons à fruit petits, conico-ellipsoïdes, obtus; écailles d'un marron terne et bordé de noir.

Fleurs assez petites; pétales ovales-elliptiques, peu concaves, souvent repliés en dessous sur leur milieu, à onglet très-court, bien lavés de rose vineux en dehors et en dedans; divisions du calice courtes et annulaires; pédicelles courts, un peu forts et un peu cotonneux.

Feuilles des productions fruitières un peu plus grandes que celles des pousses d'été, elliptiques, se terminant brusquement en une pointe très-courte, concaves et souvent largement ondulées dans leur contour, un peu arquées, bordées de dents assez peu profondes, couchées et peu aiguës, bien soutenues sur des pétioles de moyenne longueur, de moyenne force et bien dressés.

Caractère saillant de l'arbre : teinte générale du feuillage d'un vert bleu un peu foncé; toutes les feuilles bien fermes sur leurs pétioles, bien creusées en gouttière et souvent largement ondulées.

Fruit moyen ou presque moyen, sphérique bien déprimé à ses deux pôles et parfois obscurément anguleux dans son contour, atteignant sa plus grande épaisseur au milieu de sa hauteur; au-dessus et au-dessous de ce point, s'arrondissant par des courbes presque également convexes soit du côté de la queue, soit du côté de l'œil vers lequel il s'atténue à peine un peu plus.

Peau un peu épaisse et un peu ferme, d'abord d'un vert pâle semé de points d'un gris brun, assez larges, un peu saillants, concentrés sur certaines parties et plus espacés sur d'autres. Rarement on remarque quelques traces de rouille sur sa surface. A la maturité, **courant et fin d'hiver,** le vert fondamental passe au jaune clair et brillant, un peu doré sur le côté du soleil, souvent lavé d'un soupçon de rouge brun.

Œil petit, bien fermé, à divisions courtes, placé dans une cavité peu profonde, bien évasée, profondément sillonnée dans ses parois et divisée dans ses bords par des plis qui parfois se prolongent et d'une manière très-peu distincte sur la hauteur du fruit. Tuyau du calice en entonnoir aigu, descendant un peu au-dessous de la première enveloppe du cœur dont la coupe est cordiforme-elliptique.

Queue tantôt courte, tantôt un peu longue, forte et attachée dans une cavité peu profonde et évasée.

Chair d'un blanc verdâtre, fine, serrée, un peu ferme, suffisante en jus sucré, agréablement acidulé et parfumé à la manière des Reinettes.

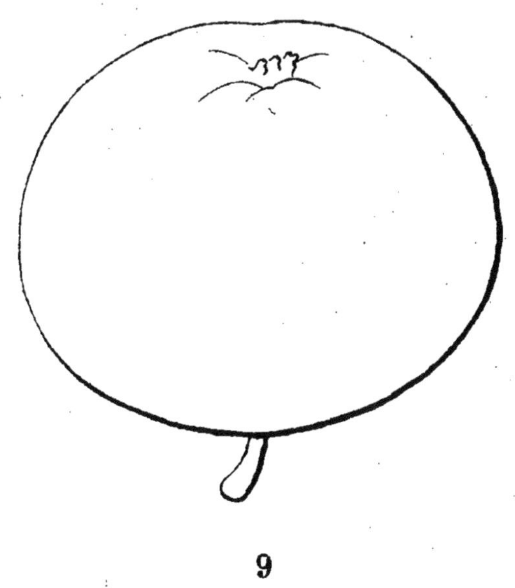

9

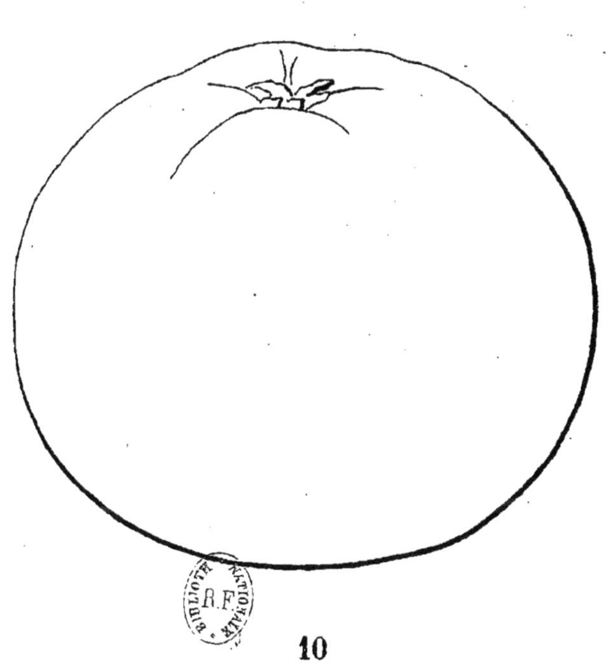

10

9. PEPIN DE GOGAR. 10. POMME D'UELZEN.

POMME D'UELZEN

(UELZNER APFEL)

(N° 10)

Illustrirtes Handbuch der Obstkunde. OBERDIECK.
APFEL VON UELZEN. *Pomologische Notizen.* OBERDIECK.

OBSERVATIONS. — D'après M. Oberdieck, cette variété aurait été obtenue, vers le commencement de ce siècle, par M. Hoefft, maître de poste à Uelzen, Limbourg (Hanovre), et arboriculteur zélé. Quoique d'origine ancienne, elle est encore peu répandue. — L'arbre, d'une grande végétation sur paradis, réclame la taille courte pour le maintien d'une forme régulière. Sa haute tige sur franc forme une tête sphérique, élevée, rustique et d'une grande fertilité. D'après nos observations, son fruit serait sujet à se piquer dans l'intérieur, lorsque le sol est trop argileux et froid ; il est propre seulement aux usages de la cuisine.

DESCRIPTION.

Rameaux forts, bien anguleux dans leur contour, à entre-nœuds courts, d'un brun rougeâtre sombre et recouvert d'un duvet gris et hérissé, mais non voilé d'une pellicule ; lenticelles très-petites, assez peu nombreuses et peu apparentes.

Boutons à bois moyens, courts, épatés, bien obtus, appliqués au rameau, soutenus sur des supports bien saillants dont les côtés et l'arête médiane se prolongent très-distinctement ; écailles entièrement recouvertes d'un duvet blanc et soyeux.

Pousses d'été d'un vert d'eau, couvertes d'un duvet grisâtre, laineux, peu épais et un peu hérissé.

Feuilles des pousses d'été moyennes, ovales bien élargies, se terminant brusquement en une pointe un peu longue et large, largement creusées en gouttière, un peu recourbées en dessous seulement par leur pointe, souvent ondulées dans leur contour, bordées de dents profondes, un peu couchées et extraordinairement aiguës, assez peu soutenues sur des pétioles de moyenne longueur, de moyenne force, peu redressés ou presque horizontaux.

Stipules en alênes courtes et fines.

Boutons à fruit petits, conico-ovoïdes, aigus; écailles d'un rouge intense et un peu duveteuses.

Fleurs moyennes; pétales ovales très-élargis, concaves, à onglet peu long, se recouvrant un peu entre eux, tachés de rose violet vif en dehors et lavés de la même couleur en dedans; divisions du calice longues, finement aiguës et bien recourbées en dessous; pédicelles courts, forts et un peu duveteux.

Feuilles des productions fruitières assez petites, presque exactement elliptiques, se terminant brusquement en une pointe très-courte et bien aiguë, concaves et non arquées, bordées de dents assez profondes, couchées et bien aiguës, bien fermes sur leurs pétioles courts, grêles, bien raides et bien redressés.

Caractère saillant de l'arbre : teinte générale du feuillage d'un vert pré assez intense et vif; toutes les feuilles garnies d'une serrature formée de dents remarquablement aiguës.

Fruit gros ou assez gros, sphérico-conique, tantôt plus large que haut, tantôt paraissant plus haut que large, presque uni dans son contour, atteignant sa plus grande épaisseur à peu près au milieu de sa hauteur; au-dessus de ce point, s'atténuant par une courbe largement convexe en une pointe plus ou moins courte, épaisse et plus ou moins tronquée à son sommet; au-dessous du même point, s'arrondissant par une courbe bien convexe jusque dans la cavité de la queue.

Peau un peu ferme, bien unie, d'abord d'un vert très-clair sur lequel il est difficile de reconnaître quelques points très-largement espacés. Une tache de rouille d'un brun grisâtre s'étale en étoile dans la cavité de la queue. A la maturité, **commencement et courant d'hiver**, le vert fondamental passe au jaune paille plus ou moins chaudement doré du côté du soleil.

Œil grand, fermé ou demi-fermé, à divisions longues, finement aiguës, restant longtemps vertes, se recourbant dans une cavité peu profonde, évasée et divisée par ses bords en des côtes très-aplanies qui ne se prolongent que très-obscurément sur la hauteur du fruit. Tuyau du calice en forme d'entonnoir court et dépassant à peine la première enveloppe du cœur dont la coupe cordiforme offre une grande étendue par rapport au volume du fruit.

Queue courte, ligneuse, enfoncée dans une cavité assez large, très-profonde et très-étroite dans son fond et dont les bords sont souvent un peu divisés par le prolongement des côtes.

Chair jaunâtre, demi-fine, un peu ferme, suffisante en jus légèrement sucré, acidulé et relevé.

BORSDORF RAYÉ DE BOHÊME

(GESTREIFTER BÖHMISCHER BORSDORFER)

(N° 11)

Versuch einer Systematischen Beschreibung der Kernobstsorten. DIEL.
Systematisches Handbuch der Obstkunde. DITTRICH.
Illustrirtes Handbuch der Obsthunde. OBERDIECK.
Pomologische Notizen. OBERDIECK.
Sichere Führer. DOCHNAHL.

OBSERVATIONS. — Le nom de cette variété indique probablement son origine. Ce que nous savons de plus certain sur elle, c'est qu'elle fut transmise à Diel par M. Beyer, de Meissen (Saxe), qui est connu pour avoir décrit les variétés fruitières de sa contrée. — L'arbre est d'une bonne vigueur aussi bien sur paradis que sur franc et ne se soumet pas facilement aux formes régulières. Sa véritable destination est la haute tige qui forme bientôt une tête d'une grande dimension, d'une fertilité précoçe et soutenue. Son fruit, par son apparence, convient très-bien pour le marché et doit être consommé avant que sa maturité soit trop avancée pour avoir toute sa saveur.

DESCRIPTION.

Rameaux peu forts, presque unis dans leur contour, à peine flexueux, à entre-nœuds inégaux entre eux, rougeâtres et un peu teintés de jaune par places, à peine recouverts d'une pellicule très-fine ; lenticelles blanches, un peu larges, le plus souvent allongées, rares et apparentes.

Boutons à bois très-petits, épatés, obtus, exactement appliqués au rameau, soutenus sur des supports saillants dont l'arête médiane se prolonge rarement et très-peu distinctement ; écailles rougeâtres et ombrées de gris noirâtre.

Pousses d'été d'un vert vif, colorées de rouge et presque glabres à leur sommet.

Feuilles des pousses d'été moyennes, ovales-elliptiques ou ovales-arrondies, se terminant brusquement en une pointe un peu longue et fine, bien concaves ou creusées en gouttière, très-peu profondément festonnées plutôt que dentées par leurs bords, soutenues horizontalement sur des pétioles courts, grêles et un peu redressés.

Stipules très-courtes, lancéolées-étroites.

Boutons à fruit petits, conico-ellipsoïdes, obtus; écailles rougeâtres, bordées de brun et glabres.

Fleurs grandes ; pétales arrondis-élargis, concaves, à onglet court, se recouvrant largement entre eux, tachés de rose violet en dehors et un peu lavés de la même couleur en dedans ; divisions du calice courtes et recourbées en dessous ; pédicelles un peu longs, peu forts et peu duveteux.

Feuilles des productions fruitières moyennes, obovales et cependant peu atténuées du côté du pétiole, se terminant très-brusquement en une pointe très-courte, un peu concaves, irrégulièrement bordées de dents très-peu profondes et obtuses ou parfois presque entières, soutenues horizontalement sur des pétioles courts, grêles et redressés.

Caractère saillant de l'arbre : teinte générale du feuillage d'un vert bleu peu foncé et terne ; serrature de toutes les feuilles remarquablement obtuse ; tous les pétioles courts et grêles.

Fruit moyen, sphérico-cylindrique, paraissant aussi haut que large, uni dans son contour, atteignant sa plus grande épaisseur à peu près au milieu de sa hauteur ; au-dessus de ce point, s'atténuant peu par une courbe largement convexe en une pointe courte, épaisse et largement tronquée ; au-dessous du même point, s'arrondissant par une courbe plus convexe jusque dans la cavité de la queue.

Peau mince, un peu souple, d'abord d'un vert pâle blanchâtre sur lequel il est difficile de reconnaître des points, car il est presque entièrement recouvert d'un nuage d'un rouge sanguin, plus ou moins dense sur certaines parties et surtout du côté du soleil, et des raies courtes et larges d'un rouge cramoisi s'étendent et se détachent bien sur ce rouge. On trouve des traces d'une rouille fauve dans la cavité de la queue. A la maturité, **décembre et courant d'hiver**, le vert fondamental passe au jaune paille et toutes les autres couleurs deviennent plus brillantes.

Œil petit, fermé, à divisions très-fines et souvent caduques, placé dans une cavité large et profonde, le plus souvent unie dans ses parois et par ses bords, ou parfois un peu plissée et sans que ces plis se prolongent sur la hauteur du fruit. Tuyau du calice en entonnoir assez court, dépassant à peine la première enveloppe du cœur dont la coupe est régulièrement cordiforme.

Queue courte, forte lorsque le fruit est plus gros, grêle et plus longue lorsque son volume est moindre, attachée dans une cavité étroite, un peu profonde, ordinairement régulière par ses bords.

Chair jaunâtre, fine, tendre, suffisante en eau sucrée, vineuse, entièrement dépourvue d'acidité, bien parfumée, constituant un fruit de bonne qualité.

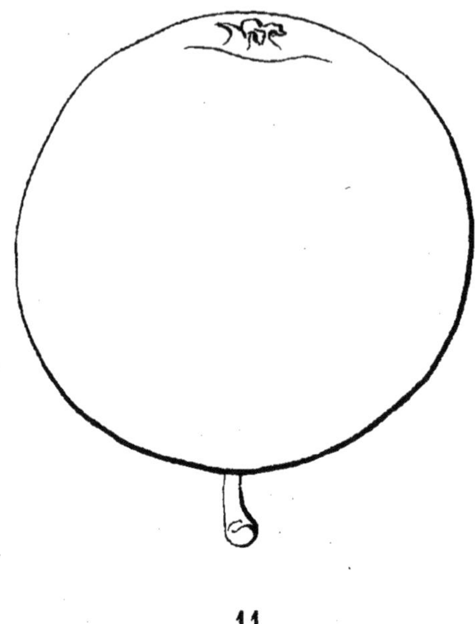

11

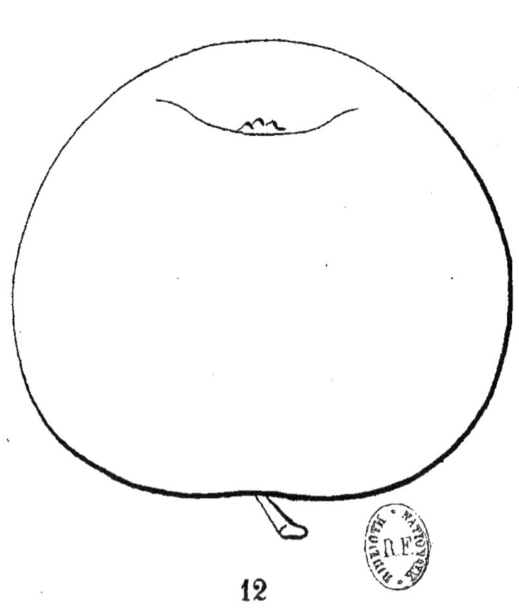

12

11. BORSDORF RAYÉ DE BOHÊME. 12. FRAISE TARDIVE, FRAISE D'AUTOMNE.

Imp. Protat frères, Mâcon

FRAISE TARDIVE, FRAISE D'AUTOMNE

(LATE STRAWBERRY, AUTUMN STRAWBERRY)

(N° 12)

The Fruits and the fruit-trees of America. DOWNING.
American Pomology. JOHN WARDER.

OBSERVATIONS. — D'après Downing, cette variété serait née à Aurora, Etat de New-York, dans une terre qui avait d'abord appartenu au juge Phelps. — L'arbre, d'une bonne végétation sur paradis, se prête assez facilement aux formes régulières sur ce sujet; cependant sa véritable destination est la haute tige dont la tête acquiert une grande dimension. Sa fertilité est précoce et constante. Son fruit, de la plus jolie apparence, est aussi bien à recommander pour la délicatesse de sa chair.

DESCRIPTION.

Rameaux peu forts, finement anguleux dans leur contour, à entre-nœuds très-courts, d'un rouge sanguin intense voilé du côté du soleil d'une pellicule brillante; lenticelles blanches, petites, assez nombreuses et peu apparentes.

Boutons à bois petits, coniques, émoussés, appliqués au rameau, soutenus sur des supports saillants dont l'arête médiane se prolonge distinctement; écailles d'un rouge intense et peu duveteuses.

Pousses d'été d'un vert d'eau, lavées de rouge à leur sommet et peu duveteuses.

Feuilles des pousses d'été moyennes ou petites, ovales-élargies, se terminant brusquement en une pointe peu longue, bien concaves et bien ondulées dans leur contour, bordées de dents assez larges, un peu profondes et bien aiguës, bien soutenues sur des pétioles courts, grêles et redressés.

Stipules très-caduques.

Boutons à fruit moyens, conico-ellipsoïdes, obtus; écailles d'un rouge intense et à peine duveteuses.

Fleurs petites; pétales tantôt ovales bien élargis et presque aigus à leur sommet, tantôt ovales-elliptiques et tronqués à leur sommet, concaves, à onglet court, se recouvrant à peine entre eux, largement tachés de rose violet en dehors et largement lavés de la même couleur en dedans; divisions du calice courtes et annulaires; pédicelles courts, forts et un peu cotonneux.

Feuilles des productions fruitières petites, obovales-élargies ou obovales-arrondies, se terminant très-brusquement en une pointe extraordinairement courte et souvent contournée, un peu repliées sur leur nervure médiane et largement ondulées dans leur contour, bordées de dents assez larges, profondes et finement aiguës, bien soutenues sur des pétioles courts, grêles et bien redressés.

Caractère saillant de l'arbre : teinte générale du feuillage d'un vert d'eau peu foncé et vif; toutes les feuilles plus ou moins petites et sensiblement ondulées; tous les pétioles courts, grêles et bien raides.

Fruit moyen, sphérico-conique, ordinairement presque uni dans son contour ou déformé par des côtes très-aplanies, atteignant sa plus grande épaisseur au-dessous du milieu de sa hauteur; au-dessus de ce point, s'atténuant par une courbe largement convexe en une pointe courte, très-épaisse et très-largement tronquée à son sommet; au-dessous du même point, s'arrondissant par une courbe bien convexe jusque dans la cavité de la queue.

Peau fine, mince, souple, d'abord d'un vert clair semé de très-petits points bruns qui manquent souvent. Une rouille d'un brun foncé et un peu squammeuse couvre la cavité de la queue et rarement forme quelques traits circulaires dans la cavité de l'œil. A la maturité, **fin d'été et automne**, le vert fondamental passe au blanc jaunâtre mat et la plus grande partie de sa surface est recouverte d'un nuage de rouge cramoisi des plus vifs, traversé par des raies fines et distinctes de la même couleur plus foncée, et sur lequel apparaissent assez peu quelques points d'un jaune doré.

Œil moyen, tantôt ouvert, tantôt fermé, à divisions larges et courtes, placé dans une cavité large, très-profonde, finement plissée dans ses parois, tantôt unie, tantôt à peine plissée par ses bords qui offrent peu d'épaisseur. Tuyau du calice en entonnoir court et obtus, ne dépassant pas la première enveloppe du cœur dont la coupe exactement cordiforme offre peu d'étendue par rapport au volume du fruit.

Queue longue, grêle, ligneuse, courbée, insérée dans une cavité profonde, largement évasée et le plus souvent régulière.

Chair jaunâtre, fine, tendre, suffisante en jus sucré, relevé d'une saveur rafraîchissante des plus agréables, constituant un fruit de première qualité.

BROUGHTON

(N° 13)

The Apple and its Varieties. ROBERT HOGG.
The Fruits and the fruit-trees of America. DOWNING.
Handbuch aller bekannten Obstsorten. BIEDENFELD.

OBSERVATIONS. — Cette variété, d'origine anglaise, a probablement été ainsi nommée en souvenir de William Robert Broughton, navigateur anglais, né en 1763, dans le comté de Glocester, mort à Florence en 1822, et qui fit partie de la célèbre expédition du capitaine Vancouver. — L'arbre, d'une vigueur contenue sur paradis, se prête facilement aux formes régulières. Son fruit est un peu petit pour le placer dans le verger, si ce n'est en sol très-riche. Il est rustique, d'une fertilité précoce et très-grande. Son fruit est de bonne qualité.

DESCRIPTION.

Rameaux peu forts, un peu anguleux dans leur contour, droits, à entre-nœuds très-inégaux entre eux, d'un brun peu foncé un peu voilé du côté du soleil par une pellicule mince ; lenticelles très-petites, irrégulièrement groupées et très-peu apparentes.

Boutons à bois petits, coniques, aigus, appliqués au rameau, soutenus sur des supports peu saillants dont les côtés se prolongent sensiblement, mais non longuement ; écailles rouges et presque glabres.

Pousses d'été colorées, de bonne heure, d'un beau rouge sanguin et peu duveteuses.

Feuilles des pousses d'été moyennes, obovales-allongées, se terminant brusquement en une pointe plus ou moins longue, bien creusées en gouttière, un peu arquées et quelquefois très-largement ondulées dans leur contour, bordées de dents fines, peu profondes et émoussées, bien soutenues sur des pétioles très-longs, un peu forts et redressés.

Stipules courtes, lancéolées, aiguës.

Boutons à fruit petits, conico-ovoïdes, maigres et aigus; écailles extérieures d'un brun clair bordé de brun foncé; écailles intérieures d'un rouge assez vif et glabres.

Fleurs petites; pétales ovales, concaves, à onglet court, se touchant entre eux, tachés de rose violacé en dehors, un peu lavés de la même couleur en dedans; divisions du calice extraordinairement longues et fines, irrégulièrement recourbées en dessous; pédicelles de moyenne longueur, un peu forts et peu duveteux.

Feuilles des productions fruitières moins amples que celles des pousses d'été, obovales très-allongées, très-sensiblement atténuées du côté du pétiole, se terminant presque régulièrement en une pointe peu longue, peu repliées sur leur nervure médiane et à peine arquées, bordées de dents très-fines, peu profondes, couchées et aiguës, bien soutenues sur des pétioles longs, grêles, fermes et divergents.

Caractère saillant de l'arbre : teinte générale du feuillage d'un vert herbacé et mat; toutes les feuilles allongées; tous les pétioles remarquablement longs; serrature des feuilles peu profonde pour l'espèce.

Fruit petit ou presque moyen, sphérico-conique, uni dans son contour, atteignant sa plus grande épaisseur au-dessous du milieu de sa hauteur; au-dessus de ce point, s'atténuant par une courbe largement convexe en une pointe courte, épaisse et tronquée à son sommet; au-dessous du même point, s'arrondissant par une courbe bien convexe jusque dans la cavité de la queue.

Peau fine, mince, unie, d'abord d'un vert clair sur lequel il est difficile de reconnaître quelques petits points très-rares et manquant sur certaines parties où ils sont remplacés par de petites taches nacrées. A la maturité, **octobre, novembre,** le vert fondamental passe au jaune clair brillant, et lavé du côté du soleil d'un rouge peu foncé traversé par des raies fines d'un joli rouge vif, et sur lequel les points bruns sont cernés de jaune.

Œil petit, fermé, à divisions longues et bien fines, placé dans une cavité étroite, un peu profonde, plissée dans ses parois et par ses bords. Tuyau du calice descendant par un tube cylindrique, assez large et obtus, jusqu'à la cavité du cœur dont la coupe est régulièrement cordiforme.

Queue assez courte, grêle, ligneuse, dépassant un peu les bords de sa cavité peu profonde, évasée et ordinairement assez régulière par ses bords.

Chair un peu jaune, fine, serrée et cependant tendre, suffisante en jus ucré, relevé et parfumé.

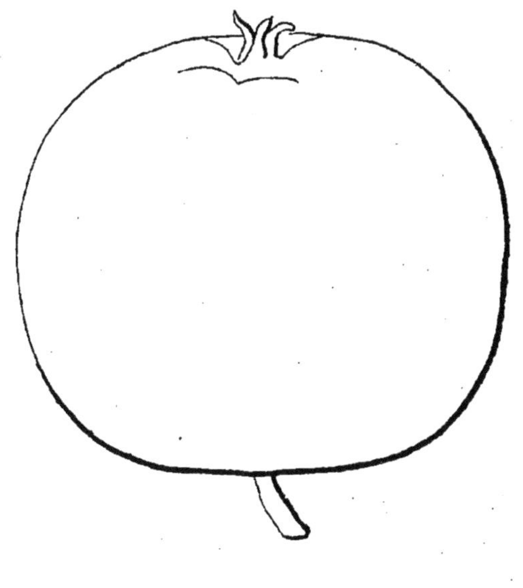

13

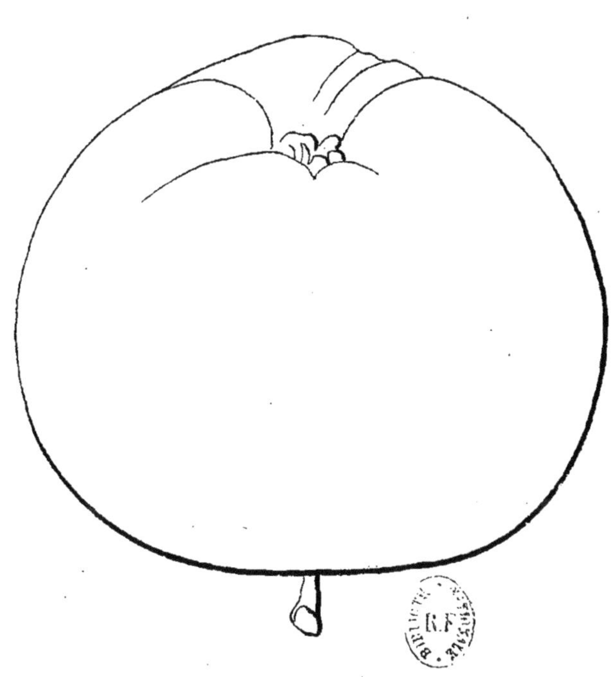

14

BOIKEN

(BOIKEN-APFEL)

(N° 14)

Illustrirtes Handbuch der Obstkunde. VOLTMANN.
Pomologische Notizen. OBERDIECK.
Dictionnaire de Pomologie. ANDRÉ LEROY.

OBSERVATIONS. — Voltmann dit que cette variété est depuis si longtemps et si universellement répandue dans le duché de Brême qu'elle est considérée comme en étant originaire. — L'arbre, d'une bonne vigueur, est propre au verger. Il forme une tête sphérique, élevée et robuste. Sa fertilité est bonne, mais sujette à l'alternat. Son fruit, propre aux usages de la cuisine, se recommande par sa longue conservation.

DESCRIPTION.

Rameaux de moyenne force, obscurément anguleux dans leur contour, d'un brun rougeâtre terne et presque entièrement recouvert d'une pellicule d'apparence métallique ; lenticelles très-petites et très-rares.

Boutons à bois petits, coniques, courts et bien obtus, appliqués au rameau, soutenus sur des supports saillants dont l'arête médiane se prolonge peu distinctement ; écailles d'un rouge clair et couvertes d'un duvet très-court et peu serré.

Pousses d'été d'un vert d'eau, entièrement recouvertes d'un duvet d'un gris de souris, très-court et très-serré.

Feuilles des pousses d'été moyennes, ovales un peu allongées et peu larges, se terminant un peu brusquement en une pointe courte, un peu creusées en gouttière et largement ondulées dans leur contour, bordées de dents assez fines, un peu profondes et obtuses, se recourbant un peu sur des pétioles de moyenne longueur, un peu forts et peu redressés.

Stipules extraordinairement courtes et fines.

Boutons à fruit petits, conico-ovoïdes, un peu aigus ; écailles extérieures d'un rouge clair et largement bordées de brun ; écailles intérieures couvertes d'un duvet court et peu serré.

Fleurs moyennes ou assez grandes ; pétales elliptiques-arrondis, bien concaves, à onglet court, se recouvrant largement entre eux, bien tachés d'un rouge cerise intense en dehors et lavés de la même couleur en dedans ; divisions du calice de moyenne longueur et peu recourbées en dessous ; pédicelles assez courts, forts et cotonneux.

Feuilles des productions fruitières moyennes, obovales-allongées et étroites, très-sensiblement atténuées vers le pétiole et se terminant presque régulièrement en une pointe courte, peu repliées sur leur nervure médiane et souvent largement contournées sur presque toute leur longueur, bordées de dents peu profondes, couchées et peu aiguës, soutenues horizontalement sur des pétioles courts, grêles et divergents.

Caractère saillant de l'arbre : teinte générale du feuillage d'un vert d'eau un peu foncé ; toutes les feuilles allongées, peu larges ou étroites.

Fruit gros ou assez gros, un peu déprimé du côté de l'œil et très-largement du côté de la queue, déformé dans son contour par des côtes plus ou moins prononcées et sensiblement plus saillantes du côté de l'œil que du côté de la queue, atteignant sa plus grande épaisseur au-dessous du milieu de sa hauteur ; au-dessus de ce point, s'atténuant brusquement par une courbe largement convexe en une pointe courte, épaisse et largement obtuse plutôt que tronquée à son sommet ; au-dessous du même point, s'arrondissant par une courbe bien convexe jusque dans la cavité de la queue.

Peau un peu ferme, d'abord d'un vert très-clair sur lequel il est difficile de reconnaître des points très-petits et d'un gris brun. Une rouille fauve et très-fine s'étale en étoile dans la cavité de la queue. A la maturité, **courant et fin d'hiver,** elle devient très-onctueuse, le vert fondamental passe au jaune paille brillant et le côté du soleil, sur une grande étendue, se lave d'un beau rouge vif sur lequel apparaissent des points d'un jaune doré, largement et régulièrement espacés.

Œil grand, fermé, placé dans une cavité plus ou moins profonde, divisée dans ses parois et dans ses bords par des côtes souvent assez prononcées. Tuyau du calice descendant par un tube cylindrique jusque dans la cavité du cœur dont la coupe largement cordiforme est proportionnée au volume du fruit.

Queue longue, peu forte, ligneuse, attachée dans une cavité large, bien profonde, bien évasée et divisée dans ses bords par le prolongement des côtes partant de la cavité de l'œil.

Chair d'un blanc de neige, fine, très-serrée, très-ferme, peu abondante en jus sucré, vineux et souvent entaché d'une saveur un peu herbacée.

JUINAT ROUGE DE LA CAROLINE

(CAROLINA RED JUNE)

(N° 15)

The Fruits and the fruit-trees of America. DOWNING.
The American fruit Culturist. THOMAS.
American Pomology. JOHN WARDER.

OBSERVATIONS. — Downing dit que cette variété est supposée originaire de la Caroline, sans qu'il y ait aucune certitude à cet égard. — L'arbre est bien vigoureux même sur paradis, mais l'irrégularité d'émission de ses boutons à bois le rend peu propre aux formes régulières. Sa haute tige forme une tête élevée dont les branches d'abord érigées s'abaissent bien ensuite par leurs subdivisions. Sa fertilité est très-précoce, grande et soutenue. Son fruit, de jolie apparence, de bonne qualité, convient bien au marché.

DESCRIPTION.

Rameaux grêles, unis dans leur contour, à entre-nœuds très-courts d'un rouge jaunâtre assez vif; lenticelles très-petites, assez nombreuses et un peu apparentes.

Boutons à bois petits, coniques, un peu renflés sur le dos, émoussés, appliqués au rameau, soutenus sur des supports un peu saillants dont les côtés et l'arête médiane ne se prolongent pas ; écailles d'un rouge vif et peu duveteuses.

Pousses d'été d'un vert très-clair et couvertes d'un duvet peu serré

Feuilles des pousses d'été assez grandes, ovales ou un peu obovales-elliptiques, se terminant un peu brusquement en une pointe large et courte, bien creusées en gouttière et un peu arquées, bordées de dents bien profondes, couchées et bien aiguës, bien soutenues sur des pétioles longs, de moyenne force et bien redressés.

Stipules lancéolées-élargies et souvent recourbées en croissant.

Boutons à fruit petits, conico-ellipsoïdes, émoussés; écailles larges et largement arrondies, d'un jaune rougeâtre bordé de brun et presque glabres.

Fleurs assez grandes; pétales ovales-elliptiques, très-concaves, à onglet extraordinairement long, bien écartés entre eux, largement tachés de rose violet en dehors et bien lavés de la même couleur en dedans; divisions du calice longues, étroites et annulaires; pédicelles longs, de moyenne force et peu duveteux.

Feuilles des productions fruitières moyennes ou petites, obovales-allongées, se terminant un peu brusquement en une pointe courte et fine, peu repliées sur leur nervure médiane, souvent largement ondulées dans leur contour, bordées de dents fines, plusieurs fois très-finement surdentées et très-aiguës, mal soutenues sur des pétioles un peu longs, grêles et souples.

Caractère saillant de l'arbre : teinte générale du feuillage d'un vert herbacé peu foncé; feuilles des pousses d'été remarquablement cotonneuses à leur page inférieure; toutes les feuilles garnies d'une serrature remarquablement acérée; branchage grêle.

Fruit moyen ou presque moyen, tantôt presque sphérique, tantôt ellipsoïde, souvent déformé dans son contour par des côtes épaisses et très-aplanies, souvent s'atténuant un peu plus du côté de la queue que du côté de l'œil, atteignant sa plus grande épaisseur à peu près au milieu de sa hauteur; au-dessus et au-dessous de ce point, s'arrondissant par des courbes presque de même longueur, mais ordinairement plus convexes du côté de l'œil que du côté de la queue.

Peau un peu ferme, d'abord d'un vert peu foncé et mat sur lequel il est difficile de reconnaître de véritables points. A la maturité, **commencement d'août**, le vert fondamental est le plus souvent entièrement recouvert d'un beau rouge cerise, traversé par des raies peu distinctes d'un rouge plus foncé, et sur ce rouge ressortent bien des points blancs et largement espacés. Une fleur légère d'un blanc bleuâtre recouvre la surface du fruit lorsqu'il est encore attaché à l'arbre.

Œil grand, fermé, à divisions longues, étroites et finement aiguës, un peu cotonneuses, recourbées en dehors et alternant avec des perles charnues dans une cavité peu profonde, évasée, un peu divisée dans ses bords par des rudiments de côtes aplanies. Tuyau du calice descendant par un tube étroit près de la cavité du cœur dont la coupe est presque ellipsoïde.

Queue plus ou moins longue, un peu forte, un peu duveteuse, serrée dans une cavité étroite et peu profonde.

Chair bien blanche, assez fine, tendre, suffisante en jus sucré, agréablement acidulé et parfumé, constituant un fruit de bonne qualité.

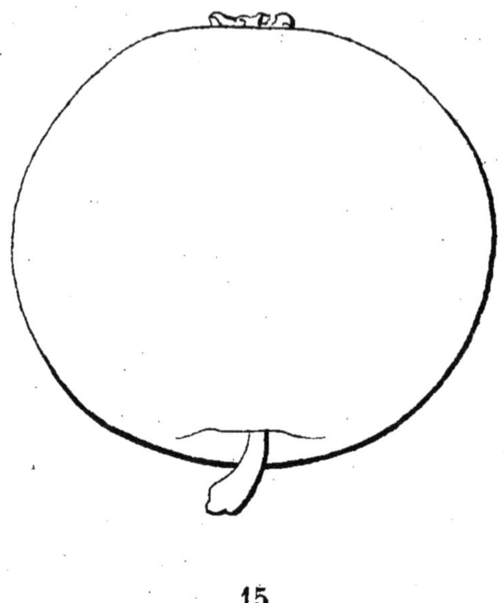

15

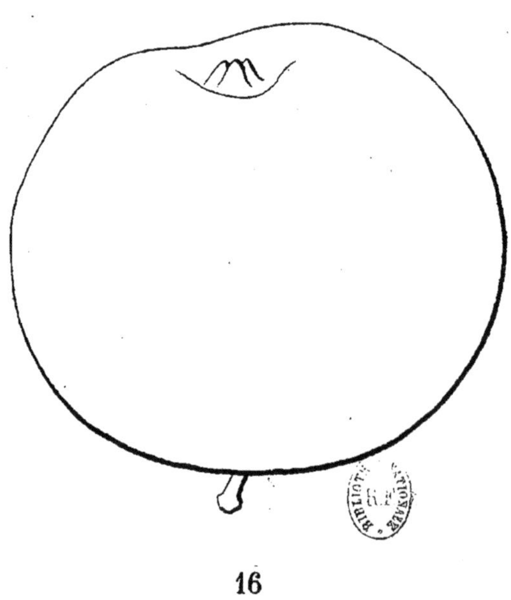

16

15. JUINAT ROUGE DE LA CAROLINE. 16. DOUCE DE BENTLEY.

DOUCE DE BENTLEY

(BENTLEY'S SWEET)

(N° 16)

The Fruits and the fruit-trees of America. DOWNING.
The American fruit Culturist. THOMAS.
American Pomology. JOHN WARDER.

OBSERVATIONS. — D'après Warder, cette variété est supposée originaire de l'Etat de Virginie. — L'arbre, d'une très-grande vigueur, même sur paradis, ne peut se plier aux formes régulières. Sa haute tige sur franc forme une tête élevée dont les branches érigées plient bientôt sous le poids de récoltes abondantes et continues. Son fruit de bonne qualité et de très-longue conservation, convient très-bien à la culture de spéculation.

DESCRIPTION.

Rameaux forts, unis dans leur contour, droits, à entre-nœuds courts, d'un brun jaunâtre ou verdâtre du côté de l'ombre, rougeâtres et à peine voilés d'une pellicule très-mince du côté du soleil ; lenticelles blanchâtres, un peu larges, arrondies, nombreuses et apparentes.

Boutons à bois gros, coniques-allongés, un peu aigus, appliqués au rameau, soutenus sur des supports très-peu saillants dont les côtés et l'arête médiane ne se prolongent pas ; écailles brunes et un peu duveteuses.

Pousses d'été d'un vert d'eau et couvertes d'un duvet blanchâtre, laineux et assez épais.

Feuilles des pousses d'été moyennes, elliptiques, se terminant brusquement en une pointe longue, à peine concaves, bordées de dents larges, profondes, recourbées et aiguës, bien soutenues sur des pétioles assez courts, forts et redressés.

Stipules de moyenne longueur, fines et parfois un peu lancéolées.

Boutons à fruit gros, coniques-allongés et un peu aigus ; écailles extérieures brunes et un peu ombrées de gris ; écailles intérieures couvertes d'un duvet gris blanchâtre, long et épais.

Fleurs assez petites ; pétales ovales-allongés et étroits, presque planes, à onglet court, bien écartés entre eux, à peine lavés de rose en dehors et presque blancs en dedans ; divisions du calice de moyenne longueur, très-fines et peu recourbées en dessous ; pédicelles de moyenne longueur, très-grêles et un peu duveteux.

Feuilles des productions fruitières bien plus grandes que celles des pousses d'été, ovales-lancéolées, bien allongées et peu larges, se terminant peu brusquement en une pointe longue et ordinairement contournée, planes ou presque planes, largement ondulées dans leur contour, bordées de dents profondes, bien couchées et bien aiguës, assez bien soutenues sur des pétioles de moyenne longueur, de moyenne force et divergents.

Caractère saillant de l'arbre : teinte générale du feuillage d'un vert bleu intense et peu brillant ; feuilles des productions fruitières remarquablement allongées, bien finement acuminées et garnies de dents aiguës.

Fruit moyen ou assez gros, sphérico-conique, ordinairement bien uni dans son contour, atteignant sa plus grande épaisseur au-dessous du milieu de sa hauteur ; au-dessus de ce point, s'atténuant par une courbe largement convexe en une pointe peu longue, épaisse et assez largement tronquée à son sommet ; au-dessous du même point, s'arrondissant bien régulièrement et par une courbe plus convexe jusque dans la cavité de la queue.

Peau fine, mince, unie, brillante, d'abord d'un vert vif et gai semé de points d'un gris brun cernés de vert plus clair, petits, assez peu nombreux et irrégulièrement espacés. Rarement on trouve un peu de rouille fauve et très-fine dans la cavité de la queue. A la maturité, **fin d'hiver et printemps**, le vert fondamental s'éclaircit en jaune en conservant souvent un ton encore un peu verdâtre, et le côté du soleil se couvre d'un nuage de rouge sanguin, peu dense, bien fondu et traversé par des raies d'un rouge un peu plus foncé et peu distinctes sur les parties les plus directement exposées.

Œil grand, fermé ou rarement demi-fermé, à divisions dressées, tantôt appliquées les unes aux autres, tantôt un peu recourbées en dehors et un peu laineuses, placé dans une cavité assez profonde, étroite, plissée dans ses parois et unie par ses bords qui sont abrupts. Tuyau du calice descendant par un tube bien large et très-obtus, bien au-dessous de la première enveloppe du cœur dont la coupe régulièrement cordiforme offre une étendue proportionnée au volume du fruit.

Queue plus ou moins longue, bien grêle, attachée dans une cavité étroite dans son fond, profonde et unie par ses bords.

Chair d'un blanc à peine teinté de jaune, bien fine, tassée, ferme, suffisante en jus agréablement sucré, relevé et légèrement parfumé.

NON-PAREILLE DE LINDLEY

(LINDLEY'S NON-PAREIL)

(N° 17)

The Fruits and the fruit-trees of America. DOWNING.

OBSERVATIONS. — D'après Downing, cette variété serait originaire de Chatham (Etats-Unis). — L'arbre, d'une vigueur suffisante sur paradis, ne peut être soumis à une forme régulière qu'à condition de le fixer à un treillage ; la taille ne peut suffire à corriger le défaut de mauvaise tenue de ses branches pendantes et de ses rameaux des plus flexibles. Il mérite ce soin par l'excellente qualité de son fruit. Sa haute tige sur franc n'atteint qu'une dimension moyenne et devient bientôt d'une fertilité bonne et soutenue.

DESCRIPTION.

Rameaux grêles, finement anguleux dans leur contour, à entre-nœuds courts, d'un brun violet presque noir ; lenticelles petites, extraordinairement nombreuses et apparentes.

Boutons à bois petits, coniques, un peu renflés sur le dos, un peu aigus, appliqués au rameau, soutenus sur des supports saillants dont les côtés et l'arête médiane se prolongent très-finement; écailles d'un rouge intense et presque glabres.

Pousses d'été d'un vert clair et presque glabres.

Feuilles des pousses d'été petites, obovales-allongées, se terminant un peu brusquement en une pointe un peu longue, finement aiguë et le plus souvent contournée, peu repliées sur leur nervure médiane ou peu concaves, bordées de dents un peu larges, peu profondes, extraordinairement couchées, recourbées et un peu aiguës, mal soutenues sur des pétioles un peu longs, bien grêles et un peu souples.

Stipules courtes, finement lancéolées et un peu recourbées.

Boutons à fruit petits, conico-ovoïdes, aigus; écailles rougeâtres et à peine duveteuses.

Fleurs assez petites; pétales ovales bien élargis, peu concaves, à onglet court, se recouvrant bien entre eux, entièrement blancs en dehors et en dedans; divisions du calice de moyenne longueur, extraordinairement fines et recourbées en dessous; pédicelles courts, bien grêles et peu duveteux.

Feuilles des productions fruitières plus grandes que celles des pousses d'été, plus allongées, obovales-lancéolées, se terminant peu brusquement en une pointe peu longue, très-peu repliées sur leur nervure médiane et largement ondulées dans leur contour, bordées de dents fines, couchées et aiguës, mollement soutenues sur des pétioles longs, grêles et souples.

Caractère saillant de l'arbre : teinte générale du feuillage d'un vert bleu un peu foncé et un peu brillant; toutes les feuilles allongées, étroites, le plus souvent ondulées et largement contournées par leur extrémité; tous les pétioles longs et grêles.

Fruit petit, parfois presque moyen, sphérique déprimé à ses deux pôles et surtout du côté de la queue, bien uni dans son contour, atteignant sa plus grande épaisseur à peu près au milieu de sa hauteur; au-dessus de ce point, s'arrondissant par une courbe peu convexe pour se tronquer à son sommet; au-dessous du même point, s'arrondissant par une courbe bien convexe jusque dans la cavité de la queue.

Peau mince et cependant un peu ferme, d'abord d'un vert très-clair semé de petits points bruns, largement espacés et peu apparents. Une tache d'une rouille brune, un peu rude au toucher, s'étend en étoile dans la cavité de la queue et un peu au-delà de ses bords. A la maturité, **fin d'août, commencement de septembre,** le vert fondamental passe au jaune paille et le côté du soleil se lave d'un joli rose, sur lequel ressortent bien des points jaunes cernés de rose plus foncé.

Œil petit, bien fermé, à divisions fines, dressées en bouquet, placé dans une cavité étroite, un peu profonde, plissée dans ses parois et par ses bords, mais sans que ces plis se prolongent sur la hauteur du fruit. Tuyau du calice en entonnoir court et aigu, ne dépassant pas la première enveloppe du cœur dont la coupe est cordiforme-déprimée.

Queue un peu longue, bien grêle, bien ligneuse, insérée dans une cavité assez profonde, évasée et régulière par ses bords.

Chair d'un jaune clair, bien fine, tassée, un peu ferme, suffisante en jus sucré et agréablement parfumé, constituant un fruit de première qualité.

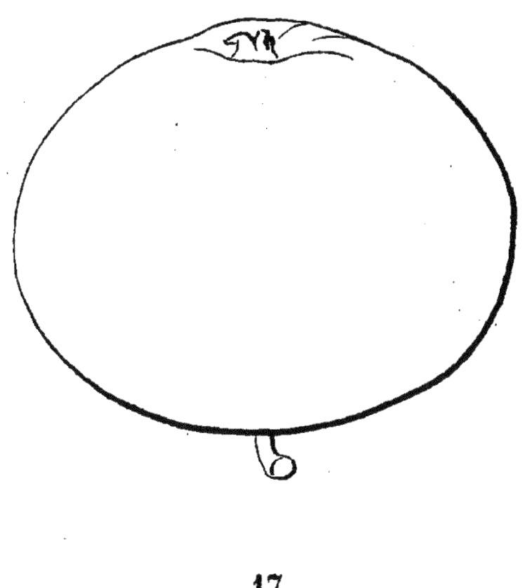

17

18

17. NON-PAREILLE DE LINDLEY. 18. PEARMAIN BLANCHE D'HIVER.

PEARMAIN BLANCHE D'HIVER

(WHITE WINTER PEARMAIN)

(N° 18)

The Fruits and the fruit-trees of America. DOWNING.
American Pomology. JOHN WARDER.

OBSERVATIONS. — L'origine de cette variété est inconnue aux Etats-Unis. Quelques personnes pensent qu'elle a été anciennement produite dans les Etats de l'Est, et elle est très-estimée dans les Etats de l'Ouest. — L'arbre est d'une croissance vive et forme bientôt une tête d'une grande dimension dont les branches s'abaissent sous le poids de récoltes régulières. Sa fertilité ne s'est jamais démentie dans mes plantations, et je crois pouvoir la recommander aux cultivateurs pour sa rusticité aussi bien que pour la qualité de son fruit.

DESCRIPTION.

Rameaux de moyenne force, anguleux dans leur contour, un peu flexueux, à entre-nœuds assez courts, bruns du côté de l'ombre, d'un brun rougeâtre du côté du soleil à peine voilé par une très-mince pellicule; lenticelles blanches, petites, un peu allongées, nombreuses et un peu apparentes.

Boutons à bois gros, coniques-allongés, renflés sur le dos et un peu aigus, appliqués ou presque appliqués au rameau, soutenus sur des supports bien saillants dont les côtés et surtout l'arête médiane se prolongent sensiblement; écailles noirâtres et recouvertes d'un duvet gris brun.

Pousses d'été d'un vert pâle et couvertes d'un duvet long et épais.

Feuilles des pousses d'été grandes, ovales-élargies, sensiblement atténuées vers le pétiole et se terminant brusquement en une pointe étroite et un peu longue, peu concaves ou presque planes, bordées de dents assez fines, un peu profondes et émoussées, assez bien soutenues sur des pétioles de moyenne longueur, forts et redressés.

Stipules de moyenne longueur, lancéolées et recourbées en faucille.

Boutons à fruit petits, coniques, un peu allongés et aigus; écailles d'un marron sombre.

Fleurs grandes; pétales ovales-élargis, peu concaves, à onglet court, se touchant entre eux; divisions du calice bien longues, bien recourbées en dessous, presque annulaires; pédicelles assez courts, un peu forts et laineux.

Feuilles des productions fruitières bien amples, ovales-élargies et allongées, sensiblement atténuées vers le pétiole et se terminant assez brusquement en une pointe peu longue et fine, un peu repliées sur leur nervure médiane, très-largement ondulées dans leur contour, bordées de dents assez fines, peu profondes et obtuses, s'abaissant un peu sur des pétioles de moyenne longueur, de moyenne force et un peu souples.

Caractère saillant de l'arbre : teinte générale du feuillage d'un vert herbacé foncé et mat; la plupart des feuilles remarquablement atténuées vers le pétiole; feuilles des productions fruitières bien amples et cependant allongées.

Fruit gros ou assez gros, conique ou sphérico-conique, ordinairement plus ou moins obscurément anguleux dans son contour, atteignant sa plus grande épaisseur bien au-dessous du milieu de sa hauteur; au-dessus de ce point, s'atténuant peu par une courbe à peine convexe en une pointe un peu longue, bien épaisse, largement et souvent un peu obliquement tronquée à son sommet; au-dessous du même point, s'arrondissant brusquement par une courbe bien convexe jusque dans la cavité de la queue.

Peau mince et cependant un peu ferme, d'abord d'un vert clair semé de points bruns, petits, largement et régulièrement espacés. Une tache d'une rouille brune et fine s'étend en étoile dans la cavité de la queue. A la maturité, **courant d'hiver**, le vert fondamental passe au jaune pâle, blanchâtre, et le côté du soleil est lavé d'un soupçon de rouge bronzé qui devient quelquefois plus intense sur les fruits les mieux exposés.

Œil grand, fermé, à divisions fines, placé dans une cavité étroite, un peu profonde, plissée dans ses parois et divisée par ses bords en des rudiments de côtes qui se prolongent d'une manière plus ou moins distincte sur la hauteur du fruit. Tuyau du calice en entonnoir court et obtus, ne descendant pas au-dessous de la première enveloppe du cœur dont la coupe ovale-cordiforme offre peu d'étendue pour le volume du fruit.

Queue courte ou de moyenne longueur, forte et souvent charnue à son point d'attache dans une cavité assez peu profonde, étroite dans son fond et évasée par ses bords un peu irréguliers.

Chair jaune, fine, assez tendre, suffisante en eau sucrée, acidulée et parfumée à la manière des bonnes Reinettes.

REINETTE DOUCE D'AUTOMNE

(SUSSE HERBST REINETTE)

(N° 19)

Illustrirtes Handbuch der Obstkunde. OBERDIECK.
Pomologische Notizen. OBERDIECK.

OBSERVATIONS. — Oberdieck dit qu'il a trouvé, dans un jardin de Nienburg, deux grands arbres de cette variété et que l'ayant reconnue différente de celles qu'il avait observées jusqu'alors, il l'a d'abord nommée Reinette douce d'automne de Nienburg. — L'arbre, vigoureux même sur paradis, ne s'accommode pas facilement des formes régulières; l'émission de ses boutons à bois a besoin d'être provoquée par une taille courte. D'après Oberdieck, sa haute tige forme une tête sphérique, qui produit beaucoup et presque chaque année. Son fruit est de première qualité pour la saison de sa maturité.

DESCRIPTION.

Rameaux assez forts, unis dans leur contour, presque droits, à entre-nœuds de moyenne longueur, d'un brun verdâtre du côté de l'ombre, bruns et recouverts d'une pellicule sombre du côté du soleil; lenticelles jaunâtres, arrondies, un peu larges, rares et apparentes.

Boutons à bois très-petits, courts, épatés, très-obtus, appliqués au rameau, soutenus sur des supports extrordinairement peu saillants dont les côtés et l'arête médiane ne se prolongent pas; écailles entièrement recouvertes d'un duvet blanchâtre et épais.

Pousses d'été d'un vert décidé et couvertes d'un duvet très-court et épais.

Feuilles des pousses d'été assez petites, ovales-élargies ou ovales-arrondies, se terminant brusquement en une pointe courte et fine, concaves, non arquées, bordées de dents un peu profondes, bien recourbées et paraissant obtuses vers le pétiole, soutenues horizontalement sur des pétioles assez courts, grêles et peu redressés.

Stipules en forme d'alênes courtes et bien recourbées en croissant.

Boutons à fruit petits, ellipsoïdes, émoussés ; écailles extérieures d'un brun clair un peu bordé de brun plus foncé; écailles intérieures un peu couvertes d'un duvet très-court.

Fleurs presque moyennes; pétales arrondis, bien concaves, à onglet court, se recouvrant largement entre eux, tachés de rose violet en dehors, un peu lavés de la même couleur en dedans; divisions du calice très-courtes et peu recourbées en dessous; pédicelles très-courts, très-grêles et un peu cotonneux.

Feuilles des productions fruitières grandes, ovales ou ovales-élargies, se terminant presque régulièrement en une pointe courte et obtuse, à peine repliées sur leur nervure médiane, tourmentées et contournées sur leur longueur, bordées de dents larges, un peu profondes, couchées et un peu aiguës, irrégulièrement soutenues sur des pétioles assez courts, peu forts, d'un rouge lie de vin, tantôt dressés, tantôt divergents.

Caractère saillant de l'arbre : teinte générale du feuillage d'un vert bleu intense et luisant; feuilles des pousses d'été souvent sensiblement bullées dans leur surface; toutes les feuilles épaisses, offrant la consistance d'un fort papier.

Fruit moyen, sphérique déprimé à ses deux pôles, bien uni dans son contour, atteignant sa plus grande épaisseur à peu près au milieu de sa hauteur; au-dessus et au-dessous de ce point, s'arrondissant par des courbes presque de même longueur et presque également convexes, soit du côté de la queue, soit du côté de l'œil vers lequel il s'atténue cependant un peu plus.

Peau devenant onctueuse et exhalant un parfum vraiment enivrant à la maturité, d'abord d'un vert jaunâtre semé de points bruns, très-petits, très-espacés et peu apparents. Une rouille brune rayonne en étoile dans la cavité de la queue et un peu au-delà de ses bords, et souvent aussi elle recouvre des taches verruqueuses qui sont plus fréquentes autour de la cavité de l'œil. A la maturité, **septembre,** le vert fondamental passe au beau jaune clair, vif et brillant et le côté du soleil, richement doré, est aussi parfois très-légèrement flammé de rouge.

Œil grand, ouvert, à divisions larges et cependant bien aiguës, bien vertes, placé dans une jolie cavité en forme de godet un peu profond, finement plissée dans ses parois et divisée par ses bords en des rudiments de côtes très-aplanies qui ne se prolongent pas ou seulement quelquefois d'une manière insensible sur la hauteur du fruit. Tuyau du calice en forme d'entonnoir large et ne descendant que peu au-dessous de la première enveloppe du cœur dont la coupe est cordiforme-déprimée.

Queue courte, tantôt grêle, tantôt épaissie et alors très-courte, attachée dans une cavité étroite, un peu profonde et ordinairement régulière par ses bords.

Chair jaune, fine, tendre, moëlleuse, suffisante en jus richement sucré, relevé d'un goût de musc agréable.

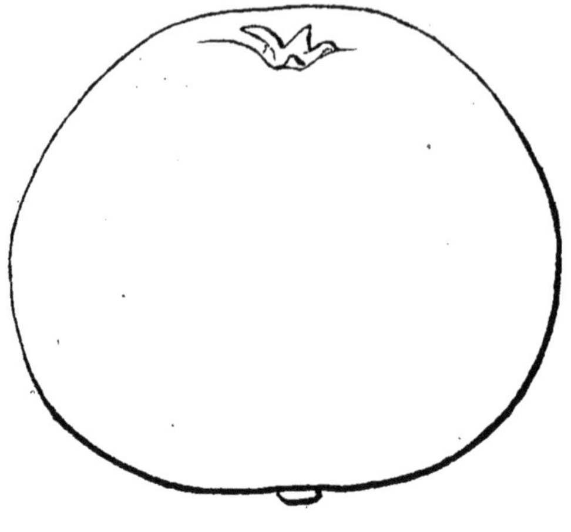

19

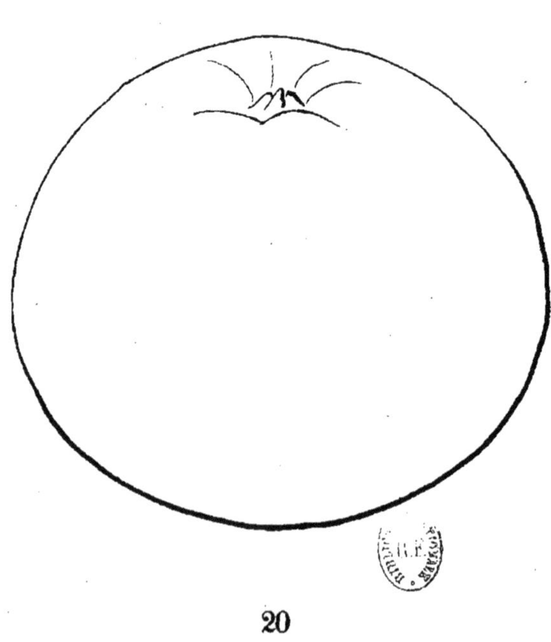

20

19. REINETTE DOUCE D'AUTOMNE. 20. FAVORITE DE L'INDIANA.

FAVORITE DE L'INDIANA

(INDIANA FAVORITE)

(N° 20)

The Fruits and the fruit-trees of America. DOWNING.
American Pomology. JOHN WARDER.
The American fruit Culturist. THOMAS.

OBSERVATIONS. — Downing dit que l'on croit que cette variété est née sur la ferme de Peter Morrits, Comté de Fayette, Etat de l'Indiana. — L'arbre, d'une belle vigueur, forme en haute tige une tête d'une grande étendue. Sa fertilité est précoce et bonne, et son fruit, de bonne qualité, est d'une longue conservation.

DESCRIPTION.

Rameaux assez forts, anguleux dans leur contour, à peine flexueux, à entre-nœuds courts, d'un brun verdâtre et un peu doré vers leur partie inférieure recouverte seulement par places d'une pellicule mince; lenticelles blanchâtres, un peu larges, arrondies, nombreuses et apparentes.

Boutons à bois gros, coniques, renflés sur le dos, obtus, appliqués au rameau, soutenus sur des supports saillants dont les côtés et l'arête médiane se prolongent distinctement; écailles rougeâtres et un peu recouvertes d'un duvet grisâtre.

Pousses d'été d'un vert très-clair et couvertes d'un duvet peu serré.

Feuilles des pousses d'été moyennes, ovales-elliptiques, se terminant brusquement en une pointe un peu longue et large, bien creusées en gouttière et un peu arquées, bordées de dents un peu larges, un peu profondes, souvent recourbées et obtuses ou peu aiguës, bien fermes sur leurs pétioles longs, de moyenne force et bien dressés.

Stipules tantôt en ferme d'alênes très-courtes, tantôt lancéolées-obtuses.

Boutons à fruit assez petits, conico-ovoïdes, peu aigus; écailles d'un marron clair bordé de brun noirâtre.

Fleurs petites; pétales ovales-élargis, concaves, à onglet très-court, se recouvrant entre eux, largement tachés de rose violacé en dehors, lavés de la même couleur en dedans; divisions du calice de moyenne longueur, fines et annulaires; pédicelles longs, bien grêles et peu duveteux.

Feuilles des productions fruitières plus grandes que celles des pousses d'été, obovales-lancéolées, se terminant peu brusquement en une pointe courte et fine, bien creusées en gouttière et arquées, bordées de dents fines, peu profondes, couchées et un peu aiguës, bien soutenues sur des pétioles bien longs, bien grêles et cependant fermes.

Caractère saillant de l'arbre : teinte générale du feuillage d'un vert jaune et très-clair; toutes les feuilles bien creusées en gouttière et bien fermes sur leurs pétioles; pétioles des feuilles des productions fruitières remarquablement longs et grêles et cependant raides.

Fruit moyen ou gros sur arbre taillé, sphérique déprimé à ses deux pôles, parfois à peine déformé dans son contour par des côtes très-aplanies, atteignant sa plus grande épaisseur presque au milieu ou peu au-dessous du milieu de sa hauteur; au-dessus et au-dessous de ce point, s'arrondissant par des courbes presque de même longueur et presque également convexes soit du côté de l'œil, soit du côté de la queue.

Peau fine, mince, unie, d'abord d'un vert clair et semé de très-petits points gris, peu visibles et manquant souvent sur certaines parties. On remarque une large tache d'une rouille d'un gris verdâtre couvrant la cavité de la queue et s'étendant un peu au-delà de ses bords. A la maturité, **milieu et fin d'hiver,** le vert fondamental passe au jaune paille brillant et le côté du soleil, sur une large étendue, se recouvre d'un nuage de rouge traversé par des raies fines et distinctes d'un joli rouge cerise, et sur ce rouge apparaissent des points jaunes et bien régulièrement espacés.

Œil moyen, bien fermé, à divisions courtes et bien appliquées les unes contre les autres, placé dans une cavité peu profonde, évasée, souvent sensiblement plissée dans ses parois et par ses bords. Tuyau du calice descendant en forme d'entonnoir très-aigu jusque dans la cavité du cœur dont l'axe est creux et la coupe cordiforme offre peu d'étendue à proportion du volume du fruit.

Queue assez courte, forte, ne dépassant pas ordinairement les bords de la cavité peu profonde et évasée dans laquelle elle est engagée.

Chair d'un blanc un peu jaune, assez fine, un peu ferme, suffisante en jus richement sucré, vineux et parfumé.

SUCRÉE DE POLOGNE

(POLNISCHER ZUCKERAPFEL)

(N° 21)

Versuch einer Systematischen Beschreibung der Kernobstsorten. DIEL.
Illustrirtes Handbuch der Obstkunde. OBERDIECK.
Handbuch der Pomologie. HINKERT.
Pomologische Notizen. OBERDIECK.
TARTAR CZUCHOWI. *Handbuch aller bekannten Obstsorten.* BIEDENFELD.

OBSERVATIONS. — Le nom de cette variété indique suffisamment son origine. — L'arbre, d'une vigueur bien contenue sur paradis, s'accommode bien des formes régulières de petite dimension et surtout de la pyramide. Sa haute tige forme une tête de peu de développement, à branches bien subdivisées et bien divergentes. Sa fertilité est précoce et bonne. Son fruit, qui doit être rangé dans la classe des pommes douces, est seulement de seconde qualité.

DESCRIPTION.

Rameaux grêles, obscurément anguleux dans leur contour, à peine flexueux, à entre-nœuds assez courts, d'un rouge sanguin non voilé d'une pellicule.

Boutons à bois très-petits, coniques, obtus, appliqués au rameau, soutenus sur des supports un peu saillants dont l'arête médiane se prolonge peu sensiblement; écailles rougeâtres et peu duveteuses.

Pousses d'été d'un vert vif, bien colorées de rouge à leur sommet et presque glabres sur toute leur longueur.

Feuilles des pousses d'été assez grandes, ovales bien allongées, un peu échancrées vers le pétiole, maintenant bien leur largeur jusqu'au point où elles se terminent un peu brusquement en une pointe courte et large, largement creusées en gouttière, bordées de dents bien fines, peu profondes et finement aiguës, soutenues horizontalement sur des pétioles longs, assez forts et redressés.

Stipules très-caduques.

Boutons à fruit assez petits, conico-ovoïdes, courts, épais et obtus; écailles extérieures rougeâtres et glabres; écailles intérieures peu soyeuses.

Fleurs moyennes; pétales ovales-élargis, peu concaves, à onglet très-court, se recouvrant largement entre eux, presque blancs en dehors et blancs en dedans; divisions du calice courtes et annulaires; pédicelles très-courts, peu forts et à peine duveteux.

Feuilles des productions fruitières moins grandes et de la même forme que celles des pousses d'été, se terminant presque régulièrement en une pointe courte et bien aiguë, à peine repliées sur leur nervure médiane et arquées, largement ondulées dans leur contour, bordées de dents extra-ordinairement fines, peu profondes et très-finement aiguës, se recourbant un peu sur des pétioles de moyenne longueur, grêles et redressés.

Caractère saillant de l'arbre : teinte générale du feuillage d'un vert pré intense et mat; toutes les feuilles sensiblement allongées et garnies d'une serrature formée de dents remarquablement fines et finement aiguës.

Fruit moyen ou à peine moyen, sphérique bien déprimé à ses deux pôles, le plus souvent uni dans son contour, atteignant sa plus grande épaisseur au milieu de sa hauteur; au-dessus et au-dessous de ce point, s'arrondissant par des courbes bien convexes et de même longueur, soit du côté de l'œil, soit du côté de la queue.

Peau épaisse et ferme, d'abord d'un vert très-pâle sur lequel il est difficile de reconnaître de véritables points. On remarque souvent quelques traces d'une rouille très-fine et d'un brun clair vers le point d'attache de la queue. À la maturité, **fin d'automne et commencement d'hiver,** le vert fondamental passe au blanc jaunâtre du côté de l'ombre et au jaune clair du côté du soleil, souvent aussi rayé ou taché, sur une petite étendue, d'un rouge rosat, et çà et là apparaissent des points bien arrondis d'un rouge sanguin vif.

Œil fermé, à divisions restant longtemps vertes, placé dans une cavité peu profonde, évasée, divisée dans ses parois et par ses bords en des côtes très-obscures qui rarement se continuent et à peine sensiblement sur la hauteur du fruit. Tuyau du calice descendant par un tube étroit jusque dans la cavité du cœur dont la coupe cordiforme offre une très-grande étendue par rapport au volume du fruit.

Queue très-courte, peu forte, attachée dans une cavité peu profonde, évasée ou parfois à une protubérance charnue qui remplit entièrement cette cavité et même la dépasse un peu.

Chair bien blanche, fine, tassée, ferme, peu abondante en eau douce, sucrée, vineuse, mais sans parfum appréciable.

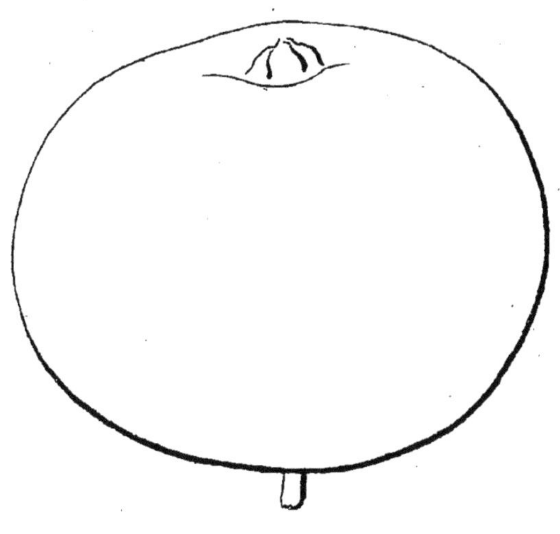

21

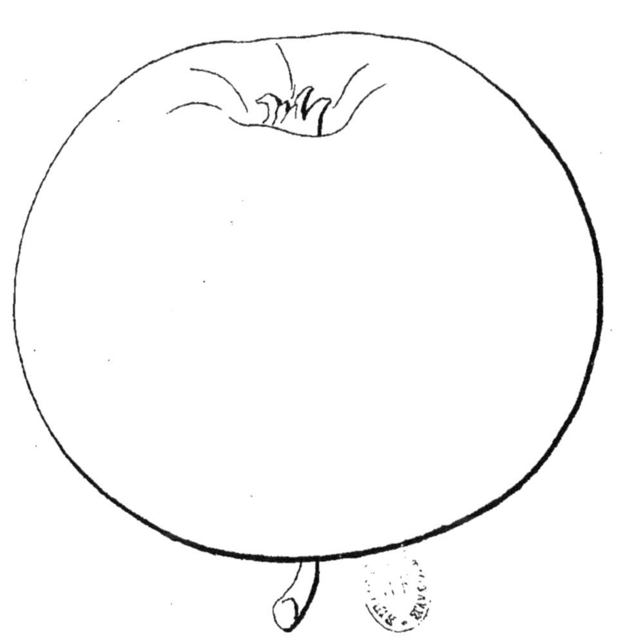

22

DE VIN

(WINE)

(N° 22)

The Fruits and the fruit-trees of America. DOWNING.
American Pomology. JOHN WARDER.

OBSERVATIONS. — Les pomologistes américains donnent à cette variété les synonymes Hay's Apple, Hay's Winter, Winter Wine, Pennsylvania Red Streak. Downing dit qu'elle est originaire de l'Etat de Delaware et que son fruit est d'une apparence admirable. — L'arbre, d'une bonne vigueur sur paradis, par sa végétation irrégulière, ne s'accommode pas facilement des formes soumises à la taille. Sa haute tige sur franc forme une tête élevée, d'assez grande dimension et bien ouverte. Sa fertilité est précoce et bonne et son fruit vraiment de première qualité.

DESCRIPTION.

Rameaux assez forts, unis dans leur contour, presque droits, à entre-nœuds longs, d'un brun jaunâtre à l'ombre, lavés de rouge sanguin vif et un peu voilé d'une pellicule mince du côté du soleil; lenticelles jaunâtres, un peu larges, arrondies, assez nombreuses et apparentes.

Boutons à bois gros, coniques, comprimés, obtus, bien appliqués au rameau, soutenus sur des supports très-peu saillants dont les côtés et l'arête médiane ne se prolongent pas; écailles d'un marron sombre et peu duveteuses.

Pousses d'été d'un vert vif, colorées de rouge à leur sommet et à peine duveteuses sur toute leur longueur.

Feuilles des pousses d'été moyennes, ovales-élargies, se terminant un peu brusquement en une pointe un peu longue et large, un peu concaves et le plus souvent largement ondulées dans leur contour, bordées de dents profondes, parfois surdentées, un peu recourbées et aiguës, soutenues horizontalement sur des pétioles longs, forts et un peu redressés.

Stipules en forme d'alênes très-courtes et très-fines.

Boutons à fruit moyens, coniques-allongés, maigres et un peu aigus; écailles d'un marron brillant et bien glabres.

Fleurs moyennes; pétales ovales ou ovales-elliptiques, un peu allongés, concaves, à onglet long, écartés entre eux, tachés d'un rose violet intense en dehors, bien lavés de la même couleur en dedans; divisions du calice assez longues, étroites et bien recourbées en dessous; pédicelles un peu longs, grêles et peu duveteux.

Feuilles des productions fruitières très-inégales entre elles, tantôt grandes, tantôt petites, tantôt ovales-élargies, tantôt ovales-lancéolées et étroites, se terminant peu brusquement en une pointe peu longue, un peu concaves, bordées de dents profondes, couchées et un peu aiguës, bien soutenues sur des pétioles longs, peu forts et raides.

Caractère saillant de l'arbre : teinte générale du feuillage d'un vert intense et mat; toutes les feuilles garnies de dents plus ou moins profondes et plus ou moins couchées ou recourbées; tous les pétioles longs; feuillage d'une bonne ampleur.

Fruit moyen ou assez gros, sphérico-conique ou sphérico-cylindrique, uni dans son contour et parfois plus élevé d'un côté que de l'autre, atteignant sa plus grande épaisseur peu au-dessous du milieu de sa hauteur; au-dessus de ce point, s'atténuant par une courbe largement convexe en une pointe très-courte, très-épaisse et largement tronquée à son sommet; au-dessous du même point, s'arrondissant par une courbe plus convexe jusque dans la cavité de la queue.

Peau mince, souple, délicate, d'abord d'un vert gai semé de points gris, très-petits, un peu cernés de vert plus clair, assez peu nombreux et irrégulièrement espacés. On ne trouve ordinairement pas de traces de rouille dans la cavité de la queue. A la maturité, **commencement et courant d'hiver**, le vert fondamental passe au jaune doré mat dont on n'aperçoit ordinairement qu'une très-petite étendue, car il est en très-grande partie recouvert d'un joli rouge cramoisi frais, traversé par des raies fines d'un rouge cerise qui deviennent plus distinctes sur les parties moins éclairées.

Œil petit, fermé ou presque fermé, à divisions fines, dressées en bouquet et recourbées en dehors, placé dans une cavité en forme de godet un peu large, assez profond, finement plissé dans ses parois vers le point d'attache des divisions et uni par ses bords. Tuyau du calice en entonnoir assez court et obtus, dépassant un peu la première enveloppe du cœur dont la coupe cordiforme-elliptique offre peu d'étendue pour le volume du fruit.

Queue courte ou de moyenne longueur, grêle, attachée dans une cavité peu profonde, bien évasée et ordinairement régulière par ses bords.

Chair d'un blanc à peine teinté de jaune, fine, un peu tendre, suffisante en jus bien sucré, agréablement relevé et parfumé.

HARVEY DORÉ

(GOLDEN HARVEY)

(N° 23)

A Guide to the Orchard. LINDLEY.
The Apple and its Varieties. ROBERT HOGG.
The Fruits and the fruit-trees of America. DOWNING.
The American fruit Culturist. THOMAS.
Systematisches Handbuch der Obstkunde. DITTRICH.
Handbuch aller bekannten Obstsorten. BIEDENFELD.

OBSERVATIONS. — Les auteurs anglais donnent à cette variété les synonymes Brandy de Forsgth, Round russet Harvey. — L'arbre, d'une vigueur suffisante sur paradis, s'accommode surtout des formes appliquées à un treillage et que l'on établit sans avoir recours à la taille, sinon leur rapport se fait attendre trop longtemps. Sa haute tige sur franc forme une tête seulement de moyenne dimension et un peu compacte. Elle est rustique et peu difficile sur la nature du sol; mais une saison chaude est nécessaire au bon conditionnement de son fruit, qui est de première qualité pour la table et excellent aussi pour la confection du cidre.

DESCRIPTION.

Rameaux assez peu forts, unis dans leur contour, un peu flexueux, à entre-nœuds un peu longs et un peu inégaux entre eux, d'un vert jaunâtre du côté de l'ombre, d'un rouge vineux non voilé d'une pellicule du côté du soleil; lenticelles d'un blanc jaunâtre, larges, arrondies, assez nombreuses et bien apparentes.

Boutons à bois assez petits, courts et épatés, bien obtus, bien appliqués au rameau, soutenus sur des supports extraordinairement peu saillants dont les côtés et l'arête médiane ne se prolongent pas; écailles d'un rouge très-foncé et glabres.

Pousses d'été d'un vert d'eau, couvertes d'un duvet très-court et peu épais.

Feuilles des pousses d'été petites, exactement ovales, se terminant brusquement en une pointe peu longue et bien aiguë, largement creusées en gouttière, bordées de dents irrégulières, assez peu profondes, recourbées et peu aiguës, bien soutenues sur des pétioles de moyenne longueur, peu forts et bien raides.

Stipules en alênes très-courtes et fines.

Boutons à fruit très-petits, conico-ellipsoïdes, obtus; écailles d'un brun noirâtre et glabres.

Fleurs assez petites; pétales ovales, aigus, planes, un peu lavés de rose en dehors et presque blancs en dedans; divisions du calice longues, étroites, finement aiguës et recourbées en dessous; pédicelles de moyenne longueur, grêles et très-peu duveteux.

Feuilles des productions fruitières à peine moyennes, obovales bien élargies vers leur extrémité, puis se terminant brusquement en une pointe courte, planes ou peu concaves, bordées de dents bien couchées, assez profondes et finement aiguës, bien soutenues sur des pétioles de moyenne longueur, bien grêles et raides.

Caractère saillant de l'arbre : branches allongées et flexibles; feuilles des productions fruitières garnies d'une serrature composée de dents remarquablement aiguës; stipules très-courtes et fines.

Fruit petit, sphérico-cylindrique, uni dans son contour, atteignant sa plus grande épaisseur à peu près au milieu de sa hauteur; au-dessus et au-dessous de ce point, s'atténuant par des courbes presque également convexes et presque de même longueur, soit du côté de l'œil, soit du côté de la queue.

Peau fine, souple, sujette à se rider, d'abord d'un vert vif semé de points bruns, larges et saillants, souvent entièrement ou presque entièrement recouvert d'un nuage d'une rouille grise un peu squameuse, un peu rude au toucher et qui manque presque toujours dans la cavité de l'œil. A la maturité, **courant et fin d'hiver,** la rouille s'éclaire un peu et le côté du soleil, sur les fruits bien exposés, est couvert d'un rouge brun assez brillant, lorsque la saison a été chaude et sèche.

Œil petit, ouvert, à divisions courtes, un peu recourbées en dehors, placé dans une cavité en forme de soucoupe peu profonde, bien évasée, finement plissée dans ses parois et unie par ses bords. Tuyau du calice en entonnoir très-court, bien obtus, ne dépassant pas la première enveloppe du cœur dont la coupe est largement cordiforme-déprimée.

Queue courte ou de moyenne longueur, attachée dans une cavité étroite, peu profonde et bien régulière par ses bords.

Chair jaunâtre, fine, serrée, très-ferme, suffisante en jus bien sucré, acidulé et parfumé.

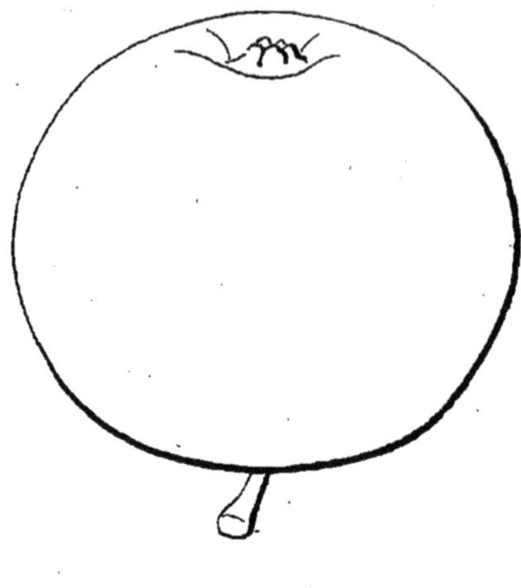

23

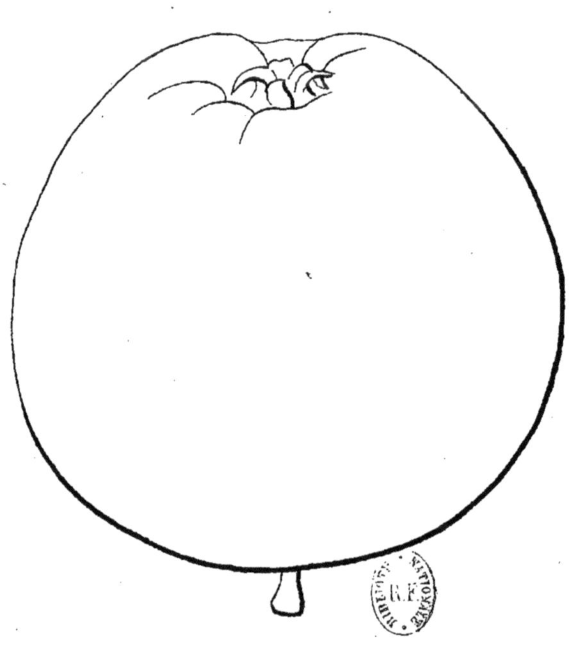

24

23. HARVEY DORÉ. 24. NEWARK KING.

NEWARK KING

(N° 24)

The Fruits and the fruit-trees of America. DOWNING.
The American fruit Culturist. THOMAS.
American Pomology. JOHN WARDER.

OBSERVATIONS. — Downing donne à cette variété le synonyme de Hinckman et dit, ainsi que Warder, qu'elle est ancienne et originaire de l'Etat de New-Jersey. —Son arbre, de bonne vigueur sur paradis, s'accommode bien des formes régulières. Il parait rustique. Sa haute tige sur franc forme une tête de grande dimension, bien feuillue et d'un bon rapport. Son fruit est de bonne qualité.

DESCRIPTION.

Rameaux de moyenne force, un peu anguleux dans leur contour, à peine flexueux, à entre-nœuds assez courts, d'un rouge intense, brillant et à peine voilé d'une pellicule mince vers leur partie inférieure ; lenticelles blanches, assez larges, nombreuses et apparentes.

Boutons à bois gros, coniques-allongés, renflés sur le dos, appliqués au rameau, soutenus sur des supports bien saillants dont l'arête médiane se prolonge assez sensiblement ; écailles rouges, glabres et luisantes.

Pousses d'été d'un vert clair, couvertes d'un duvet très-court et épais.

Feuilles des pousses d'été moyennes, presque elliptiques, se terminant brusquement en une pointe longue et étroite, un peu repliées sur leur nervure médiane et non arquées, bordées de dents larges, profondes, surdentées et obtuses, bien soutenues sur des pétioles bien forts et bien redressés.

Stipules en forme d'alênes courtes et fines.

Boutons à fruit moyens, conico-ovoïdes, peu aigus ; écailles extérieures jaunâtres, bordées de brun noirâtre et glabres; écailles intérieures d'un rouge intense et brillant.

Fleurs assez petites; pétales obovales-arrondis, bien concaves, à onglet très-court, se recouvrant entre eux, tachés de rose violet en dehors et lavés de la même couleur en dedans; divisions du calice courtes, étroites et peu recourbées en dessous; pédicelles de moyenne longueur, grêles et à peine duveteux.

Feuilles des productions fruitières plus grandes que celles des pousses d'été, ovales-elliptiques et allongées, se terminant peu brusquement en une pointe un peu longue et étroite, très-largement creusées en gouttière et à peine arquées, bordées de dents profondes et bien obtuses, bien fermes sur leurs pétioles de moyenne longueur, peu forts et cependant bien raides et bien redressés.

Caractère saillant de l'arbre : teinte générale du feuillage d'un vert bleu peu intense et brillant; toutes les feuilles tendant à la forme elliptique, bien fermes sur leurs pétioles et garnies d'une serrature remarquablement obtuse.

Fruit moyen ou assez gros, plus ou moins conique, ordinairement bien uni dans son contour, atteignant sa plus grande épaisseur tantôt plus, tantôt moins au-dessous du milieu de sa hauteur ; au-dessus de ce point, s'atténuant par une courbe à peine convexe en une pointe plus ou moins longue et plus ou moins largement tronquée à son sommet; au-dessous du même point, s'arrondissant peu brusquement par une courbe assez peu convexe jusque dans la cavité de la queue.

Peau un peu épaisse et ferme, d'abord d'un vert intense semé de points gris, petits, nombreux et peu apparents. On remarque parfois quelques traces d'une rouille très-fine dans la cavité de la queue. A la maturité, **commencement d'hiver,** le vert fondamental passe au jaune plus ou moins foncé et qui n'est pur que sur une très-petite étendue, car il est entièrement ou presque entièrement voilé d'un nuage de rouge sanguin sombre, plus dense sur les parties les mieux exposées et traversé par des bandes d'un rouge violacé qui déteignent un peu sur le rouge sanguin et donnent au fruit un aspect vraiment caractérisque.

Œil grand, fermé ou demi-fermé, à divisions courtes, fines et recourbées en dehors, placé dans une cavité en forme de godet un peu profond, peu large, plissée dans ses parois et parfois ces plis se prolongent à peine sur ses bords. Tuyau du calice en entonnoir court, large et obtus, ne dépassant pas la première enveloppe du cœur dont la coupe cordiforme peu élargie offre une étendue qui n'est pas proportionnée au volume du fruit.

Queue assez courte, peu forte, attachée dans une cavité peu profonde, évasée et ordinairement régulière dans ses parois et par ses bords.

Chair jaunâtre, demi-fine, tendre, suffisante en jus doux, sucré, agréablement et délicatement parfumé.

REINETTE THOUIN

(N° 25)

Catalogue ANDRÉ LEROY.

Congrès pomologique de France.

THOUINS REINETTE. *Illustrirtes Handbuch der Obstkunde.* OBERDIECK.

Pomologische Notizen. OBERDIECK.

OBSERVATIONS. — J'ai reçu cette variété de M. André Leroy ; tous ses caractères se rapportent bien à la description donnée par Oberdieck et beaucoup moins à la figure de la Pomologie du Congrès pomologique de France ; toutefois les caractères de l'arbre semblent être semblables. Couverchel, sous les noms de Bonne Thouin ou Reinette Thouin, décrit d'une manière trop succincte une variété de pomme dont l'identité ne peut être affirmée. Cette Reinette serait-elle un gain du célèbre Thouin, professeur de culture au Jardin des Plantes de Paris, ou lui aurait-elle été seulement dédiée ? nous n'avons pu obtenir aucun renseignement à cet égard. — L'arbre, d'une bonne vigueur sur paradis, s'accommode facilement des formes soumises à la taille. Ses boutons à bois se disposent régulièrement à former des productions fruitières, à condition que sa végétation ne soit pas trop refoulée par une taille un peu sévère. Sa fertilité est bonne, et son fruit est d'assez bonne qualité, si les influences de la saison n'ont pas déterminé une exagération de l'acidité qui le distingue.

DESCRIPTION.

Rameaux de moyenne force, unis dans leur contour, bien droits, à entre-nœuds un peu longs et inégaux entre eux, verdâtres et à peine un peu brunis du côté du soleil non recouvert d'une pellicule ; lenticelles jaunâtres, petites, assez peu nombreuses et peu apparentes.

Boutons à bois assez gros, coniques, très-courts, épatés, très-obtus, appliqués au rameau, soutenus sur des supports très-peu saillants dont les côtés et l'arête médiane ne se prolongent pas ; écailles entièrement recouvertes d'un duvet court et épais.

Pousses d'été d'un vert clair et peu duveteuses.

Feuilles des pousses d'été assez petites, presque régulièrement elliptiques, se terminant brusquement en une pointe courte, à peine concaves ou presque planes, bordées de dents fines, très-peu profondes et aiguës, bien fermes sur leurs pétioles longs, peu forts, bien raides et redressés.

Stipules en alênes très-courtes.

Boutons à fruit assez petits, conico-ellipsoïdes, obtus ; écailles extérieures brunes et un peu duveteuses; écailles intérieures couvertes d'un duvet gris sombre.

Fleurs assez grandes ; pétales obovales-allongés, souvent peu larges, un peu concaves, à onglet long, écartés entre eux, tachés de rose en dehors, un peu lavés de la même couleur en dedans ; divisions du calice bien longues, étroites et peu recourbées en dessous ; pédicelles un peu longs, peu forts et un peu duveteux.

Feuilles des productions fruitières un peu plus grandes que celles des pousses d'été, obovales-elliptiques, brusquement et très-courtement atténuées vers le pétiole, se terminant brusquement en une pointe courte, planes ou même un peu concaves, bordées de dents très-peu profondes, couchées et bien aiguës, bien soutenues sur des pétioles longs, de moyenne force, bien raides et bien redressés.

Caractère saillant de l'arbre : teinte générale du feuillage d'un vert pré vif et un peu brillant; toutes les feuilles planes ou presque planes et garnies d'une serrature très-peu profonde ; tous les pétioles longs et raides.

Fruit moyen, sphérico-cylindrique ou parfois sphérico-conique, largement tronqué à ses deux pôles, uni dans son contour, atteignant sa plus grande épaisseur à peu près au milieu de sa hauteur ; au-dessus et au-dessous de ce point, s'arrondissant par des courbes peu convexes et presque de même longueur, soit du côté de la queue, soit du côté de l'œil, vers lequel il s'atténue souvent un peu plus.

Peau un peu ferme, d'abord d'un vert clair et pâle semé de petits points d'un gris brun, assez nombreux, un peu irrégulièrement espacés et assez peu apparents. Une large tache d'une rouille fine, d'un brun clair, s'étale en étoile dans la cavité de la queue et bien au-delà de ses bords. A la maturité, **courant et fin d'hiver,** le vert fondamental passe au jaune citron clair et le côté du soleil, le plus souvent d'un ton seulement un peu plus chaud, est aussi parfois lavé d'un rouge orangé très-léger et sur lequel des points grisâtres apparaissent cernés de jaune clair.

Œil moyen, le plus souvent demi-ouvert et parfois presque fermé, à divisions courtes et fines, restant longtemps vertes et un peu recourbées en dehors, placé dans une cavité plus ou moins profonde, en forme de godet uni ou à peine plissé dans ses parois et régulier par ses bords. Tuyau du calice en entonnoir assez court, dépassant à peine la première enveloppe du cœur dont la coupe souvent irrégulièrement cordiforme offre une étendue proportionnée au volume du fruit.

Queue courte ou de moyenne longueur, tantôt grêle, tantôt un peu forte et repoussée de côté par une bosse charnue dans une cavité étroite, un peu profonde lorsqu'elle n'est pas remplie par cette excroissance.

Chair d'un blanc à peine teinté de jaune, demi-fine, un peu ferme, abondante en jus légèrement sucré, vineux, acidulé et sans parfum appréciable.

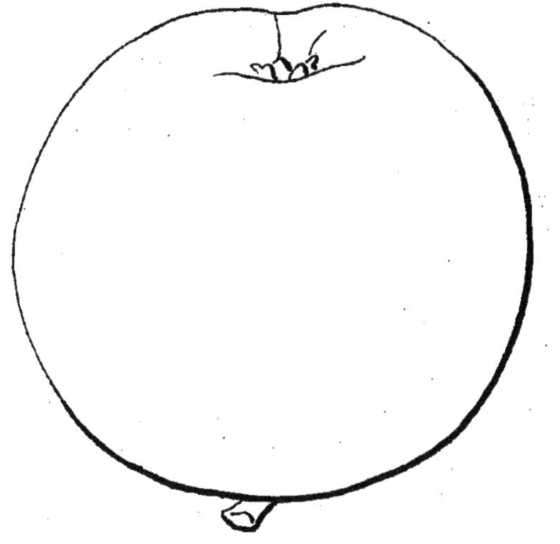

25

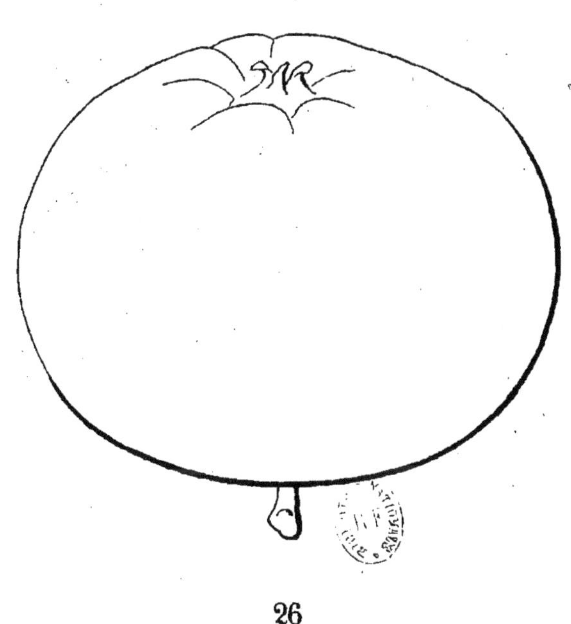

26

25. REINETTE THOUIN. 26. BALTIMORE.

BALTIMORE

(N° 26)

The Fruits and the fruit-trees of America. Downing.
American Pomology. John Warder.

Observations. — Les auteurs américains déclarent cette variété d'origine inconnue, et Downing lui donne les synonymes Cable's Gilliflower, Baltimore pippin, Royal pippin ; je l'ai aussi reçue sous le nom de Baltimore Red. — L'arbre, de vigueur contenue sur paradis, s'accommode bien par sa végétation régulière des formes soumises à la taille. L'émission facile de ses bourgeons le rend propre à la forme de cordon ou de fuseau. Sa haute tige sur franc forme une tête de moyenne dimension, sphérique-déprimée, à branches pendantes et dont la fertilité est bonne et soutenue. Son fruit, de jolie apparence et résistant bien au transport, la recommande pour la culture de spéculation.

DESCRIPTION.

Rameaux un peu forts, courts et souvent un peu épaissis à leur sommet, obscurément anguleux dans leur contour, droits, à entre-nœuds courts, d'un brun jaunâtre et lavés de rouge vif à leur partie supérieure ; lenticelles blanches, petites, arrondies, assez nombreuses et apparentes.

Boutons à bois moyens, coniques un peu allongés et un peu aigus, appliqués au rameau, soutenus sur des supports bien saillants dont l'arête médiane se prolonge obscurément ; écailles d'un rouge très-foncé et glabres.

Pousses d'été d'un vert très-clair, un peu lavées de rouge à leur sommet et peu duveteuses.

Feuilles des pousses d'été moyennes, ovales-elliptiques, bien allongées et peu larges, se terminant presque régulièrement en une pointe finement aiguë, bien repliées sur leur nervure médiane et souvent contournées sur leur longueur, ondulées dans leur contour, bordées de dents très-fines, peu profondes et très-aiguës, bien soutenues sur des pétioles longs, grêles et redressés.

Stipules courtes et très-fines.

Boutons à fruit moyens, conico-ovoïdes, aigus; écailles d'un rouge très-foncé, presque noires et glabres.

Fleurs petites; pétales obovales-elliptiques, étroits et allongés, à long onglet, écartés entre eux, lavés d'un rose très-tendre en dehors et en dedans; divisions du calice longues, étroites, peu recourbées en dessous ; pédicelles moyens, bien grêles, un peu duveteux.

Feuilles des productions fruitières très-inégales entre elles et de formes différentes, les unes assez grandes, obovales-elliptiques, allongées et étroites, brusquement et courtement atténuées vers le pétiole, les autres plus petites, ovales-élargies et se terminant plus ou moins brusquement en une pointe très-courte et fine, toutes bien creusées en gouttière et ondulées dans leur contour, bordées de dents fines, un peu profondes, couchées et bien aiguës, bien soutenues sur des pétioles très-longs, très-grêles et cependant raides.

Caractère saillant de l'arbre : teinte générale du feuillage d'un vert pré vif et décidé; toutes les feuilles bien allongées, remarquablement repliées sur leur nervure médiane ou creusées en gouttière et ondulées dans leur contour; tous les pétioles plus ou moins longs et grêles; rameaux bien raides.

Fruit moyen, sphérico-conique, plus ou moins déprimé à ses deux pôles, uni dans son contour, atteignant sa plus grande épaisseur à peu près au milieu de sa hauteur; au-dessus et au-dessous de ce point, s'arrondissant par des courbes bien convexes et presque de même longueur soit du côté de la queue, soit du côté de l'œil vers lequel il est parfois à peine un peu plus atténué.

Peau un peu ferme, d'abord d'un vert gai sur lequel il est difficile de reconnaître des points cernés d'une auréole nacrée. Une large tache d'une rouille épaisse, d'un brun grisâtre, rayonne en étoile dans la cavité de la queue et souvent bien au-delà de ses bords. A la maturité, **courant d'hiver,** le vert fondamental passe au jaune clair dont on aperçoit quelquefois une très-petite étendue et le plus souvent entièrement recouvert d'un rouge lie de vin traversé par des raies d'un rouge violacé foncé, étroites et plus distinctes sur les parties moins éclairées, et sur ce rouge ressortent bien des points d'un jaune doré, largement et régulièrement espacés.

Œil petit, fermé, placé dans une dépression peu profonde, très-évasée, plissée dans ses parois et presque unie par ses bords. Tuyau du calice en entonnoir aigu, dépassant un peu la première enveloppe du cœur dont la coupe cordiforme-déprimée offre une étendue proportionnée au volume du fruit.

Queue courte, un peu forte, attachée dans une cavité peu profonde, bien évasée et régulière par ses bords.

Chair jaunâtre, demi-fine, ferme jusqu'à son extrême maturité, abondante en jus bien sucré, relevé, mais sans parfum appréciable, constituant un fruit seulement de seconde qualité.

PEPIN D'OR ANANAS

(PINE GOLDEN PIPPIN)

(N° 27)

The Fruit Manual. ROBERT HOGG.

OBSERVATIONS. — Robert Hogg nous laisse ignorer le nom de l'obtenteur de cette variété probablement d'origine anglaise. — L'arbre est d'une vigueur contenue sur paradis, et par sa végétation bien équilibrée, se prête facilement aux formes régulières. Ses branches, souples et bien garnies de productions fruitières, s'accommodent bien de l'appui à un treillage et améliorent ainsi le volume de leur fruit. Sa haute tige sur franc forme une tête de petite dimension et réclame un sol riche. Son fruit, par sa qualité, occupe un rang réellement distingué dans la classe des Reinettes grises.

DESCRIPTION.

Rameaux peu forts, presque unis dans leur contour, à entre-nœuds de moyenne longueur, jaunâtres ; lenticelles blanches, un peu larges, un peu allongées, nombreuses et apparentes.

Boutons à bois petits, coniques, peu aigus, appliqués au rameau, soutenus sur des supports un peu saillants dont les côtés se prolongent très-obscurément ; écailles recouvertes d'un gris sombre.

Pousses d'été d'un vert pâle, non lavées de rouge à leur sommet et couvertes d'un duvet blanc bien couché et très-épais.

Feuilles des pousses d'été petites, ovales, se terminant presque régulièrement en une pointe bien aiguë, bien creusées en gouttière et peu arquées, bordées de dents bien larges, profondes, presque toujours surdentées, obtuses ou émoussées, bien soutenues sur des pétioles de moyenne longueur, grêles, raides et redressés.

Stipules courtes, lancéolées, recourbées.

Boutons à fruit petits, conico-ovoïdes, un peu aigus; écailles brunes et bordées de brun noirâtre, à peine duveteuses.

Fleurs petites; pétales ovales-allongés, bien arrondis à leur sommet, concaves, tachés de rose vif en dehors, un peu lavés de la même couleur en dedans; divisions du calice courtes, étroites et recourbées en dessous; pédicelles assez courts, forts et laineux.

Feuilles des productions fruitières petites, ovales plus ou moins allongées, étroites ou peu larges, se terminant régulièrement en une pointe un peu recourbée en dessous, à peine repliées sur leur nervure médiane et à peine arquées, bordées de dents larges, profondes, surdentées et émoussées, bien soutenues sur des pétioles courts, grêles et raides.

Caractère saillant de l'arbre : teinte générale du feuillage d'un vert bleu clair, vif et brillant sur les feuilles des pousses d'été; feuilles des productions fruitières remarquablement allongées et étroites; serrature de toutes les feuilles formée de dents remarquablement larges.

Fruit petit, sphérico-conique, plus ou moins déprimé du côté de l'œil, bien uni dans son contour, atteignant sa plus grande épaisseur bien au-dessous du milieu de sa hauteur; au-dessus de ce point, s'atténuant par une courbe plus ou moins convexe en une pointe plus ou moins courte, épaisse et toujours largement tronquée à son sommet; au-dessous du même point, s'arrondissant par une courbe bien convexe jusque dans la cavité de la queue.

Peau mince et souple, d'abord d'un vert gai dont on n'aperçoit ordinairement qu'une très-petite étendue autour de l'œil, presque entièrement recouvert d'une rouille fauve bien uniformément répartie et condensée sur la surface du fruit. A la maturité, **automne et commencement d'hiver,** la rouille se dore un peu, le vert reste presque pur dans la cavité de l'œil et le côté du soleil est couvert d'une teinte d'un rouge cuivré et luisant vraiment caractéristique.

Œil ouvert ou demi-ouvert, à divisions longues, fines et aiguës, étalées dans une cavité étroite, profonde, un peu plissée dans ses parois et unie par ses bords. Tuyau du calice en entonnoir court, obtus, ne dépassant pas la première enveloppe du cœur dont la coupe cordiforme bien déprimée offre peu d'étendue pour l'épaisseur du fruit.

Queue le plus souvent courte, un peu forte, boutonnée à son point d'attache au rameau, fixée dans une cavité étroite, peu profonde et bien régulière.

Chair blanche et teintée de vert sur une assez grande épaisseur sous la peau, fine, ferme, serrée, peu abondante en jus bien sucré, agréablement relevé d'un parfum distingué, constituant un fruit d'un mérite particulier entre ceux de la classe des Reinettes grises.

27

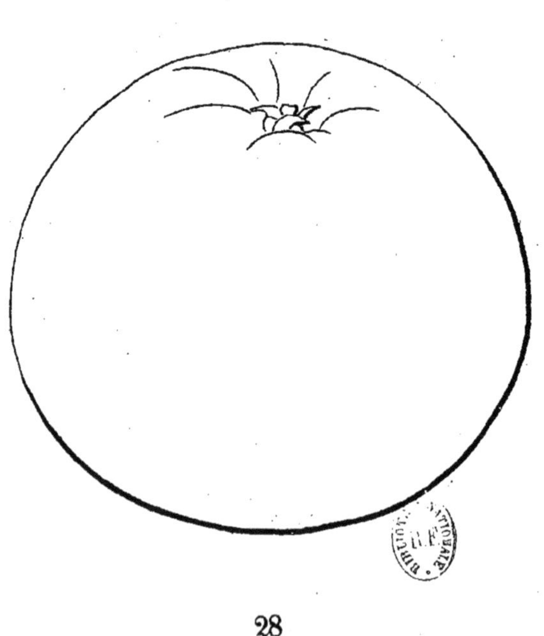

28

27. PEPIN D'OR ANANAS. 28. PROGRÈS.

PROGRÈS

(PROGRESS).

(N° 28)

The Fruits and the fruit-trees of America. DOWNING.
American Pomology. JOHN WARDER.
The American fruit Culturist. THOMAS.

OBSERVATIONS. — Cette variété, d'après Downing, serait originaire de Middfield, Connecticut. — L'arbre-mère croît encore sur la terre d'Enoch Coe qui avait été la propriété du Chevalier Isaac Miller, et elle fut appelée pendant quelque temps : Excellente du Chevalier Miller. — L'arbre, d'une végétation suffisante et bien équilibrée sur paradis, s'accommode bien des formes régulières. Sa haute tige sur franc forme une jolie tête bien feuillue et de dimension moyenne. Sa fertilité est précoce, grande et soutenue. Son fruit est d'assez bonne qualité, pourvu qu'il ne soit pas consommé trop mûr.

DESCRIPTION.

Rameaux grêles, à peine anguleux dans leur contour, un peu flexueux, à entre-nœuds courts, bruns du côté de l'ombre et d'un brun rouge du côté du soleil un peu voilé d'une pellicule d'apparence métallique; lenticelles petites, peu nombreuses, très-irrégulièrement espacées et peu apparentes.

Boutons à bois moyens, coniques-allongés, aigus, appliqués ou presque appliqués au rameau, soutenus sur des supports saillants dont l'arête médiane se prolonge peu distinctement; écailles d'un rouge peu foncé et presque glabres.

Pousses d'été d'un vert vif et peu duveteuses.

Feuilles des pousses d'été moyennes, ovales-elliptiques, se terminant un peu brusquement en une pointe un peu longue, bien creusées en gouttière et un peu arquées, bordées de dents larges, profondes, aiguës, le plus souvent simples et écartées entre elles, bien soutenues sur des pétioles de moyenne longueur, de moyenne force et redressés.

Stipules en alênes fines, très-courtes et souvent un peu recourbées.

Boutons à fruit petits, exactement ovoïdes, peu aigus; écailles d'un brun jaunâtre et glabres.

Fleurs moyennes; pétales elliptiques-élargis, un peu concaves, légèrement lavés de rose en dehors, presque blancs en dedans; divisions du calice de moyenne longueur et annulaires; pédicelles longs, peu forts et peu duveteux.

Feuilles des productions fruitières plus petites que celles des pousses d'été, obovales souvent un peu allongées, se terminant peu brusquement en une pointe assez courte et bien aiguë, bien creusées en gouttière et arquées, bordées de dents peu profondes, bien couchées et peu aiguës, assez bien soutenues sur des pétioles de moyenne longueur, très-grêles et cependant fermes.

Caractère saillant de l'arbre : teinte générale du feuillage d'un vert bleu un peu foncé; toutes les feuilles bien creusées en gouttière ou bien repliées sur leur nervure médiane et se terminant en une pointe finement aiguë; pétioles des feuilles des productions fruitières remarquablement grêles.

Fruit moyen ou presque gros sur arbre taillé, sphérico-conique, parfois très-obscurément anguleux dans son contour, atteignant sa plus grande épaisseur au-dessous du milieu de sa hauteur; au-dessus de ce point, s'atténuant par une courbe largement convexe en une pointe peu longue, épaisse et largement tronquée à son sommet; au-dessous du même point, s'arrondissant par une courbe bien convexe jusque dans la cavité de la queue.

Peau mince et cependant un peu ferme, d'abord d'un vert clair semé de points gris, rares et largement espacés. Une tache d'une rouille brune et fine couvre la cavité de la queue et rayonne au-delà de ses bords. A la maturité, **commencement et courant d'hiver**, le vert fondamental passe au jaune conservant un ton encore un peu verdâtre, se dore sur les parties un peu éclairées et se couvre du côté du soleil d'un nuage de rouge sanguin, souvent un peu taché de rouge plus foncé et sur lequel apparaissent peu les points cernés de jaune.

Œil grand, demi-ouvert, à divisions fines, recourbées en dehors et restant longtemps vertes, placé dans une cavité assez peu profonde, évasée, sillonnée dans ses parois par des plis qui se prolongent un peu sur ses bords et parfois très-obscurément sur la hauteur du fruit. Tuyau du calice en entonnoir court et obtus ne dépassant pas la première enveloppe du cœur dont la coupe est largement cordiforme.

Queue courte, peu forte, serrée dans une cavité étroite, peu profonde et bien régulière.

Chair bien blanche, demi-fine, peu tassée, tendre, suffisante en jus bien sucré, légèrement acidulé et parfumé.

REINETTE GRISE DORÉE DU MASSACHUSSET

(GOLDEN RUSSET OF MASSACHUSSETS)

(N° 29)

The Fruits and the fruit-trees of America. DOWNING.
American Pomology. JOHN WARDER.

OBSERVATIONS. — Downing fait remarquer qu'il existe en Amérique plusieurs variétés de Reinette grise dorée dont il est difficile d'établir l'identité, mais que celle-ci est distincte des autres de même nom cultivées soit dans l'Etat de New-York, soit dans l'Ouest. — L'arbre, d'une vigueur normale sur paradis, se prête facilement à la forme pyramidale et ses branches se maintiennent facilement garnies de bonnes productions fruitières. Sa fertilité est grande, soutenue, et son fruit, de bonne conservation, est de première qualité.

DESCRIPTION.

Rameaux assez forts, un peu auguleux dans leur contour, à entre-nœuds très-courts, d'un rouge sanguin intense et non recouvert d'une pellicule; lenticelles blanches, nombreuses et un peu apparentes.

Boutons à bois moyens, coniques, émoussés, plus ou moins appliqués au rameau, soutenus sur des supports un peu saillants dont les côtés et l'arête médiane se prolongent un peu distinctement; écailles d'un rouge clair et peu duveteuses.

Pousses d'été d'un vert intense, lavées de rouge à leur sommet et peu duveteuses sur toute leur longueur.

Feuilles des pousses d'été ovales un peu allongées et peu larges, se terminant presque régulièrement en une pointe peu aiguë, bien creusées en gouttière et non arquées, bordées de dents larges, profondes, une ou deux fois surdentées et obtuses, bien fermes sur leurs pétioles longs, forts, raides et bien redressés.

Stipules en alênes courtes et recourbées.

Boutons à fruit moyens, conico-ellipsoïdes, obtus; écailles extérieures jaunâtres et bordées de brun, souvent entièrement recouvertes d'une tache gris blanchâtre.

Fleurs moyennes; pétales ovales bien élargis, presque planes, souvent chiffonnés et très-finement ondulés dans leur contour, à onglet très-court, se recouvrant entre eux, légèrement lavés de rose violet en dedans et en dehors; divisions du calice de moyenne longueur, étroites et recourbées en dessous; pédicelles un peu longs, un peu forts et à peine duveteux.

Feuilles des productions fruitières ovales plus allongées et plus étroites que celles des pousses d'été, brusquement et sensiblement atténuées vers le pétiole, se terminant presque régulièrement en une pointe un peu longue et finement aiguë, largement creusées en gouttière et souvent largement contournées sur leur longueur, bordées de dents fines, peu profondes et bien aiguës, bien soutenues sur des pétioles assez longs, peu forts, raides et divergents.

Caractère saillant de l'arbre : teinte générale du feuillage d'un vert bleu peu foncé et un peu brillant sur les feuilles des pousses d'été; toutes les feuilles allongées et celles des pousses d'été remarquablement creusées en gouttière; tous les pétioles longs et raides.

Fruit moyen ou presque moyen, sphérico-conique, tantôt aussi large que haut, tantôt paraissant un peu plus haut que large, ordinairement uni dans son contour, atteignant sa plus grande épaisseur un peu au-dessous du milieu de sa hauteur; au-dessus de ce point, s'atténuant par une courbe peu convexe en une pointe courte, épaisse et plus ou moins largement tronquée à son sommet; au-dessous du même point, s'arrondissant régulièrement et par une courbe bien convexe jusque dans la cavité de la queue.

Peau un peu ferme, d'abord d'un vert d'eau semé de points bruns, petits, apparents et mélangés avec des taches ou des traits fins d'une rouille de même couleur qui se disperse en réseau sur presque toute sa surface, en se condensant sur les bords de la cavité de l'œil et surtout dans la cavité de de la queue, où elle devient parfois un peu squameuse, tandis qu'autour de l'œil elle passe souvent au rouge bronzé. A la maturité, **courant et fin d'hiver,** le vert fondamental passe au jaune doré, et sur les fruits bien exposés il se couvre d'un nuage de rouge orangé du côté du soleil.

Œil moyen, fermé ou presque fermé, à divisions courtes, fines, dressées en bouquet, placé dans une cavité en forme de godet peu large, un peu profond, plissé dans ses parois et le plus souvent régulier par ses bords. Tuyau du calice en entonnoir très-court et obtus, ne dépassant pas la première enveloppe du cœur dont la coupe cordiforme est d'une étendue proportionnée au volume du fruit.

Queue courte ou assez courte, forte, attachée dans une cavité profonde, un peu évasée et régulière par ses bords.

Chair jaunâtre, fine, très-serrée, ferme, peu abondante en jus bien sucré, relevé, agréable et parfumé à la manière des Reinettes grises.

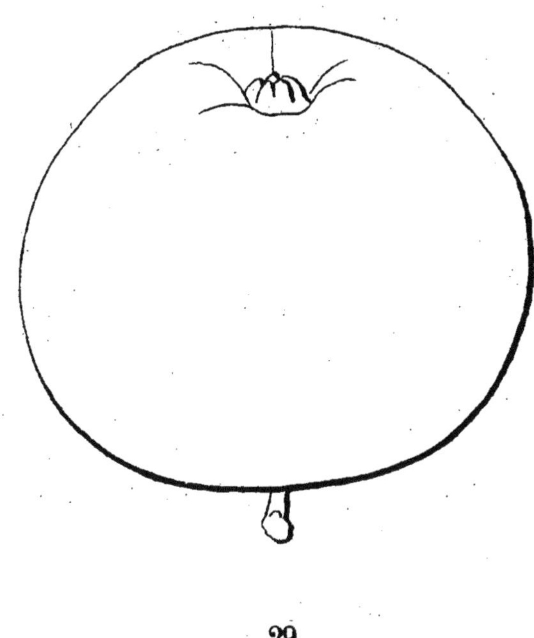

29

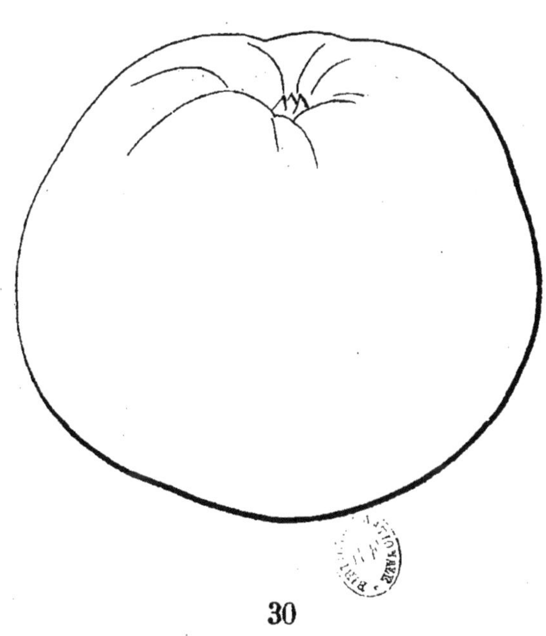

30

29. REINETTE DORÉE DU MASSACHUSSETS. 30. OSKALOOSA.

OSKALOOSA

(N° 30)

The Fruits and the fruit-trees of America. DOWNING.

OBSERVATIONS. — Downing dit que cette variété est d'origine inconnue. — L'arbre, de vigueur moyenne, forme une tête régulière et d'une bonne tenue. Sa fertilité est précoce, mais seulement moyenne. Son fruit, par sa forme, par son apparence et par sa saveur, a les plus grands rapports avec notre Calville blanche qu'il égale bien en qualité. C'est une véritable variété d'amateur; ses récoltes sujettes à des alternats trop répétés et trop complets empêchent de la recommander à la culture de spéculation.

DESCRIPTION.

Rameaux forts, unis ou presque unis dans leur contour, droits, à entre-nœuds très-courts et inégaux entre eux, d'un brun violacé intense ; lenticelles d'un blanc jaunâtre, petites, nombreuses et un peu apparentes.

Boutons à bois extraordinairement petits, ressemblant à de petites houppes laineuses, se perdant dans leurs supports très-peu saillants dont les côtés et l'arête médiane ne se prolongent pas.

Pousses d'été d'un vert d'eau peu foncé et peu duveteuses.

Feuilles des pousses d'été moyennes, ovales-arrondies, se terminant brusquement en une pointe assez longue, concaves, recourbées en dessous par leur pointe, bordées de dents extraordinairement larges, bien profondes, très-inégales entre elles et plusieurs fois surdentées, bien fermes sur leurs pétioles longs, grêles et bien redressés.

Stipules très-caduques.

Boutons à fruit très-petits, presque sphériques, obtus ; écailles extérieures jaunâtres et bordées de brun ; écailles intérieures d'un rouge très-foncé.

Fleurs grandes ; pétales elliptiques-arrondis, concaves, à onglet très-court, se recouvrant largement entre eux, tachés de rose violet en dehors et peu lavés de la même couleur en dedans ; divisions du calice assez longues, larges et annulaires ; pédicelles très-courts, très-forts et peu duveteux.

Feuilles des productions fruitières plus grandes que celles des pousses d'été, ovales bien élargies et quelques-unes ovales-allongées, se terminant brusquement en une pointe très-courte, creusées en gouttière et arquées, bordées de dents bien larges, bien profondes, inégales entre elles et peu aiguës, bien soutenues sur des pétioles de moyenne longueur, de moyenne force et dressés.

Caractère saillant de l'arbre : teinte générale du feuillage d'un vert peu foncé et vif ; serrature des feuilles remarquable par la largeur et la profondeur des dents cependant peu aiguës.

Fruit moyen, sphérico-cylindrique, déprimé à ses deux pôles, déformé dans son contour par des côtes assez prononcées, atteignant sa plus grande épaisseur à peu près au milieu de sa hauteur ; au-dessus de ce point, s'atténuant peu par une courbe peu convexe en une pointe très-courte, très-épaisse et très-largement tronquée ; au-dessous du même point, s'arrondissant d'abord par une courbe bien convexe pour s'aplatir ensuite autour de la cavité de la queue.

Peau un peu épaisse et cependant souple, d'abord d'un vert très-pâle semé de très-petits points bruns, peu visibles et très-largement espacés. On remarque quelques traces d'une rouille brune dans la cavité de la queue et parfois dans celle de l'œil. A la maturité, **courant d'hiver,** le vert fondamental passe au beau jaune doré, bien chaud du côté du soleil ou rarement lavé d'un soupçon de rouge.

Œil petit, exactement fermé, à divisions très-courtes, placé dans une cavité large, profonde, dont les bords presque perpendiculaires se divisent en côtes un peu prononcées qui se prolongent régulièrement sur la hauteur du fruit. Tuyau du calice descendant par un tube allongé et obtus jusque dans la cavité du cœur dont l'axe est creux et la coupe cordiforme-déprimée.

Queue très-courte, n'atteignant pas les bords de sa cavité qui est profonde, largement évasée et irrégulière dans ses parois et par ses bords.

Chair blanche et un peu veinée de jaune, fine, demi-ferme, suffisante en jus sucré et agréablement parfumé.

REINETTE ROYALE

(KÖNIGLISCHE REINETTE)

(N° 31)

Handbuch über die Obstbaumzucht. CHRIST.
Versuch einer Systematischen Beschreibung der Kernobstsorten. DIEL.
Systematisches Handbuch der Obstkunde. DITTRICH.
Illustrirtes Handbuch der Obstkunde. OBERDIECK.
Pomologische Notizen. OBERDIECK.

OBSERVATIONS. — La Reinette royale de Lindley et de Robert Hogg est une autre variété qui me semble se rapporter à la Royale d'Angleterre que j'ai déjà décrite dans le *Verger*. Diel reçut cette variété en 1788, de Metz et de Nancy, sous le nom de Reinette royale, et demande si elle ne serait pas notre Reinette de Portugal ou la variété de la Reinette franche décrite dans Duhamel à la fin de l'article qu'il consacre à cette dernière. Il dit que, quoique la Reinette royale ait des rapports avec la Reinette franche, elle en est distincte, et j'ajoute que les fruits diffèrent aussi bien par leur qualité que par leur apparence extérieure. La chair de la Reinette royale n'est pas aussi jaune et plus ferme que celle de la Reinette franche. Les arbres ont une grande ressemblance entre eux, mais chez moi celui de la Reinette royale n'a jamais encore contracté de chancres, et il est aussi moins vigoureux que celui de la Reinette franche. — L'arbre, d'une végétation bien contenue sur paradis, s'accommode bien des petites formes régulières et surtout de celles appliquées à un treillage. Il est d'une bonne santé, d'une fertilité précoce et soutenue. Sa haute tige forme une tête à branches érigées et bien feuillues, et n'atteint pas une grande dimension.

DESCRIPTION.

Rameaux peu forts, anguleux dans leur contour, droits, à entre-nœuds assez courts, verdâtres du côté de l'ombre, un peu brunis et non recouverts d'une pellicule du côté du soleil; lenticelles très-petites, rares et peu apparentes.

Boutons à bois petits, coniques, assez courts et peu aigus, appliqués au rameau, soutenus sur des supports un peu saillants dont les côtés et l'arête médiane se prolongent assez vivement; écailles jaunâtres et un peu duveteuses.

Poussés d'été d'un vert très-clair et un peu jaune, couvertes d'un duvet très-peu épais.

Feuilles des pousses d'été moyennes, ovales-allongées et un peu larges, se terminant peu brusquement en une pointe assez longue, creusées en gouttière et à peine arquées, bordées de dents larges, profondes et courtement aiguës, bien soutenues sur des pétioles de moyenne longueur, de moyenne force et redressés.

Stipules en forme d'alênes courtes et fines.

Boutons à fruit moyens, conico-ovoïdes, aigus; écailles extérieures verdâtres, bordées de brun et glabres.

Fleurs petites; pétales ovales ou ovales-élargis, peu concaves, souvent ondulés dans leur contour, à onglet très-court, se recouvrant à peine entre eux, à peine lavés de rose en dehors et blancs en dedans; divisions du calice très-courtes et annulaires; pédicelles courts, grêles et un peu cotonneux.

Feuilles des productions fruitières à peu près de même grandeur que celles des pousses d'été, obovales-allongées et peu larges, se terminant un peu brusquement en une pointe longue et finement aiguë, à peine concaves et parfois largement ondulées dans leur contour, bordées de dents profondes, bien couchées et très-aiguës, assez mal soutenues sur des pétioles longs, grêles et flexibles.

Caractère saillant de l'arbre : teinte générale du feuillage d'un vert pré intense; toutes les feuilles plus ou moins allongées et garnies d'une serrature profonde et plus ou moins aiguë; branchage peu fort et flexible.

Fruit petit ou presque moyen, sphérico-conique, tantôt paraissant un peu plus haut que large, tantôt au contraire plus large que haut, presque uni ou peu déformé dans son contour par des côtes peu prononcées, atteignant sa plus grande épaisseur au-dessous du milieu de sa hauteur; au-dessus de ce point, s'atténuant par une courbe peu convexe en une pointe plus ou moins courte, épaisse et plus ou moins largement tronquée à son sommet; au-dessous du même point, s'arrondissant par une courbe bien convexe pour s'aplatir ensuite un peu autour de la cavité de la queue.

Peau mince et un peu ferme, d'abord d'un vert clair et gai semé de points d'un gris brun, un peu larges, bien arrondis, assez largement et bien régulièrement espacés. Une rouille brune s'étend en étoile dans la cavité de la queue et rarement se disperse un peu sur la surface du fruit. A la maturité, **courant et fin d'hiver**, le vert fondamental passe au jaune clair et le côté du soleil se dore sans prendre de rouge.

Œil grand, ouvert ou demi-ouvert, à divisions longues et finement aiguës, recourbées en dehors ou étalées, placé dans une cavité étroite et peu profonde, plissée dans ses parois et par ses bords sur les gros fruits, et ces plis ne se prolongent pas sur leur hauteur d'une manière bien appréciable; sur les petits fruits, cette cavité est moins profonde, plus évasée et leur contour est aussi plus uni. Tuyau du calice en entonnoir court, évasé et aigu, ne dépassant pas la première enveloppe du cœur dont la coupe est cordiforme un peu déprimée.

Queue courte, un peu forte, attachée dans une cavité peu profonde, évasée et parfois un peu irrégulière.

Chair d'un blanc un peu teinté de jaune, fine, tassée, très-ferme, abondante en jus sucré, acidulé, agréablement parfumé, constituant un fruit de bonne qualité, ayant quelques rapports de saveur avec la Reinette franche, mais cependant pas aussi excellent.

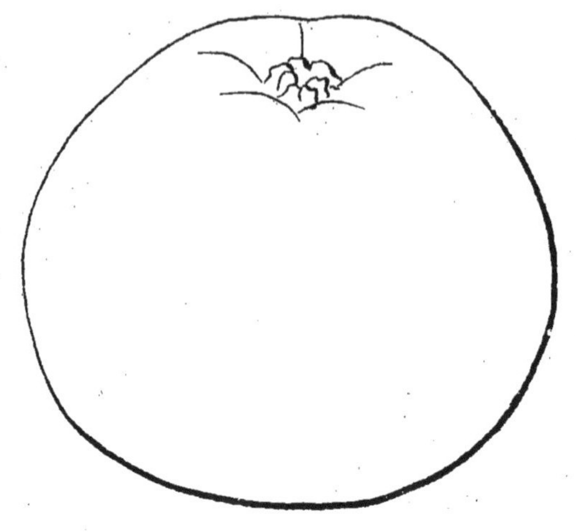

31

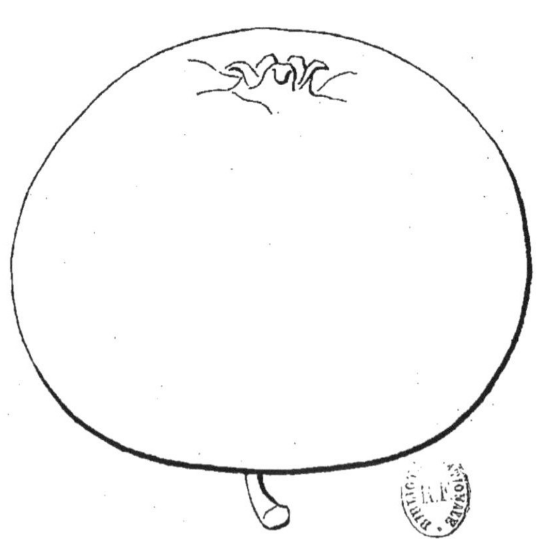

32

31. REINETTE ROYALE. 32. POMME COURONNÉE DE MULTHAUPT.

POMME COURONNÉE DE MULTHAUPT

(MULTHAUPTS KRONENAPFEL)

(N° 32)

Illustrirtes Handbuch der Obstkunde. OBERDIECK.
Pomologische Notizen. OBERDIECK.
MULTHAUPTS WINTER KRONENAPFEL. *Systematische Beschreibung der Kernobstsorten.* DIEL.
Systematisches Handbuch der Obstkunde. DITTRICH.
Handbuch der Pomologie. HINKERT.
Handbuch aller bekannten Obstsorten. BIEDENFELD.

OBSERVATIONS. — Cette variété, d'après les auteurs allemands, serait un gain du vigneron Multhaupt, de Nienburg, près de Goslar et de Harzburg, dans le Hanovre; le même qui a aussi obtenu de semis la Reinette Multhaupt. — L'arbre, bien vigoureux même sur paradis, se prête peu aux formes soumises à la taille. Sa haute tige forme une tête de grande dimension, de rapport un peu tardif, mais bon par la suite, et convient au verger de campagne par sa rusticité. Son fruit ne peut être considéré que comme de seconde qualité.

DESCRIPTION.

Rameaux forts, unis dans leur contour, à entre-nœuds assez courts, d'un brun rougeâtre sombre; lenticelles blanches, larges, rares et peu apparentes.

Boutons à bois assez gros, coniques-allongés, aigus, appliqués au rameau, soutenus sur des supports peu saillants dont les côtés et l'arête médiane ne se prolongent pas; écailles d'un rouge vif et un peu duveteuses.

Pousses d'été d'un vert très-clair, non colorées de rouge et peu duveteuses à leur sommet.

Feuilles des pousses d'été grandes, obovales très-élargies, se terminant très-brusquement en une pointe tantôt longue, tantôt courte, un peu concaves et souvent contournées par leur pointe, bordées de dents larges, profondes, un peu recourbées et courtement aiguës, soutenues presque horizontalement sur des pétioles longs, assez forts, fermes et redressés.

Stipules en alênes courtes et plus ou moins fines.

Boutons à fruit assez gros, conico-ovoïdes, allongés et aigus ; écailles d'un marron noirâtre et peu duveteuses.

Fleurs grandes ; pétales ovales-allongés, peu concaves, presque blancs en dehors et entièrement blancs en dedans ; divisions du calice remarquablement longues, larges à leur base et cependant finement aiguës et peu recourbées en dessous ; pédicelles de moyenne longueur et de moyenne force, peu duveteux.

Feuilles des productions fruitières souvent plus grandes que celles des pousses d'été, obovales, très-sensiblement atténuées vers le pétiole, se terminant brusquement en une pointe courte, à peine concaves ou presque planes, souvent très-largement contournées sur leur longueur, bordées de dents un peu larges, un peu profondes, le plus souvent simples et peu profondes, irrégulièrement soutenues sur des pétioles de moyenne longueur, un peu forts, bien raides et bien divergents.

Caractère saillant de l'arbre : teinte générale du feuillage d'un vert pré très-intense et mat ; toutes les feuilles assez amples, souvent largement contournées par leur pointe ou sur toute leur longueur ; tous les pétioles forts.

Fruit moyen, conico-sphérique, bien atténué du côté de l'œil, ordinairement uni dans son contour, atteignant sa plus grande épaisseur bien au-dessous du milieu de sa hauteur ; au-dessus de ce point, s'atténuant par une courbe largement convexe en une pointe peu longue et obtuse à son sommet ; au-dessous du même point, s'arrondissant d'abord brusquement par une courbe bien convexe pour ensuite s'aplatir un peu autour de la cavité de la queue.

Peau mince, souple, d'abord d'un vert herbacé clair et sur lequel il est difficile de reconnaître de véritables points. Une tache d'une rouille dense, d'un fauve verdâtre couvre la cavité de la queue et souvent s'étend largement en étoile sur la base du fruit. A la maturité, **courant d'hiver**, le vert fondamental passe au jaune clair, conservant souvent un ton un peu verdâtre, et le côté du soleil, sur les fruits bien exposés, est largement lavé de rouge sanguin intense et uniforme à son centre, et décroissant sur les parties moins éclairées en raies distinctes et en tavelures, et sur ce rouge apparaissent peu distinctement des points nombreux et d'un vert jaunâtre.

Œil grand, le plus souvent fermé, placé dans une cavité très-peu profonde, évasée, plissée dans ses parois, et ces plis dépassent rarement les bords pour se continuer sur la hauteur du fruit par des élévations très-aplanies. Tuyau du calice en entonnoir court et obtus, ne dépassant pas la première enveloppe du cœur dont la coupe cordiforme est peu distincte et offre peu d'étendue par rapport au volume du fruit.

Queue de moyenne longueur, un peu forte, attachée dans une cavité assez peu profonde, un peu évasée et régulière par ses bords.

Chair d'un blanc un peu teinté de vert sous la peau, demi-fine, assez tendre, abondante en jus légèrement sucré, vineux, acidulé, sans parfum bien appréciable.

BEACHAMWELL

(N° 33)

The Apple and its Varieties. Robert Hogg.
BEACHAMWELL SEEDLING. *A Guide to the Orchard.* Lindley.
The Fruits and the fruit-trees of America. Downing.
SAMLING VON BEACHAMWELL. *Illustrirtes Handbuch der Obstkunde.* Oberdieck.
Pomologische Notizen. Oberdieck.

Observations. — Lindley, qui écrivait en 1831, dit que cette variété avait été obtenue, depuis quelques années, par John Motteur, de Beachamwell, dans le comté de Norfolk, et que le pied-mère existait encore à cette époque. — L'arbre est d'une végétation bien contenue sur paradis et ne s'accommode des formes régulières qu'au prix de quelques soins, entre lesquels l'application à un treillage est un des meilleurs. Robert Hogg donne l'arbre comme rustique et vigoureux, lorsqu'il est greffé sur franc; mais il n'atteint pas une grande dimension. Sa fertilité est précoce et grande. Son fruit est un peu petit, défaut bien compensé par son excellente qualité.

DESCRIPTION.

Rameaux peu forts, finement anguleux dans leur contour, droits, à entre-nœuds de moyenne longueur, verdâtres du côté de l'ombre, un peu brunis et recouverts d'une pellicule un peu épaisse du côté du soleil.

Boutons à bois très-petits, courts, obtus, appliqués au rameau, soutenus sur des supports peu saillants dont les côtés et l'arête médiane se prolongent finement; écailles jaunâtres et glabres.

Pousses d'été d'un vert décidé et couvertes d'un duvet peu épais.

Feuilles des pousses d'été petites, ovales-elliptiques, se terminant presque régulièrement en une pointe peu longue, concaves, bordées de dents larges, assez peu profondes et bien obtuses, bien soutenues sur des pétioles de moyenne longueur, de moyenne force et bien redressés.

Stipules très-courtes, tantôt en forme d'alênes, tantôt lancéolées-recourbées.

Boutons à fruit petits, conico-ovoïdes, aigus; écailles extérieures jaunâtres ou verdâtres, bordées de brun foncé et glabres; écailles intérieures un peu soyeuses.

Fleurs moyennes; pétales ovales bien élargis, souvent sensiblement atténués à leur sommet, convexes plutôt que concaves, à peine lavés de rose en dehors et blancs en dedans; divisions du calice un peu longues, étroites et bien recourbées en dessous; pédicelles courts, peu forts et à peine duveteux.

Feuilles des productions fruitières petites, obovales un peu allongées, se terminant assez brusquement en une pointe courte et contournée, un peu concaves, bordées de dents fines, peu profondes, peu aiguës ou émoussées, bien soutenues sur des pétioles courts, grêles et un peu redressés.

Caractère saillant de l'arbre : teinte générale du feuillage d'un beau vert foncé et un peu brillant; toutes les feuilles petites; branchage et feuillage menus.

Fruit petit ou presque moyen, sphérico-cylindrique et largement tronqué à ses deux pôles, uni dans son contour et souvent un peu plus élevé d'un côté que de l'autre, atteignant sa plus grande épaisseur à peine au-dessous du milieu de sa hauteur; au-dessus de ce point, s'atténuant par une courbe peu convexe en une pointe courte, épaisse et bien tronquée à son sommet; au-dessous du même point, s'arrondissant par une courbe plus convexe jusque dans la cavité de la queue.

Peau fine, mince, souple, d'abord d'un vert clair et vif semé de points d'un gris noir, larges, largement et régulièrement espacés. Une rouille d'un brun grisâtre forme une tache dans la cavité de la queue et parfois quelques traits circulaires autour de la cavité de l'œil. A la maturité, **courant et fin d'hiver**, le vert fondamental s'éclaircit un peu en jaune, et le côté du soleil est doré ou très-légèrement lavé d'un soupçon de rouge, lorsque la saison a été chaude.

Œil moyen, ouvert, à divisions étroites et finement aiguës, étalées dans une cavité étroite, peu profonde, régulière dans ses parois et par ses bords. Tuyau du calice en forme d'entonnoir court, ne dépassant pas la première enveloppe du cœur dont la coupe est régulièrement cordiforme.

Queue tantôt longue, tantôt un peu courte, grêle, attachée dans une cavité étroite, peu profonde, bien régulière par ses bords.

Chair jaunâtre, très-fine, très-serrée, ferme, croquante, suffisante en jus richement sucré, acidulé, parfumé à la manière des meilleures Reinettes.

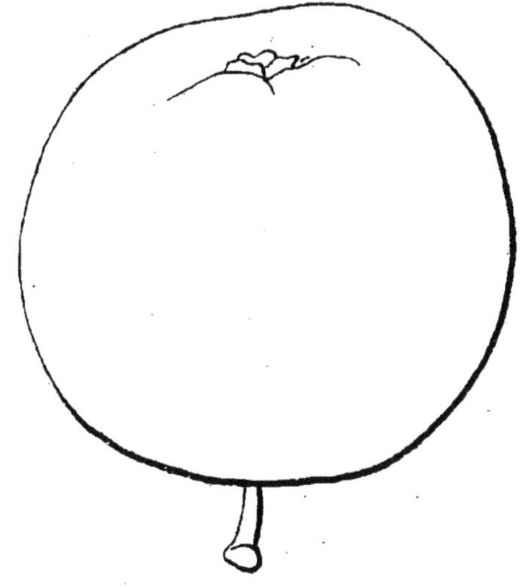

33

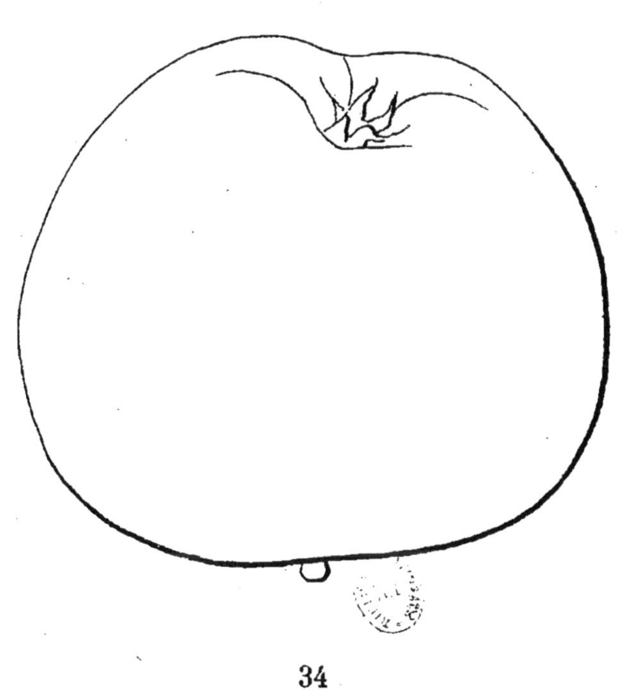

34

33. BEACHAMWELL. 34. OSCEOLA.

OSCEOLA

(N° 34)

The Fruits and the fruit-trees of America. DOWNING.
The American fruit Culturist. THOMAS.
American Pomology. JOHN WARDER.

OBSERVATIONS. — D'après Downing, cette variété serait originaire du comté de Putnam (Indiana). — L'arbre, d'une grande vigueur même sur paradis, peut suffire aux grandes formes sur ce sujet. Il convient au verger par sa rusticité et sa fertilité presque continue. Son fruit, de première qualité, est excellent pour le marché par sa belle apparence.

DESCRIPTION.

Rameaux forts, unis dans leur contour, à entre-nœuds inégaux entre eux, d'un rouge terne et presque entièrement recouvert d'une pellicule d'apparence métallique; lenticelles très-petites et très-peu apparentes.

Boutons à bois gros, coniques, épais et obtus, plus ou moins appliqués au rameau, soutenus sur des supports peu saillants dont les côtés et l'arête médiane ne se prolongent pas distinctement; écailles d'un rouge intense et un peu duveteuses.

Pousses d'été d'un vert clair, lavées de rouge à leur sommet et couvertes sur toute leur longueur d'un duvet peu serré.

Feuilles des pousses d'été assez grandes, ovales-élargies, se terminant un peu brusquement en une pointe peu longue, large et peu aiguë, peu repliées sur leur nervure médiane, bien arquées et souvent très-largement ondulées dans leur contour, bordées de dents très-larges, un peu profondes, ordinairement simples et bien obtuses, bien soutenues sur des pétioles courts, très-forts, colorés de rouge vif et redressés.

Stipules de moyenne longueur, ovales ou lancéolées-élargies.

Boutons à fruit moyens, conico-ovoïdes, obtus; écailles rouges et presque entièrement recouvertes d'un duvet blanchâtre.

Fleurs à peine moyennes; pétales elliptiques, presque planes ou même convexes, à onglet court, se recouvrant un peu entre eux, presque blancs en dehors et blancs en dedans; divisions du calice courtes et annulaires; pédicelles assez courts, grêles et peu duveteux.

Feuilles des productions fruitières bien plus grandes que celles des pousses d'été, ovales-elliptiques, un peu allongées et assez larges, se terminant presque régulièrement en une pointe très-courte et peu aiguë, presque planes, parfois très-largement ondulées dans leur contour, bordées de dents très-peu profondes, bien couchées et peu aiguës, bien soutenues sur des pétioles longs, un peu forts, divergents et raides.

Caractère saillant de l'arbre : teinte générale du feuillage d'un vert pré assez peu foncé et mat; pétioles des feuilles des pousses d'été remarquablement courts et forts ; feuilles des productions fruitières bien plus amples que celles des pousses d'été; stipules remarquablement élargies.

Fruit assez gros ou seulement moyen, sphérico-conique, bien déprimé, plus large que haut, ordinairement presque uni dans son contour et plus élevé d'un côté que de l'autre, atteignant sa plus grande épaisseur au-dessous du milieu de sa hauteur; au-dessus de ce point, s'arrondissant par une courbe largement convexe jusque dans la cavité de l'œil; au-dessous du même point, s'arrondissant par une courbe plus convexe pour ensuite s'aplatir un peu autour de la cavité de l'œil.

Peau mince, d'abord d'un vert herbacé semé de petites taches nacrées. Une large tache d'une rouille fine et de couleur fauve couvre la cavité de la queue et s'étend au-delà de ses bords. A la maturité, **courant d'hiver,** le vert fondamental passe au jaune citron dont on n'aperçoit le plus souvent qu'une petite étendue, car il est presque entièrement recouvert d'un beau rouge rosat traversé par des raies fines d'un rouge cerise et sur lequel apparaissent bien des points blanchâtres, petits, nombreux et serrés autour de la cavité de l'œil, plus larges et plus espacés sur la base du fruit. Une fleur légère d'un rose lilas recouvre la surface du fruit au moment où on le cueille.

Œil fermé, à divisions longues et fines, enfoncé dans une cavité profonde, un peu évasée par ses bords divisés en côtes assez saillantes mais émoussées, et ne se prolongeant que d'une manière très-obscure sur la hauteur du fruit. Tuyau du calice en entonnoir un peu large, un peu obtus, dépassant un peu la première enveloppe du cœur dont la coupe, plutôt elliptique que cordiforme, offre peu d'étendue par rapport au volume du fruit.

Queue courte, peu forte, ne dépassant pas ou dépassant à peine les bords de la cavité profonde, un peu évasée, le plus souvent régulière dans laquelle elle est attachée.

Chair jaunâtre, fine, un peu tendre, abondante en eau sucrée, parfumée et relevée d'une saveur rafraîchissante.

TETOWKA

(N° 35)

Illustrirtes Handbuch der Obstkunde. OBERDIECK.

OBSERVATIONS. — Cette variété, d'après Oberdieck, est originaire de la Russie, et en effet son fruit offre bien l'apparence des pommes de ces contrées : une teinte blanchâtre et comme neigeuse. — L'arbre, d'une végétation tout à fait insuffisante sur paradis, réclame le franc, si l'on veut en obtenir des formes régulières d'une certaine étendue et dont il s'accommode facilement. Sa fructification est abondante et n'est pas sujette à l'alternat. Son fruit est de bonne qualité.

DESCRIPTION.

Rameaux forts, unis dans leur contour, à entre-nœuds inégaux entre eux, jaunâtres ; lenticelles blanchâtres, larges, assez nombreuses et apparentes.

Boutons à bois gros, courts, obtus, plus ou moins appliqués au rameau, soutenus sur des supports saillants dont les côtés et l'arête médiane ne se prolongent pas ; écailles rouges et un peu duveteuses.

Pousses d'été d'un vert pâle et peu duveteuses sur toute leur longueur.

Feuilles des pousses d'été grandes, ovales-élargies, se terminant un peu brusquement en une pointe peu longue, un peu repliées sur leur nervure médiane et souvent ondulées dans leur contour, bordées de dents larges, profondes, doubles et peu aiguës, bien soutenues sur des pétioles courts, forts et redressés.

Stipules en forme d'alênes courtes.

Boutons à fruit gros, conico-ovoïdes, obtus; écailles d'un rouge sombre et recouvertes d'un duvet blanc et laineux.

Fleurs moyennes; pétales ovales-elliptiques ou ovales-élargis, souvent repliés en dessous par leurs côtés, à onglet court, plutôt irrégulièrement convexes que concaves, paraissant écartés entre eux; divisions du calice de moyenne longueur et recourbées en dessous; pédicelles de moyenne longueur, de moyenne force et un peu laineux.

Feuilles des productions fruitières moyennes ou grandes, obovales-elliptiques, se terminant très-brusquement en une pointe extraordinairement courte, un peu concaves et largement ondulées dans leur contour, bordées de dents larges, peu profondes et arrondies, bien soutenues sur des pétioles peu longs, assez forts, raides et redressés.

Caractère saillant de l'arbre : teinte générale du feuillage d'un vert terne et peu foncé; toutes les feuilles plus ou moins sensiblement ondulées dans leur contour.

Fruit presque moyen, sphérique-déprimé à ses deux pôles, parfois un peu déformé dans son contour par des côtes très-aplanies, atteignant sa plus grande épaisseur à peu près au milieu de sa hauteur; au-dessus et au-dessous de ce point, s'arrondissant par des courbes presque de même longueur et presque également convexes, soit du côté de l'œil, soit du côté de la queue.

Peau un peu épaisse et ferme, d'abord d'un vert très-pâle semé de petites taches nacrées au lieu de points. Une rouille brune, épaisse, un peu rude au toucher s'étale ordinairement en étoile dans la cavité de la queue. A la maturité, **courant d'août,** le vert fondamental passe au blanc de lait à peine teinté de jaune, et le côté du soleil ne porte aucune trace de rouge même sur les fruits les mieux exposés.

Œil grand, fermé, à divisions d'un vert très-clair, réfléchies en dehors, placé dans une cavité étroite, peu profonde, faiblement sillonnée dans ses parois et par ses bords. Tuyau du calice en forme d'entonnoir large et bien obtus, dépassant la première enveloppe du cœur dont la coupe est presque régulièrement elliptique.

Queue longue, grêle, ligneuse, attachée dans une cavité étroite, peu profonde et dont les bords s'arrondissent bien régulièrement.

Chair blanche, demi-fine, un peu tendre, assez abondante en eau sucrée, agréablement acidulée et parfumée.

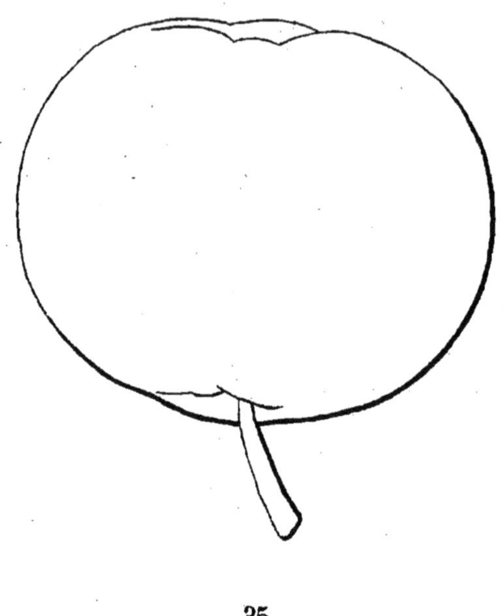

35

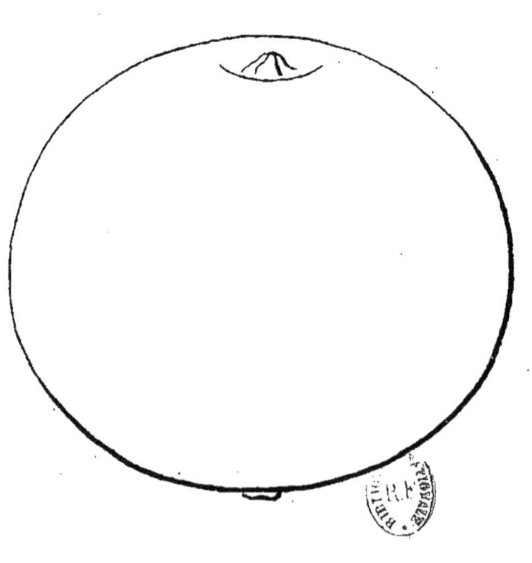

36

35. TETOWKA. 36. DOUCE D'HIVER D'ELICKE

DOUCE D'HIVER D'ELICKE

(ELICKE'S WINTER SWEET)

(N° 36)

The Fruits and the fruit-trees of America. Downing.

Observations. — Cette variété, d'après Downing, est originaire de Lebanon (Etat de Pensylvanie). — L'arbre convient très-bien par sa vigueur et sa grande fertilité au verger pour la spéculation; d'autant plus que son fruit, de longue et de facile conservation, de jolie apparence, supporte le transport sans rien perdre de sa fraîcheur.

DESCRIPTION.

Rameaux assez forts, un peu anguleux dans leur contour, droits, à entre-nœuds inégaux entre eux, d'un rouge rosat du côté de l'ombre, d'un brun rougeâtre du côté du soleil entièrement voilé d'une pellicule épaisse; lenticelles d'un blanc jaunâtre, fines, allongées, irrégulièrement groupées et peu apparentes.

Boutons à bois moyens, coniques, un peu renflés sur le dos, peu obtus, appliqués au rameau, soutenus sur des supports peu saillants dont l'arête médiane se prolonge parfois assez distinctement; écailles rougeâtres et un peu ombrées de gris.

Pousses d'été d'un vert intense, colorées de rouge et couvertes d'un duvet épais et serré à leur sommet.

Feuilles des pousses d'été moyennes, ovales souvent un peu élargies, se terminant brusquement en une pointe peu longue, ferme et bien aiguë, bien concaves et à peine arquées, sensiblement ondulées et crispées dans leur contour, bordées de dents larges, peu profondes, aiguës et souvent plusieurs fois surdentées, soutenues à peu près horizontalement sur des pétioles courts, forts et un peu redressés.

Stipules souvent bien élargies et recourbées.

Boutons à fruit petits, conico-ellipsoïdes, courts et émoussés ; écailles extérieures noirâtres; écailles intérieures d'un rouge rosat et à peine duveteuses.

Fleurs grandes; pétales elliptiques-élargis ou arrondis, concaves, tachés de rose violacé en dehors, lavés de la même couleur en dedans; divisions du calice très-courtes et très-peu recourbées en dessous; pédicelles courts, un peu forts et un peu duveteux.

Feuilles des productions fruitières plus petites que celles des pousses d'été, ovales un peu allongées, se terminant brusquement en une pointe courte et bien contournée, creusées en gouttière et un peu arquées, bordées de dents peu larges, peu profondes, couchées et peu aiguës, assez bien soutenues sur des pétioles courts, grêles et redressés.

Caractère saillant de l'arbre : feuilles d'un vert vif et un peu brillant à leur page supérieure, couvertes à leur page inférieure d'un duvet blanchâtre, épais et feutré; feuilles des pousses d'été remarquablement ondulées et crispées dans leur contour et très-concaves.

Fruit moyen, sphérique-déprimé à ses deux pôles et souvent obliquement du côté de l'œil, ordinairement uni dans son contour, atteignant sa plus grande épaisseur à peu près au milieu de sa hauteur ; au-dessus et au-dessous de ce point, s'arrondissant par des courbes presque de même longueur et presque également convexes, soit du côté de la cavité de la queue autour de laquelle il s'aplatit assez largement, soit du côté de l'œil vers lequel il s'atténue un peu plus.

Peau fine, mince, d'abord d'un vert clair semé de points d'un gris noir, un peu saillants, largement, irrégulièrement espacés et bien apparents. On remarque aussi souvent quelques traces de rouille, soit dans la cavité de l'œil, soit dans celle de la queue. A la maturité, **courant et fin d'hiver,** le vert fondamental passe au jaune clair, conservant souvent encore une teinte un peu verdâtre, et le côté du soleil, sur une très-large étendue, quelquefois sur tout le contour du fruit, se couvre d'un nuage de rouge cramoisi traversé par des raies fines et bien distinctes d'un joli rouge cerise.

Œil grand, fermé, à divisions larges et molles, placé dans une cavité étroite, peu profonde, souvent irrégulière dans ses parois et par ses bords. Tuyau du calice descendant par un tube étroit jusque dans la cavité du cœur dont la coupe est elliptique plutôt que cordiforme.

Queue très-courte, peu forte, enfoncée dans une cavité étroite, assez peu profonde et bien régulière par ses bords.

Chair jaunâtre, assez fine, un peu ferme, peu abondante en eau richement sucrée, délicatement parfumée, constituant un fruit de bonne qualité pour la table et excellent pour les usages de la cuisine.

CHAIR DOUCE

(SWEETMEATS)

(N° 37)

American Pomology. JOHN WARDER.

OBSERVATIONS. — J'ai reçu cette variété de M. Downing qui ne l'a pas encore décrite et je l'ai trouvée seulement mentionnée par Warder et comme provenant de l'Etat d'Indiana. — L'arbre, de vigueur moyenne sur paradis, s'accommode bien des formes régulières; abandonné à lui-même, il forme une tête un peu compacte à branches érigées. Sa fertilité est précoce et bonne. Son fruit, de bonne qualité pour la table, est aussi précieux pour les usages du ménage à l'époque tardive de sa maturité, et doit être rangé dans la classe des Reinettes dorées.

DESCRIPTION.

Rameaux de moyenne force, bien anguleux dans leur contour, un peu flexueux, à entre-nœuds de moyenne longueur, d'un brun jaunâtre du côté de l'ombre, un peu teintés de rouge du côté du soleil et non voilés d'une pellicule ; lenticelles jaunâtres, allongées, assez nombreuses et apparentes.

Boutons à bois petits, courts, obtus, appliqués au rameau. soutenus sur des supports saillants dont les côtés et l'arête médiane se prolongent vivement ; écailles jaunâtres et glabres.

Pousses d'été d'un vert clair, couvertes d'un duvet extraordinairement court et peu serré.

Feuilles des pousses d'été assez grandes, ovales-elliptiques et un peu allongées, se terminant un peu brusquement en une pointe un peu longue et finement aiguë, bien creusées en gouttière et à peine arquées, bordées de dents fines, peu profondes, surdentées et aiguës, soutenues horizontalement sur des pétioles un peu longs, grêles et un peu flexibles.

Stipules en forme d'alênes très-courtes.

Boutons à fruit moyens, coniques, un peu allongés et peu aigus; écailles d'un jaune clair bordé de brun et glabres.

Fleurs petites; pétales ovales-arrondis, concaves, à onglet très-court, se recouvrant à peine entre eux, à peine lavés de rose en dehors et presque blancs en dedans; divisions du calice de moyenne longueur, fines et recourbées en dessous; pédicelles un peu longs, grêles et un peu cotonneux.

Feuilles des productions fruitières à peu près de même grandeur que celles des pousses d'été, obovales-allongées, étroites ou peu larges, se terminant peu brusquement en une pointe peu longue, un peu repliées sur leur nervure médiane et à peine arquées, bordées de dents fines, peu profondes, couchées et souvent finement aiguës, soutenues horizontalement sur des pétioles un peu longs, grêles et un peu flexibles.

Caractère saillant de l'arbre : teinte générale du feuillage d'un vert d'eau clair et un peu vif; toutes les feuilles plus ou moins allongées; tous les pétioles grêles et un peu flexibles.

Fruit petit, sphérique, largement déprimé à ses deux pôles, uni ou à peine déformé dans son contour par des sortes de côtes très-aplanies, atteignant sa plus grande épaisseur à peu près au milieu de sa hauteur; au-dessus et au-dessous de ce point, s'arrondissant par des courbes bien convexes soit du côté de la queue, soit du côté de la cavité de l'œil vers laquelle il s'atténue un peu plus.

Peau un peu ferme, d'abord d'un vert clair semé de points assez larges et régulièrement espacés. Une rouille brune s'étend quelquefois en étoile dans la cavité de la queue et manque souvent aussi. A la maturité, **fin d'hiver et printemps,** le vert fondamental passe au jaune citron clair et le côté du soleil est chaudement doré ou lavé d'un nuage de rouge orangé.

Œil petit, fermé, pressé dans une cavité étroite, un peu profonde, largement plissée dans ses parois et divisée par ses bords en des côtes peu prononcées, obtuses et un peu inégales entre elles. Tuyau du calice en forme d'entonnoir bien évasé, très-court et très-obtus, atteignant à peine la première enveloppe du cœur dont la coupe est elliptique-déprimée.

Queue longue, grêle, souple, souvent courbée, attachée dans une cavité peu profonde, un peu évasée et souvent un peu ondulée dans ses bords.

Chair d'un blanc jaunâtre, très-fine, très-serrée, très-ferme, suffisante en jus excellemment sucré et un peu parfumé.

37

38

37. CHAIR DOUCE. 38. RIDGE PIPPIN.

PEPIN SILLONNÉ

(RIDGE PIPPIN)

(N° 38)

The Fruits and the fruit-trees of America. DOWNING.
American Pomology. JOHN WARDER.
The American fruit Culturist. THOMAS.

OBSERVATIONS. — Downing déclare que l'origine de cette variété est inconnue et qu'elle est supposée avoir pris naissance dans l'Etat de Pensylvanie. Warder dit qu'elle est originaire des environs de Philadelphie où elle est très-appréciée. — L'arbre est d'une bonne végétation sur paradis, d'une fertilité précoce et soutenue. Il peut être cultivé pour le marché où son fruit sera toujours bien apprécié par sa belle apparence et sa bonne qualité.

DESCRIPTION.

Rameaux grêles, obscurément anguleux dans leur contour, droits, à entre-nœuds très-courts, bruns du côté de l'ombre et colorés d'un rouge vineux intense du côté du soleil voilé d'une pellicule assez épaisse; lenticelles blanches, petites, rares et un peu apparentes.

Boutons à bois très-petits, courts, épatés, obtus, exactement appliqués au rameau, soutenus sur des supports peu saillants dont les côtés et l'arête médiane se prolongent assez peu distinctement; écailles rougeâtres et un peu ombrées de gris.

Pousses d'été d'un vert clair et couvertes d'un duvet peu serré.

Feuilles des pousses d'été moyennes, ovales, se terminant un peu brusquement en une pointe un peu longue et large, bien creusées en gouttière et non arquées, bordées de dents un peu larges, assez peu profondes, obtuses ou recourbées de manière à paraître obtuses, bien soutenues sur des pétioles courts, grêles et redressés.

Stipules en alênes très-courtes et fines.

Boutons à fruit petits, conico-ovoïdes, maigres, allongés et aigus ; écailles noirâtres.

Fleurs bien petites ; pétales ovales-elliptiques, presque planes ou même convexes, finement ondulés dans leur contour, à onglet presque nul, se touchant un peu entre eux ; divisions du calice longues, étroites, finement aiguës et recourbées en dessous ; pédicelles assez courts, peu forts et peu duveteux.

Feuilles des productions fruitières assez grandes, ovales ou obovales-elliptiques, un peu larges et allongées, se terminant brusquement en une pointe large et peu longue, bien creusées en gouttière et arquées, bordées de dents assez profondes, couchées et un peu aiguës, bien soutenues sur des pétioles de moyenne longueur, de moyenne force et redressés.

Caractère saillant de l'arbre : teinte générale du feuillage d'un vert d'eau peu foncé ; feuilles des pousses d'été d'un vert bleu et bien luisant.

Fruit moyen, sphérico-cylindrique ou sphérico-conique, largement tronqué à ses deux pôles, bien déformé dans son contour par des côtes épaisses et prononcées, atteignant sa plus grande épaisseur à peu près au milieu de sa hauteur ; au-dessus et au-dessous de ce point, s'atténuant peu par des courbes peu convexes soit du côté de la queue, soit du côté de l'œil vers lequel il diminue un peu plus d'épaisseur que du côté de la queue.

Peau mince et cependant un peu ferme, d'un vert pâle semé de petits points bruns, très-peu visibles. Une rouille brune et fine s'étend en étoile dans la cavité de la queue et sur la base du fruit, et souvent se disperse en traits irréguliers, soit sur sa surface, soit sur les bords de la cavité de l'œil. A la maturité, **courant et fin d'hiver,** le vert fondamental passe au beau jaune citron clair, bien doré du côté du soleil, et sur les fruits bien exposés, moucheté de quelques points rouges.

Œil petit, bien fermé, à divisions fines et étroites, dressées en bouquet, placé dans une cavité étroite, un peu profonde, profondément divisée jusque dans son fond par des côtes vives, prononcées, qui se prolongent de la même manière sur la hauteur du fruit. Tuyau du calice en entonnoir aigu, dépassant la première enveloppe du cœur dont la coupe cordiforme offre peu d'étendue pour le volume du fruit.

Queue tantôt courte, tantôt longue, serrée au fond d'une cavité étroite et profonde dont les bords sont un peu irréguliers.

Chair blanchâtre et veinée de jaune, fine, serrée, suffisante en eau sucrée, agréablement parfumée, constituant un fruit de première qualité et de longue conservation.

FRANC-RÉAL

(KÖNIGLICHER EDELAPFEL)

(N° 39)

Systematische Beschreibung der Kernobstsorten. DIEL.
Illustrirtes Handbuch der Obstkunde. OBERDIECK.
Pomologische Notizen. OBERDIECK.
FRANZÖSISCHE KÖNIGLICHE EDELAPFEL. *Systematisches Handbuch der Obstkunde.* DITTRICH.

OBSERVATIONS. — Les pomologistes allemands déclarent cette variété d'origine française, et cependant je n'ai pu en trouver aucune trace dans les auteurs français que je possède. — L'arbre, d'une vigueur normale et d'une végétation bien équilibrée, se prête facilement aux formes régulières sur paradis. Toutefois sa véritable destination est la haute tige sur franc formant une tête sphérique d'une grande étendue, d'un bon rapport qui ne se fait pas attendre trop longtemps. Son fruit ne doit être consommé qu'à son extrême maturité pour avoir toute sa qualité et ordinairement guère avant le printemps.

DESCRIPTION.

Rameaux un peu forts, courts, unis dans leur contour, presque droits, à entre-nœuds remarquablement courts, d'un brun violet intense un peu voilé d'une pellicule du côté du soleil et maculé, par places, de taches jaunâtres avec lesquelles se confondent les lenticelles petites et très-nombreuses.

Boutons à bois assez gros, coniques, un peu renflés sur le dos, obtus, appliqués au rameau, soutenus sur des supports un peu saillants dont les côtés et l'arête médiane ne se prolongent pas ; écailles d'un marron noirâtre et un peu recouvertes d'un duvet gris sombre.

Pousses d'été d'un vert d'eau, colorées de rouge à leur sommet et couvertes d'un duvet gris sombre, très-court et peu épais.

Feuilles des pousses d'été moyennes ou petites, cordiformes-arrondies, se terminant brusquement en une pointe courte et finement aiguë, bien concaves, bordées de dents fines, peu profondes et aiguës, soutenues horizontalement sur des pétioles très-courts et un peu forts.

Stipules courtes, lancéolées, recourbées.

Boutons à fruit moyens, conico-ellipsoïdes, peu aigus; écailles extérieures jaunâtres, largement bordées de rouge très-foncé et un peu duveteuses; écailles intérieures d'un rouge très-vif et duveteuses.

Fleurs moyennes; pétales elliptiques, bien concaves, à onglet extraordinairement court, se recouvrant entre eux, tachés de rose tendre en dehors et à peine lavés de la même couleur en dedans; divisions du calice de moyenne longueur, larges, épaisses et recourbées en dessous; pédicelles courts, peu forts et duveteux.

Feuilles des productions fruitières assez grandes, obovales-elliptiques et un peu allongées, quelques-unes ovales-lancéolées, se terminant brusquement en une pointe courte, à peine concaves et presque planes, bordées de dents fines, peu profondes, bien couchées et aiguës, soutenues horizontalement sur des pétioles de moyenne longueur, un peu forts et redressés.

Caractère saillant de l'arbre : teinte générale du feuillage d'un vert bleu intense et brillant; disproportion assez grande entre les feuilles des pousses d'été et celles des productions fruitières; pétioles des feuilles des pousses extraordinairement courts.

Fruit moyen ou presque gros, sphérique très-déprimé à ses deux pôles, un peu déformé dans son contour par des côtes obtuses, atteignant sa plus grande épaisseur à peu près au milieu de sa hauteur; au-dessus et au-dessous de ce point, s'arrondissant par des courbes presque également convexes et presque de même longueur, soit du côté de l'œil, soit du côté de la queue et cependant souvent un peu plus atténué du côté de l'œil.

Peau un peu épaisse et ferme, d'abord d'un vert décidé semé de très-petits points bruns, peu visibles, rares et souvent remplacés par de petites taches nacrées. On remarque aussi une large tache d'une rouille brune, fine, bien uniforme, couvrant la cavité de la queue, s'étendant en traits fins sur une partie de la base du fruit, se dispersant assez souvent sur sa surface et surtout vers les bords de la cavité de l'œil. A la maturité, **fin d'hiver et printemps,** le vert fondamental s'éclaircit peu en jaune et le côté du soleil, peu distinct sur les fruits venus à l'ombre, est lavé d'un peu de rouge brun sur les fruits bien exposés.

Œil grand, fermé, à divisions larges, vertes et dressées en bouquet, placé dans une cavité large, souvent un peu profonde, dont les bords se divisent en côtes affaiblies, se prolongeant d'une manière plus ou moins obscure sur la hauteur du fruit. Tuyau du calice en forme d'entonnoir large et peu aigu, dépassant un peu la première enveloppe du cœur dont la coupe est cordiforme-déprimée.

Queue courte, forte, attachée dans une cavité peu profonde, largement évasée, bien unie dans ses parois et régulière par ses bords largement aplatis.

Chair d'un blanc un peu verdâtre, assez fine, tassée, bien ferme, suffisante en jus sucré, vineux, acidulé, relevé d'une saveur rafraîchissante.

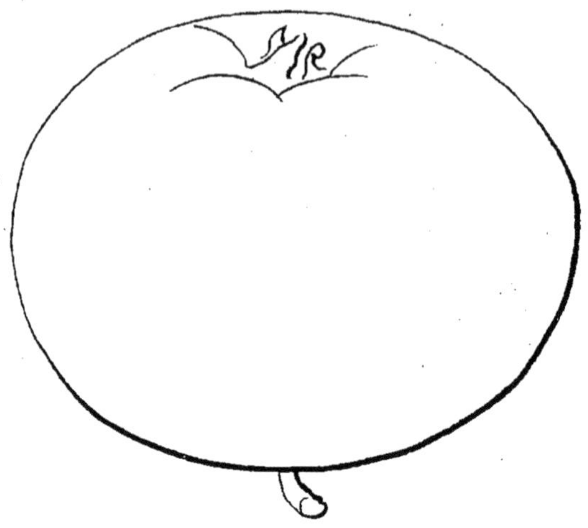

39

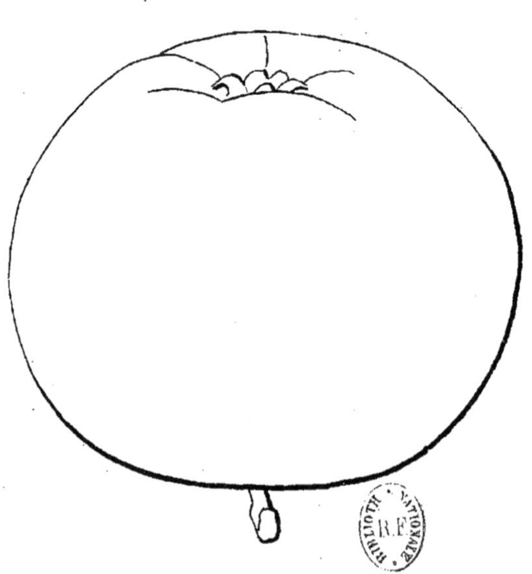

40

39. FRANC-RÉAL. 40. REINETTE DOUBLE DE BRÉDA.

Imp. Protat frères, Mâcon.

REINETTE DOUBLE DE BRÉDA

(DOPPELTE REINETTE VON BREDA)

(N° 40)

Systematisches Handbuch der Obstkunde. DITTRICH.
Handbuch aller bekannten Obstsorten. BIEDENFELD.

OBSERVATIONS. — Dittrich dit que cette variété est probablement d'origine hollandaise et qu'il la reçut de M. de Flotow, conseiller des finances, de Dresde.—L'arbre, d'une vigueur bien contenue sur paradis, n'atteint qu'une petite dimension sur ce sujet, et ses branches, peu disposées à se garnir régulièrement de productions fruitières, indiquent la nécessité d'une taille courte pour maintenir sa forme. Sa végétation sur franc est vive dans sa jeunesse et cependant son rapport est très-précoce. Sa fertilité est intermittente et son fruit est de première qualité.

DESCRIPTION.

Rameaux de moyenne force, un peu flexueux, à entre-nœuds assez longs, d'un rouge violacé voilé d'une pellicule d'apparence métallique; lenticelles blanches, assez petites et assez peu nombreuses.

Boutons à bois gros, allongés, aigus et appliqués au rameau par leur pointe; écailles couvertes d'un duvet gris et épais.

Pousses d'été d'un vert d'eau, entièrement recouvertes d'un duvet grisâtre et épais;

Feuilles des pousses d'été moyennes, presque exactement arrondies, se terminant brusquement en une pointe courte, bien concaves et parfois un peu contournées sur leur longueur, régulièrement dentées en scie, soutenues horizontalement sur des pétioles de moyenne longueur, forts et bien redressés.

Stipules courtes, lancéolées, recourbées en croissant.

Boutons à fruit moyens, coniques-allongés et aigus ; écailles extérieures de couleur brune ; écailles intérieures couvertes d'un duvet grisâtre, long et épais.

Fleurs assez grandes ; pétales arrondis-élargis, tronqués à leur sommet, peu concaves, entièrement blancs en dehors et en dedans ; divisions du calice de moyenne longueur, élargies à leur base et cependant finement aiguës, peu recourbées en dessous ; pédicelles assez longs, de moyenne force et peu duveteux.

Feuilles des productions fruitières bien étoffées, sensiblement plus grandes que celles des pousses d'été, ovales-elliptiques et élargies, se terminant brusquement en une pointe un peu longue, planes ou peu concaves, bordées de dents fines et finement aiguës, bien soutenues sur des pétioles courts et assez forts.

Caractère saillant de l'arbre : teinte générale du feuillage d'un vert sombre et foncé ; feuilles des productions fruitières bien amples et cependant bien soutenues sur leurs pétioles ; serrature de toutes les feuilles bien acérée.

Fruit moyen, sphérico-cylindrique, plus ou moins déprimé à ses deux pôles, tantôt déformé par des côtes, tantôt presque uni dans son contour, atteignant sa plus grande épaisseur peu au-dessous du milieu de sa hauteur ; au-dessus de ce point, s'atténuant par une courbe largement convexe en une pointe très-courte, très-épaisse et très-largement tronquée à son sommet ; au-dessous du même point, s'arrondissant par une courbe bien convexe jusque dans la cavité de la queue.

Peau fine, souple, d'abord d'un vert gai semé de points d'un gris brun, parfois difficiles à reconnaître étant mélangés avec des traits nombreux d'une rouille fine, grise, se condensant en forme d'étoile, soit dans la cavité de la queue, soit dans celle de l'œil. A la maturité, **courant d'hiver,** le vert fondamental passe au beau jaune doré, la rouille s'éclaire et le côté du soleil est lavé d'un rouge brun uniforme, plus vif dans les années chaudes, et parfois traversé par des raies courtes de la même couleur plus foncée, et sur ce rouge aussi granité de gris apparaissent des points jaunes largement et régulièrement espacés.

Œil grand, fermé, à divisions étroites, cotonneuses, placé dans une cavité large, assez peu profonde, divisée par ses bords en des côtes ordinairement peu prononcées et qui ne se prolongent pas d'une manière bien sensible sur la hauteur du fruit.

Queue de moyenne longueur, assez forte, duveteuse, épaissie à son point d'attache dans une cavité très-étroite et profonde.

Chair jaunâtre, fine, tassée, suffisante en eau sucrée, vineuse, acidulée et parfumée à la manière des bonnes Reinettes.

NON-PAREILLE DE ROSS

(ROSS NONPAREIL)

(N° 41)

A Guide to the Orchard. LINDLEY.
The Apple and its Varieties. ROBERT HOGG.
Systematisches Handbuch der Obstkunde. OBERDIECK.
The Fruits and the fruit-trees of America. DOWNING.
Handbuch aller bekannten Obstsorten. BIEDENFELD.
American Pomology. JOHN WARDER.

OBSERVATIONS. — Cette variété est d'origine écossaise. — L'arbre, d'une vigueur normale sur paradis, se plie assez facilement aux formes régulières. Il est rustique, d'un rapport précoce et riche, et son fruit, de première qualité, est aussi d'une jolie apparence.

DESCRIPTION.

Rameaux grêles, très-finement anguleux dans leur contour, à entre-nœuds extraordinairement courts, d'un brun rougeâtre et intense; lenticelles très-petites, rares et peu apparentes.

Boutons à bois coniques, émoussés, renflés sur le dos, appliqués au rameau, soutenus sur des supports un peu saillants dont les côtés se prolongent très-finement; écailles d'un rouge très-intense et presque glabres.

Pousses d'été d'un vert vif, colorées de rouge à leur sommet couvert d'un duvet très-court et très-peu épais.

Feuilles des pousses d'été petites, ovales-elliptiques et tendant un peu à la forme arrondie, se terminant un peu brusquement en une pointe peu longue et finement aiguë, bien concaves, bordées de dents très-peu profondes, couchées et émoussées, souvent très-peu appréciables, bien soutenues sur des pétioles un peu longs, grêles, bien fermes et bien redressés.

Stipules en forme d'alênes courtes et très-fines.

Boutons à fruit petits, conico-ovoïdes, un peu aigus; écailles d'un marron noirâtre et presque glabres.

Fleurs petites; pétales elliptiques-arrondis, concaves, à peine lavés de rose en dehors et presque blancs en dedans, à onglet peu long, se recouvrant très-peu entre eux; divisions du calice de moyenne longueur et recourbées en dessous; pédicelles courts, un peu forts et légèrement cotonneux.

Feuilles des productions fruitières petites, obovales-elliptiques, un peu allongées et peu larges, se terminant brusquement en une pointe courte, concaves, bordées de dents inappréciables ou presque entières, bien soutenues sur des pétioles courts, extraordinairement grêles et cependant bien fermes.

Caractère saillant de l'arbre : teinte générale du feuillage d'un vert clair et vif; toutes les feuilles petites, bordées d'une serrature peu appréciable et remarquablement concaves.

Fruit moyen, sphérique-déprimé à ses deux pôles, uni dans son contour, atteignant sa plus grande épaisseur à peu près au milieu de sa hauteur; au-dessus et au-dessous de ce point, s'arrondissant par des courbes assez convexes et de même longueur, soit du côté de la queue, soit du côté de l'œil vers lequel il s'atténue cependant un peu plus.

Peau un peu ferme et épaisse, d'abord d'un vert décidé semé de points bruns, larges, très-rares et ordinairement cachés sous une couche de rouille devenant plus dense dans la cavité de la queue et dans celle de l'œil, dans lesquelles elle persiste toujours, tandis que dans les saisons sèches, elle manque sur une grande partie de la surface du fruit. A la maturité, **commencement et courant d'hiver**, la rouille se dore à peine et le côté du soleil est lavé d'un rouge sanguin marbré et flammé de rouge plus foncé et plus ou moins vif suivant la saison.

Œil grand, ouvert, à divisions courtes et recourbées en dehors, placé dans une cavité en forme de soucoupe peu profonde, un peu évasée, régulière et unie par ses bords. Tuyau du calice en forme d'entonnoir très-court et obtus ne dépassant pas la première enveloppe du cœur dont la coupe cordiforme-elliptique est proportionnée au volume du fruit.

Queue de moyenne longueur ou un peu longue, un peu forte, attachée dans une cavité peu large, assez peu profonde et régulière.

Chair d'un blanc jaunâtre ou verdâtre, fine, tassée, ferme, peu abondante en jus très-richement sucré et hautement parfumé à la manière des Fenouillets, comme Robert Hogg le fait remarquer avec raison.

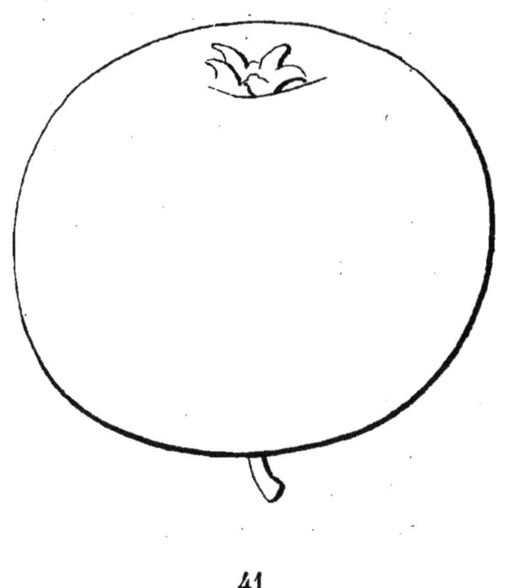

41

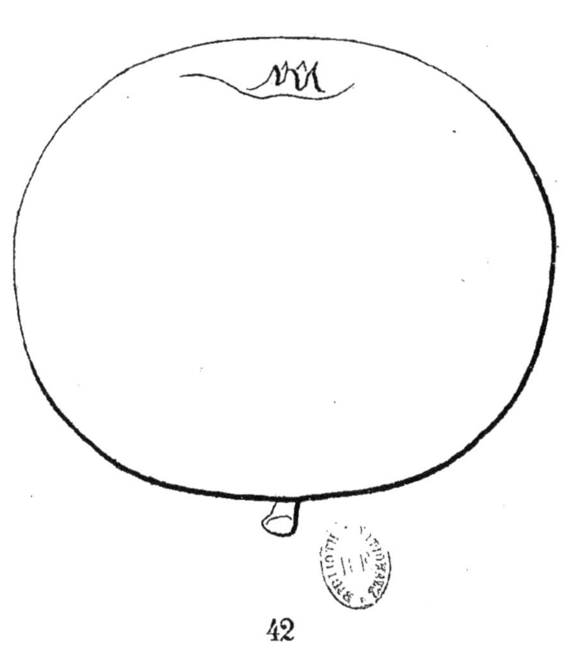

42

41. NON-PAREILLE DE ROSS.   42. DOCTEUR.

DOCTEUR

(DOCTOR)

(N° 42)

The Fruits and the fruit-trees of America. DOWNING.
The Apple and its Varieties. ROBERT HOGG.
DOCTOR DEWITT. *American Pomology.* JOHN WARDER.
DOCTORAPFEL. *Illustrirtes Handbuch der Obstkunde.* OBERDIECK.
Pomologische Notizen. OBERDIECK.

OBSERVATIONS. — Downing ajoute au nom de cette variété les synonymes : Red Doctor, Dewitt, et dit qu'elle est originaire de de l'Etat de Pensylvanie. — L'arbre, d'une bonne vigueur et d'une végétation irrégulière, ne convient pas aux formes soumises à la taille. Sa haute tige sur franc forme une tête déprimée, à branches pendantes et dont la fertilité est précoce et grande. Son fruit, de première qualité, annonce bien par son apparence la délicatesse de sa saveur et de sa chair.

DESCRIPTION.

Rameaux de moyenne force, presque unis dans leur contour, droits, à entre-nœuds de moyenne longueur et un peu inégaux entre eux, verdâtres du côté de l'ombre, d'un rouge sanguin non voilé d'une pellicule du côté du soleil; lenticelles jaunâtres, un peu larges, largement et régulièrement espacées et apparentes.

Boutons à bois petits, coniques-comprimés et obtus, bien appliqués au rameau, soutenus sur des supports très-peu saillants dont l'arête médiane se prolonge si finement qu'elle est à peine appréciable ; écailles entièrement couvertes d'un duvet blanc et très-court.

Pousses d'été d'un vert d'eau, couvertes sur toute leur longueur d'un duvet blanchâtre, très-court et très-épais.

Feuilles des pousses d'été moyennes ou petites, ovales-elliptiques, se terminant brusquement en une pointe très-courte, un peu concaves et ordinairement bien contournées par leur pointe, bordées de dents un peu profondes, recourbées et peu aiguës, soutenues horizontalement sur des pétioles courts, un peu forts, presque horizontaux ou peu redressés.

Stipules courtes, lancéolées.

Boutons à fruit moyens ou assez petits, ellipsoïdes, obtus ; écailles extérieures noirâtres et presque glabres ; écailles intérieures couvertes d'un duvet blanc et très-court.

Fleurs presque grandes ; pétales arrondis, concaves, à onglet court, se recouvrant bien entre eux, tachés de rose violacé en dehors et légèrement lavés de la même couleur en dedans ; divisions du calice de moyenne longueur, larges et bien recourbées en dessous ; pédicelles courts, forts et bien cotonneux.

Feuilles des productions fruitières moyennes, ovales ou obovales-allongées, se terminant presque régulièrement en une pointe courte, peu repliées sur leur nervure médiane et un peu arquées, bordées de dents peu profondes, couchées et émoussées, irrégulièrement soutenues sur des pétioles assez courts, peu forts et divergents.

Caractère saillant de l'arbre : teinte générale du feuillage d'un vert bleu vif et brillant ; toutes les feuilles plus ou moins petites ; tous les pétioles plus ou moins courts.

Fruit moyen ou assez gros, sphérico-cylindrique, déprimé à ses deux pôles, bien régulier dans sa forme et bien uni dans son contour, atteignant sa plus grande épaisseur au milieu de sa hauteur ; au-dessus et au-dessous de ce point, s'arrondissant par des courbes largement et également convexes et de même longueur, soit du côté de l'œil, soit du côté de la queue.

Peau un peu ferme, d'abord d'un vert très-pâle semé de petits points bruns, peu nombreux et cernés de vert clair, irrégulièrement espacés et peu apparents. Une rouille très-fine, jaunâtre, couvre la cavité de la queue. A la maturité, **automne et commencement d'hiver**, le vert fondamental passe au jaune paille blanchâtre, et le côté du soleil est lavé d'un rouge rosat d'un ton frais traversé par des raies d'un rouge cerise clair et sur lequel ressortent quelques points blanchâtres.

Œil grand, fermé, à divisions longues, larges, finement aiguës, placé dans une cavité en forme de godet profond, bien régulier dans ses parois et par ses bords. Tuyau du calice descendant par un tube étroit au-dessous de la première enveloppe du cœur dont la coupe exactement cordiforme offre une étendue proportionnée au volume du fruit.

Queue plus ou moins courte, forte, attachée dans une cavité un peu profonde, un peu évasée et bien régulière par ses bords.

Chair d'un blanc un peu teinté de jaune, fine, un peu ferme, un peu croquante, abondante en jus bien sucré, vineux, agréablement relevé et parfumé.

ROSE DE VIRGINIE

(VIRGINISCHER ROSENAPFEL)

(N° 43)

Illustrirtes Handbuch der Obstkunde. Oberdieck.
Pomologische Notizen. Oberdieck.
VIRGINISCHER SOMMER-ROSENAPFEL. *Versuch einer Systematischen Beschreibung der Kernobstsorten.* Diel.
Handbuch aller bekannten Obstsorten. Biedenfeld.

Observations. — Le nom de cette variété semblerait indiquer qu'elle est originaire des Etats-Unis. Diel qui la publia le premier, en 1816, la reçut de Harlem. Dès cette époque, l'Amérique avait-elle déjà envoyé quelques-unes de ses variétés fruitières confiées aux navires de commerce hollandais ? C'est une probabilité à laquelle il serait, je crois, difficile de donner une certitude. Oberdieck dit qu'elle porte aussi le nom de Favorite de Livonie, et dans la Hollande celui de Pomme de Jérusalem. — L'arbre, d'une bonne vigueur même sur paradis, est disposé à prendre facilement la forme pyramidale. Sa haute tige sur franc forme une tête élevée, remarquable par l'ampleur de son feuillage, et sa fertilité est précoce, quoique sa végétation soit vive dans sa jeunesse.

DESCRIPTION.

Rameaux de moyenne force, obscurément anguleux dans leur contour, à entre-nœuds de moyenne longueur, rougeâtres et un peu recouverts d'une pellicule très-mince ; lenticelles blanches, rares et un peu apparentes.

Boutons à bois petits, courts, un peu épais, obtus, appliqués au rameau, soutenus sur des supports un peu saillants dont les côtés et l'arête médiane se prolongent très-peu distinctement ; écailles rouges et recouvertes d'un duvet très-court.

Pousses d'été d'un vert pâle et peu duveteuses sur toute leur longueur.

Feuilles des pousses d'été grandes, ovales-elliptiques et souvent élargies, se terminant un peu brusquement en une pointe large et un peu longue, concaves et à peine arquées, bordées de dents larges, recourbées et un peu aiguës, assez bien soutenues sur des pétioles de moyenne longueur, forts, dressés ou un peu recourbés en dessous.

Stipules courtes, lancéolées et émoussées.

Boutons à fruit assez gros, conico-ovoïdes, émoussés; écailles rouges et recouvertes d'un duvet gris, court et velouté.

Fleurs bien grandes; pétales arrondis-élargis, bien concaves, à onglet un peu long, se touchant entre eux, presque blancs en dehors et bien blancs en dedans; divisions du calice assez courtes et bien recourbées en dessous; pédicelles assez longs, assez forts et un peu cotonneux.

Feuilles des productions fruitières plus grandes que celles des pousses d'été, obovales-elliptiques et bien allongées, se terminant brusquement en une pointe courte, un peu concaves ou creusées en gouttière et parfois largement ondulées dans leur contour, bordées de dents profondes, bien couchées et aiguës, mal soutenues sur des pétioles de moyenne longueur, de moyenne force et bien souples.

Caractère saillant de l'arbre : teinte générale du feuillage d'un vert herbacé et mat; toutes les feuilles bien amples et bien molles.

Fruit gros, sphérico-conique, un peu déformé dans son contour par des côtes aplanies, atteignant sa plus grande épaisseur à peu près au milieu ou très-peu au-dessous du milieu de sa hauteur; au-dessus de ce point, s'atténuant par une courbe largement convexe en une pointe très-courte, très-épaisse et bien tronquée à son sommet; au-dessous du même point, s'arrondissant par une courbe bien convexe jusque dans la cavité de la queue.

Peau un peu ferme, d'abord d'un vert très-pâle sur lequel on remarque rarement de véritables points dispersés çà et là. Parfois une rouille très-fine et de couleur claire couvre la cavité de la queue. A la maturité, **première quinzaine d'août,** le vert fondamental passe au jaune paille, un peu plus chaud du côté du soleil, traversé par des raies fines et bien allongées d'un joli rose, qui s'étendent sur un plus grand espace et sur presque toute la surface du fruit dans certaines saisons. La peau est aussi recouverte d'une fleur blanchâtre avant que le fruit soit détaché de l'arbre, et elle exhale à la maturité un parfum pénétrant.

Œil grand, fermé, à divisions longues, cotonneuses, dressées et recourbées en dehors, placé dans une cavité étroite, un peu profonde, divisée dans ses bords par des côtes aplanies qui se prolongent plus ou moins distinctement sur la hauteur du fruit. Tuyau du calice descendant par un tube conique et étroit au-dessous de la première enveloppe du cœur dont la coupe est presque exactement cordiforme.

Queue tantôt courte, tantôt longue, tantôt grêle, tantôt un peu forte, attachée dans une cavité étroite et profonde dont les bords sont peu profondément divisés par le prolongement des côtes.

Chair jaune, assez tendre, demi-fine, abondante en eau sucrée, vineuse, acidulée, relevée d'un léger parfum de rose, constituant un fruit de bonne qualité.

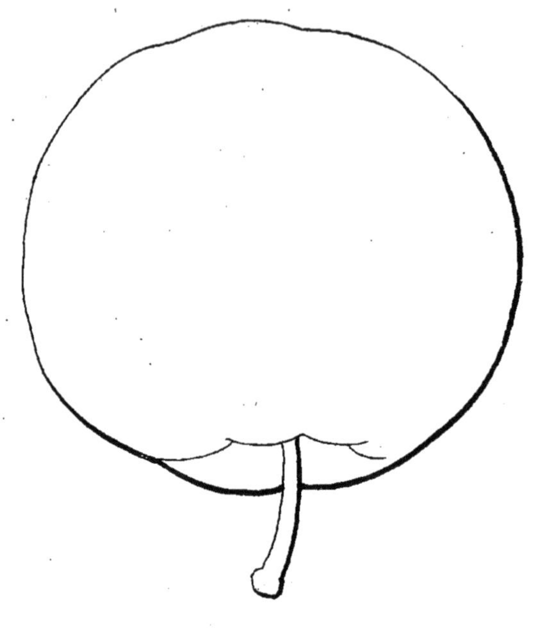

43

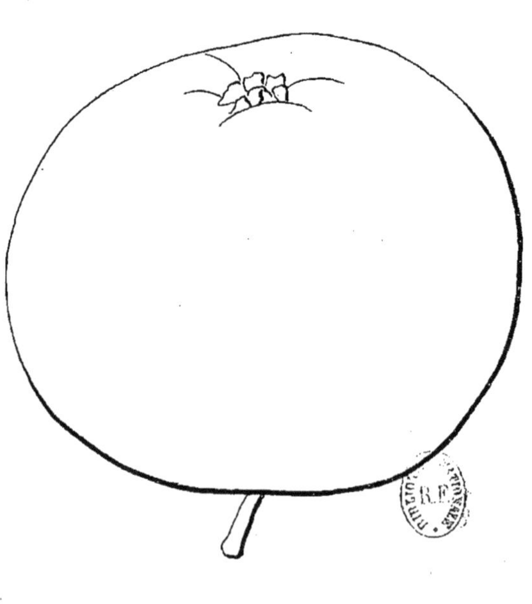

44

43. ROSE DE VIRGINIE. 44. WELLINGTON.

WELLINGTON

(N° 44)

Illustrirtes Handbuch der Obstkunde. OBERDIECK.
DUMELOW'S SEEDLING. *The Apple and its Varieties.* ROBERT HOGG.
A Guide to the Orchard. LINDLEY.
Handbuch aller bekannten Obstsorten. BIEDENFELD.
The Fruits and the fruit-trees of America. DOWNING.
WELLINGTONS REINETTE. *Systematische Beschreibung der Kernobstsorten.* DIEL.
Systematisches Handbuch der Obstkunde. DITTRICH.
Pomologische Notizen. OBERDIECK.

OBSERVATIONS. — Je cite le passage suivant de Robert Hogg, expliquant l'origine de cette variété : « Cette excellente pomme fut obtenue de semis par une personne du nom de Dumeller (prononcez Dumelow) qui tenait une ferme à Shakerstone. Elle est cultivée dans de grandes proportions, dans ce village du comté de Leicester et dans les comtés voisins, sous le nom de Sauvageon de Dumelow. Elle fut introduite dans les environs de Londres par M. Richard Williams, qui lui donna le nom de Pomme Wellington qu'elle a toujours conservé sur les marchés de cette ville. » — L'arbre, d'une vigueur contenue sur paradis, s'accommode bien des formes régulières, de la pyramide et surtout du vase. Sa haute tige sur franc, très-vigoureuse, forme une tête sphérique-déprimée, compacte et bien feuillue. Sa fertilité est inconstante chez moi, et son fruit n'atteint pas toute la qualité annoncée par les auteurs anglais.

DESCRIPTION.

Rameaux de moyenne force, un peu anguleux dans leur contour, bien droits, à entre-nœuds courts et inégaux entre eux, rougeâtres et non voilés d'une pellicule ; lenticelles jaunâtres, un peu allongées, très-nombreuses et remarquablement apparentes.

Boutons à bois assez petits, coniques un peu allongés et un peu aigus, appliqués au rameau, soutenus sur des supports très-peu saillants dont les côtés et l'arête médiane se prolongent distinctement; écailles d'un marron clair et un peu recouvertes d'un duvet gris cendré.

Pousses d'été d'un vert intense, recouvertes d'un duvet gris blanchâtre court et fin.

Feuilles des pousses d'été moyennes, partagées en deux parties inégales par leur nervure médiane, ovales un peu élargies, peu concaves et souvent contournées par leur pointe assez courte, bullées dans leur surface, bordées de dents larges et assez aiguës, soutenues horizontalement sur des pétioles de moyenne longueur, assez forts et redressés.

Stipules courtes, lancéolées-étroites.

Boutons à fruit petits, conico-ellipsoïdes, courts et obtus; écailles extérieures d'un marron foncé et terne; écailles intérieures un peu recouvertes d'un duvet gris sombre.

Fleurs moyennes ou assez grandes; pétales elliptiques-arrondis, très-concaves, à onglet court, se recouvrant un peu entre eux, tachés de rose en dehors et lavés de la même couleur en dedans; divisions du calice de moyenne longueur, bien larges et bien recourbées en dessous; pédicelles courts, forts et laineux.

Feuilles des productions fruitières plus allongées, plus étroites que celles des pousses d'été, assez sensiblement atténuées à leurs deux extrémités, se terminant en une pointe longue, planes, bordées de dents moins profondes et plus régulières que celles des feuilles des pousses d'été, bien dressées sur des pétioles courts, grêles et raides.

Caractère saillant de l'arbre : teinte des feuilles adultes d'un vert très-foncé presque noir; couleur foncée des pousses d'été au moment où elles passent à l'état de rameaux.

Fruit gros ou assez gros, sphérique plus ou moins déprimé à ses deux pôles, ordinairement uni ou presque uni dans son contour et souvent un peu plus atténué du côté de la queue que du côté de l'œil, atteignant sa plus grande épaisseur à peu près au milieu de sa hauteur; au-dessus et au-dessous de ce point, s'arrondissant par des courbes bien convexes et presque de même longueur, soit du côté de l'œil, soit du côté de la queue.

Peau un peu ferme, d'abord d'un vert jaune semé de points d'un gris brun, assez nombreux, larges et apparents. Une rouille brune rayonne en étoile dans la cavité de la queue et se disperse rarement en traits fins sur la surface du fruit. A la maturité, **courant et fin d'hiver,** le vert fondamental passe au beau jaune citron clair, et le côté du soleil est lavé d'un nuage de rouge traversé par des raies d'un rouge plus foncé, et sur ce rouge ressortent bien des points larges et cernés de rouge.

Œil grand, ouvert, à divisions larges et bien recourbées en dehors, placé dans une cavité assez peu profonde qu'il remplit presque entièrement et dont les bords sont parfois divisés en des côtes émoussées et qui ne se prolongent pas d'une manière sensible sur la hauteur du fruit. Tuyau du calice en forme d'entonnoir large et obtus, dépassant à peine la première enveloppe du cœur dont la coupe régulièrement cordiforme offre peu d'étendue par rapport au volume du fruit.

Queue de moyenne longueur ou courte, forte ou grêle, attachée et serrée dans une cavité très-étroite, peu profonde et ordinairement régulière.

Chair bien blanche vers le cœur et un peu teintée de jaune sous la peau, ferme, croquante, abondante en jus sucré, vineux, agréable lorsque son acide n'est pas trop développé.

POMME D'ÉTÉ ROUGEUR DE PÊCHE

(PFIRSICHROTHER SOMMER-APFEL)

(N° 45)

Illustrirtes Handbuch der Obstkunde. FLOTOW.
Pomologische Notizen. OBERDIECK.
PFIRSCHENROTHE SOMMERROSENAPFEL. *Systematisches Handbuch der Obstkunde.* DITTRICH.
Handbuch aller bekannten Obstsorten. BIEDENFELD.

OBSERVATIONS. — Sickler envoya cette variété à Dittrich et celui-ci suppose qu'il l'avait reçue de France; je ne sache pas cependant qu'elle ait été décrite par aucun de nos pomologistes anciens ou modernes. — L'arbre, d'une végétation bien contenue sur paradis, est propre aux petites formes, surtout à celles de vase ou de fuseau. Sa haute tige sur franc, d'une vigueur moyenne, forme une tête sphérique, un peu compacte par son feuillage ample et abondant. Sa fertilité est précoce et soutenue. Son fruit, de jolie apparence, est aussi de première qualité entre ceux de la même époque de maturité.

DESCRIPTION.

Rameaux de moyenne force, presque unis dans leur contour, à entre-nœuds de moyenne longueur, d'un brun jaunâtre clair; lenticelles blanchâtres, larges, peu nombreuses et apparentes.

Boutons à bois moyens, coniques, un peu aigus, appliqués au rameau, soutenus sur des supports saillants dont l'arête médiane se prolonge très-obscurément; écailles d'un rouge clair et vif et presque glabres.

Pousses d'été d'un vert pâle, couvertes d'un duvet très-court et peu serré.

Feuilles des pousses d'été assez grandes, ovales-elliptiques, se terminant peu brusquement en une pointe large et courte, peu repliées sur leur nervure médiane et souvent ondulées dans leur contour, bordées de dents larges, bien couchées et peu aiguës, s'abaissant un peu sur des pétioles un peu longs, forts et cependant souples.

Stipules en forme d'alênes élargies.

Boutons à fruit assez gros, conico-ovoïdes, un peu aigus; écailles d'un rouge intense et presque glabres.

Fleurs grandes; pétales elliptiques-arrondis, concaves, à onglet très-court, se recouvrant largement entre eux, presque blancs en dehors et entièrement blancs en dedans; divisions du calice de moyenne longueur, assez larges et bien réfléchies en dessous; pédicelles de moyenne longueur, assez forts et peu duveteux.

Feuilles des productions fruitières grandes, elliptiques-élargies, s terminant brusquement en une pointe peu longue et souvent contournée, un peu concaves et un peu ondulées dans leur contour, bordées de dents larges et tellement couchées qu'elles paraissent arrondies, bien soutenues sur des pétioles un peu longs, forts et raides.

Caractère saillant de l'arbre : teinte générale du feuillage d'un vert très-peu foncé et mat; toutes les feuilles bien recouvertes à leur page inférieure d'un duvet blanchâtre et souvent ondulées dans leur contour.

Fruit moyen, sphérico-conique, un peu tronqué du côté de l'œil et beaucoup plus largement du côté de la queue, atteignant sa plus grande épaisseur très-peu au-dessous du milieu de sa hauteur; au-dessus de ce point, s'atténuant promptement par une courbe largement convexe en une pointe courte, épaisse et un peu tronquée; au-dessous du même point, s'arrondissant par une courbe bien convexe jusque dans la cavité de la queue.

Peau mince, souple, d'abord d'un vert très-clair sur lequel les points ne sont pas faciles à reconnaître. Une tache d'une rouille fauve s'étale ordinairement en étoile dans la cavité de la queue. A la maturité, **août,** le vert fondamental passe au blanc de lait dont on n'aperçoit qu'une très-petite étendue du côté de l'ombre, et le reste de son étendue est recouvert d'un joli rouge plus dense et flammé de la même couleur plus foncée du côté du soleil, et qui décroît sur les parties moins éclairées en petits points largement espacés. Une fleur de couleur lilas recouvre entièrement sa surface.

Œil bien fermé, à divisions vertes, tantôt glabres, tantôt laineuses, serré dans une cavité étroite, peu profonde, dont les bords se divisent en côtes peu prononcées qui s'aplanissent sensiblement en se prolongeant sur la hauteur du fruit, dont le contour est à peine déformé. Tuyau du calice large, presque cylindrique, pénétrant jusque dans la cavité du cœur dont la coupe est cordiforme-elliptique.

Queue longue, un peu forte, souvent un peu duveteuse et bien colorée de rouge, attachée dans une cavité étroite et profonde.

Chair bien blanche, assez fine, tendre, suffisante en jus sucré, acidulé et très-agréablement parfumé.

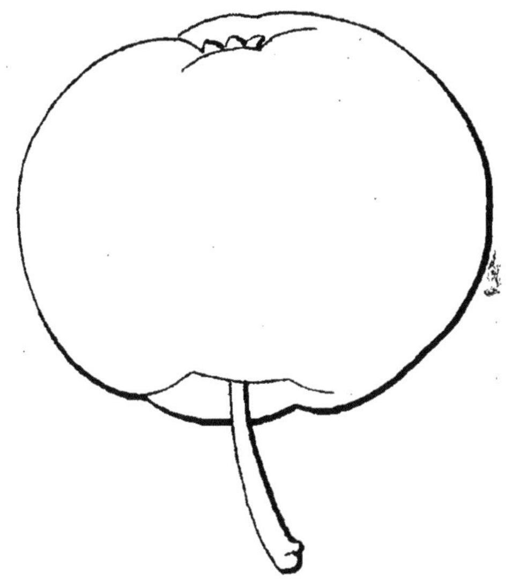

45

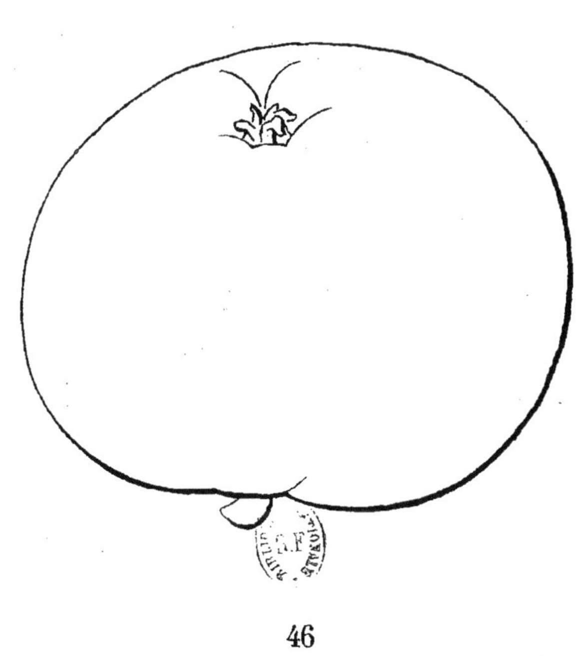

46

45. POMME D'ÉTÉ ROUGEUR DE PÊCHE. 46. HAWLEY.

HAWLEY

(N° 46)

The Fruits and the fruit-trees of America. DOWNING.
The American fruit Culturist. THOMAS.
American Pomology. JOHN WARDER.
Pomologische Notizen. OBERDIECK.
Dictionnaire de Pomologie. ANDRÉ LEROY.
HAWLEY'S APFEL. *Illustrirtes Handbuch der Obstkunde.* OBERDIECK.

OBSERVATIONS. — Cette variété est originaire du comté de Columbia (Etat de New-York), et fut obtenue par Mathieu Hawley, il y a plus d'un siècle. — L'arbre, de peu de vigueur sur paradis, par sa végétation en buisson, s'accommode peu des formes régulières. Sa haute tige sur franc forme une tête de moyenne dimension, sphérique-déprimée et bien compacte. Sa fertilité est très-précoce et bien soutenue. Son fruit est de première qualité entre les pommes précoces, mais pour jouir de toute sa saveur, on doit le consommer aussitôt qu'il change de couleur.

DESCRIPTION.

Rameaux peu forts, un peu anguleux dans leur contour, un peu flexueux, à entre-nœuds courts, d'un rouge vineux des plus intenses, presque noir et non recouvert d'une pellicule du côté du soleil ; lenticelles blanches, petites, très-rares et peu apparentes.

Boutons à bois moyens, coniques un peu allongés et un peu aigus, appliqués au rameau, soutenus sur des supports saillants dont les côtés et l'arête médiane se prolongent assez distinctement; écailles brunes et glabres.

Pousses d'été d'un vert clair et un peu jaune, couvertes d'un duvet long et cotonneux.

Feuilles des pousses d'été moyennes, ovales un peu élargies, se terminant peu brusquement en une pointe courte et souvent contournée, concaves, bordées de dents larges, assez peu profondes, couchées et obtuses, soutenues horizontalement sur des pétioles assez courts, peu forts et un peu redressés.

Stipules en forme d'alênes très-courtes et très-fines.

Boutons à fruit assez gros, conico-ovoïdes, un peu allongés et un peu aigus; écailles extérieures jaunâtres, bordées de brun et glabres; écailles intérieures couvertes d'un duvet grisâtre et épais.

Fleurs moyennes; pétales ovales-élargis, peu concaves, à onglet un peu long, se touchant à peine entre eux, un peu tachés de rose en dehors et lavés de la même couleur en dedans; divisions du calice de moyenne longueur et peu recourbées en dessous; pédicelles longs, grêles et laineux.

Feuilles des productions fruitières petites, ovales-elliptiques, se terminant brusquement en une pointe courte et bien contournée, concaves, finement et sensiblement ondulées dans leur contour, bordées de dents fines, peu profondes, obtuses ou émoussées, bien soutenues sur des pétioles de moyenne longueur, grêles et cependant bien raides et redressés.

Caractère saillant de l'arbre : teinte générale du feuillage d'un vert d'eau peu foncé; feuilles des productions fruitières souvent remarquablement ondulées dans leur contour.

Fruit gros, sphérique, déprimé à ses deux pôles et surtout du côté de la queue, souvent déformé dans son contour par des côtes aplanies, atteignant sa plus grande épaisseur un peu au-dessous du milieu de sa hauteur; au-dessus de ce point, s'arrondissant par une courbe largement convexe jusque dans la cavité de l'œil; au-dessous du même point, s'arrondissant par une courbe bien convexe jusque dans la cavité de la queue.

Peau fine, très-mince, d'abord d'un vert très-clair semé de points bruns, arrondis, largement espacés et apparents. Une tache d'une rouille d'un gris brun rayonne en étoile dans la cavité de la queue et un peu au-delà de ses bords. A la maturité, **septembre,** le vert fondamental passe au jaune clair et brillant et le côté du soleil est chaudement doré, mais ne se couvre jamais de rouge.

Œil bien fermé, à divisions vertes, placé dans une cavité peu profonde, un peu évasée et peu sensiblement plissée par ses bords. Tuyau du calice descendant par un tube large jusque dans la cavité du cœur dont la coupe cordiforme offre peu d'étendue par rapport au volume du fruit.

Queue de moyenne longueur ou assez courte, grêle, attachée dans une cavité bien profonde, bien évasée et parfois un peu ondulée par ses bords.

Chair jaune, fine, tassée, un peu tendre, suffisante en jus excellemment sucré et parfumé.

ROYALE RAYÉE

(KÖNIGLICHER STREIFLING)

(N° 47)

Systematische Beschreibung der Kernobstsorten. DIEL.
Systematisches Handbuch der Obstkunde. DITTRICH.
Handbuch der Pomologie. HINCKERT.
Handbuch aller bekannten Obstsorten. BIEDENFELD.
Illustrirtes Handbuch der Obstkunde. OBERDIECK.
Pomologische Notizen. OBERDIECK.

OBSERVATIONS. — Cette variété, qui semble être d'origine allemande, ne doit pas être confondue avec la Royale d'Angleterre, aussi appelée Reinette rayée de rouge, que nous avons déjà décrite dans le *Verger*. — L'arbre, d'une vigueur normale sur paradis, se prête assez facilement aux formes régulières. Sa haute tige sur franc, d'une végétation vive dans sa jeunesse, est cependant bientôt fertile et son rapport est grand et soutenu. Son fruit convient à la provision du ménage par sa longue conservation. Il est excellent pour les usages de la cuisine et assez agréable pour être consommé cru.

DESCRIPTION.

Rameaux assez forts, à peine anguleux dans leur contour, à peine flexueux, à entre-nœuds un peu longs, d'un rouge sanguin intense et vif; lenticelles blanches, un peu larges, rares et apparentes.

Boutons à bois gros, coniques, un peu allongés et un peu obtus, appliqués au rameau, soutenus sur des supports un peu saillants dont l'arête médiane se prolonge obscurément; écailles rouges et un peu duveteuses.

Feuilles des pousses d'été grandes, ovales-élargies ou ovales-arrondies, se terminant brusquement en une pointe courte et aiguë, concaves, bordées de dents un peu profondes, surdentées, tantôt aiguës, tantôt émoussées, bien soutenues sur des pétioles courts, forts et bien redressés.

Stipules très-caduques.

Boutons à fruit assez gros, conico-ovoïdes, un peu aigus; écailles extérieures d'un rouge vif bordé de noir et glabres; écailles intérieures couvertes d'un duvet blanc et soyeux.

Fleurs grandes; pétales arrondis-élargis, bien concaves, à onglet très-court, se recouvrant très-largement entre eux, entièrement blancs en dehors et en dedans; divisions du calice courtes, larges et bien recourbées en dessous; pédicelles très-courts, très-forts et cotonneux.

Feuilles des productions fruitières grandes, les unes elliptiques-allongées, les autres obovales-élargies, se terminant très-brusquement en une pointe très-courte et étroite, à peine concaves ou repliées sur leur nervure médiane, souvent largement ondulées dans leur contour ou contournées sur leur longueur, bordées de dents fines, assez peu profondes et aiguës, bien fermes sur leurs pétioles courts, un peu forts et bien redressés.

Caractère saillant de l'arbre : teinte générale du feuillage d'un vert pré intense; toutes les feuilles d'une bonne ampleur; tous les pétioles plus ou moins forts.

Fruit moyen ou presque moyen, sphérique très-déprimé à ses deux pôles, beaucoup plus large que haut, un peu déformé dans son contour par des côtes aplanies, atteignant sa plus grande épaisseur à peine au-dessous du milieu de sa hauteur; au-dessus de ce point, s'atténuant promptement par une courbe largement convexe jusque vers l'œil; au-dessous du même point, s'arrondissant par une courbe bien convexe pour s'aplatir ensuite largement autour de la cavité de la queue.

Peau fine et cependant un peu ferme, d'abord d'un vert décidé semé de très-petits points à peine visibles et souvent remplacés par de très-petites taches nacrées, nombreuses et serrées. Une large tache d'une rouille brune, épaisse et un peu raboteuse couvre la cavité de la queue et s'étend sur la base du fruit. A la maturité, **fin d'hiver et printemps,** le vert fondamental passe au jaune citron conservant une teinte verte sur certaines parties, le côté du soleil est couvert d'un nuage de rouge jaunâtre traversé par des raies courtes d'un rouge sanguin intense, et parfois ce rouge recouvre entièrement la couleur fondamentale qui apparaît à travers comme de très-petits points très-serrés, ressemblant à des grains dorés semés sur le rouge.

Œil grand, exactement fermé, placé dans une cavité large et assez profonde, plissée dans ses parois et divisée par ses bords en des côtes un peu émoussées, mais cependant prononcées et se prolongeant sur la hauteur du fruit. Tuyau du calice en forme d'entonnoir court et obtus, dépassant à peine la première enveloppe du cœur dont la coupe est elliptique et se rapproche bien de l'œil.

Queue courte, forte, attachée dans une cavité profonde, largement évasée en entonnoir et régulière par ses bords.

Chair un peu verdâtre, fine, bien serrée, ferme, peu abondante en jus sucré, à peine acidulé et délicatement parfumé.

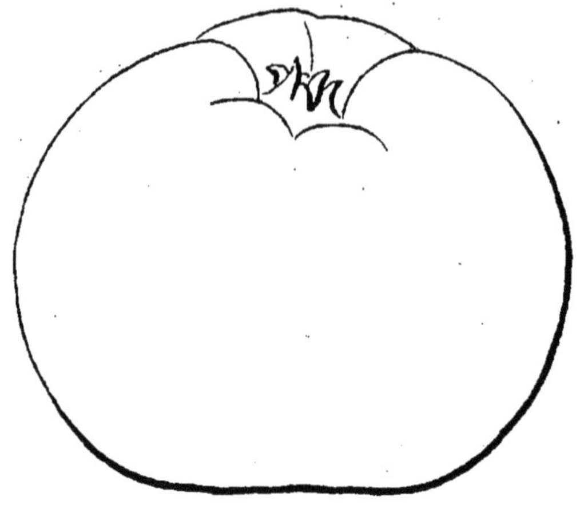

47

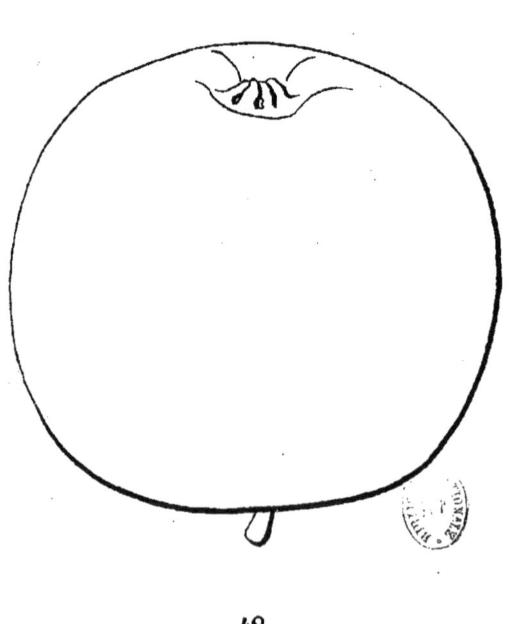

48

47. ROYALE RAYÉE.   48. RITTER.

RITTER

(N° 48)

The Fruits and the fruit-trees of America. DOWNING.
The American fruit Culturist. THOMAS.

OBSERVATIONS. — D'après Downing, cette variété serait originaire du comté de Berks (Etat de Pensylvanie). — L'arbre, d'une bonne vigueur sur paradis, s'accommode bien des grandes formes régulières, surtout de la pyramide. Sa haute tige sur franc, d'une belle végétation, forme une tête élevée, de moyenne dimension, bien feuillue, rustique et fertile. Son fruit n'est propre qu'aux usages du ménage.

DESCRIPTION.

Rameaux forts, unis dans leur contour, droits, à entre-nœuds assez courts, d'un brun verdâtre à l'ombre et d'un brun rougeâtre à peine voilé d'une pellicule très-mince du côté du soleil; lenticelles jaunâtres, larges, arrondies, rares et apparentes.

Boutons à bois gros, coniques, un peu renflés sur le dos, un peu obtus, appliqués au rameau, soutenus sur des supports presque nuls dont les côtés et l'arête médiane ne se prolongent pas; écailles brunes, glabres ou à peine duveteuses.

Pousses d'été d'un vert vif, colorées de rouge à leur sommet et couvertes sur toute leur longueur d'un duvet court et peu épais.

Feuilles des pousses d'été moyennes, ovales-élargies, se terminant un peu brusquement en une pointe assez longue et finement aiguë, concaves et à peine arquées, bordées de dents larges, profondes, souvent simples et aiguës, soutenues horizontalement sur des pétioles de moyenne longueur, de moyenne force et redressés.

Stipules de moyenne longueur, lancéolées, bien aiguës.

Boutons à fruit petits, conico-ovoïdes, aigus ; écailles extérieures d'un brun rougeâtre et glabres ; écailles intérieures peu duveteuses.

Fleurs petites ; pétales ovales-élargis, presque cordiformes, d'un rose mélangé de jaune en dehors, presque blancs en dedans ; divisions du calice courtes, bien aiguës et peu recourbées en dessous ; pédicelles de moyenne longueur, peu forts, bien colorés et peu duveteux.

Feuilles des productions fruitières moyennes, obovales-elliptiques, tantôt plus ou moins allongées et étroites, tantôt un peu plus élargies, se terminant un peu brusquement en une pointe courte, planes ou presque planes, bordées de dents fines, peu profondes et très-finement aiguës, assez bien soutenues sur des pétioles un peu longs, bien grêles et cependant raides.

Caractère saillant de l'arbre : teinte générale du feuillage d'un vert décidé, vif et brillant ; serrature de toutes les feuilles remarquablement acérée ; pétioles des feuilles des productions fruitières très-grêles.

Fruit moyen, sphérico-cylindrique, largement tronqué à ses deux pôles, uni dans son contour, atteignant sa plus grande épaisseur au milieu de sa hauteur ; au-dessus et au-dessous de ce point, s'arrondissant par des courbes de même longueur et presque également convexes, soit du côté de la queue, soit du côté de l'œil, vers lequel il s'atténue à peine un peu plus.

Peau mince et cependant un peu ferme, d'abord d'un vert pâle semé de points bruns, larges et souvent très-rares. Une rouille fauve rayonne en étoile dans la cavité de la queue. A la maturité, **automne,** le vert fondamental passe au jaune clair, en très-grande partie recouvert d'un nuage de rouge sanguin traversé par des raies fines et distinctes d'un rouge cramoisi, et sur ce rouge ressortent peu quelques points jaunâtres.

Œil moyen, fermé, à divisions courtes, bien appliquées les unes aux autres, placé dans une cavité en forme de godet régulier, un peu profond, à peine plissé dans ses parois, un peu évasé et uni par ses bords. Tuyau du calice en entonnoir court et très aigu, dépassant un peu la première enveloppe du cœur dont la coupe régulièrement cordiforme offre peu d'étendue par rapport au volume du fruit.

Queue courte ou de moyenne longueur, un peu forte, attachée dans une cavité large, bien profonde et ordinairement régulière.

Chair blanche, fine, tendre, abondante en jus doux, sucré, vineux, mais sans parfum appréciable.

ROUGE-NOBLE

(EDELROTHER)

(N° 49)

Illustrirtes Handbuch der Obstkunde. LUCAS.
Pomologische Notizen. OBERDIECK.

OBSERVATIONS. — M. Lucas dit que cette variété serait originaire de la partie Sud du Tyrol. — L'arbre, d'une vigueur un peu insuffisante sur paradis, peu propre aux formes régulières, s'accommode assez bien de celle de vase maintenue par une taille courte. Sa haute tige sur franc forme une tête de petite dimension, peu compacte et dont le feuillage est peu abondant. Son fruit est de bonne qualité, mais un peu petit.

DESCRIPTION.

Rameaux peu forts, un peu anguleux dans leur contour, à entre-nœuds de moyenne longueur, d'un rouge jaunâtre à peine voilé d'une pellicule très-mince; lenticelles blanchâtres, petites, assez nombreuses et peu apparentes.

Boutons à bois petits, coniques, peu aigus, appliqués au rameau, soutenus sur des supports saillants dont les côtés et l'arête médiane se prolongent un peu distinctement; écailles d'un rouge foncé, couvertes d'un duvet gris, très-court et peu épais.

Pousses d'été d'un vert vif, colorées de rouge à leur sommet et très-peu duveteuses.

Feuilles des pousses d'été petites, elliptiques ou elliptiques- élargies, se terminant un peu brusquement en une pointe un peu longue, le plus souvent bien convexes par leurs côtés, bordées de dents un peu larges, un peu profondes, surdentées et obtuses, bien soutenues sur des pétioles courts, peu forts et redressés.

Stipules en alênes très-courtes, fines et très-caduques.

Boutons à fruit petits, conico-ovoïdes et émoussés; écailles d'un jaune rougeâtre bordé de noir et glabres.

Fleurs moyennes; pétales elliptiques-arrondis, bien concaves, à onglet court, se recouvrant un peu entre eux, largement tachés de rose violet en dehors, lavés de la même couleur en dedans ; divisions du calice de moyenne longueur, bien étroites, bien recourbées en dessous et presque annulaires ; pédicelles longs, grêles et un peu duveteux.

Feuilles des productions fruitières assez petites, ovales-lancéolées et allongées, étroites, sensiblement atténuées vers le pétiole, se terminant un peu brusquement en une pointe un peu longue et fine, peu concaves ou presque planes, parfois contournées sur toute leur longueur, bordées de dents fines, peu profondes, souvent surdentées et un peu aiguës, bien soutenues sur des pétioles très-courts, très-grêles et raides.

Caractère saillant de l'arbre : teinte générale du feuillage d'un vert herbacé vif et brillant ; feuilles des productions fruitières remarquablement allongées et atténuées vers le pétiole, et soutenues sur des pétioles extraordinairement courts et grêles ; toutes les feuilles petites ou assez petites.

Fruit moyen ou presque moyen, conico-cylindrique, ordinairement uni dans son contour, atteignant sa plus grande épaisseur au-dessous du milieu de sa hauteur; au-dessus de ce point, s'atténuant par une courbe à peine convexe en une pointe peu longue, épaisse et largement tronquée à son sommet ; au-dessous du même point, s'arrondissant par une courbe convexe jusque dans la cavité de la queue.

Peau fine, mince, souple, d'abord d'un vert pâle semé de très-petits points d'un gris brun, largement et irrégulièrement espacés et peu visibles. Une rouille d'un brun foncé s'étale en étoile dans la cavité de la queue. A la maturité, **fin d'hiver et printemps,** le vert fondamental passe au jaune paille pâle du côté de l'ombre, et le côté du soleil est très-largement lavé d'un rouge rosat vif et frais sur lequel s'entrecroisent des raies fines d'une rouille jaunâtre qui manquent dans les saisons sèches et chaudes, et sur ce rouge apparaissent bien de petits points d'un jaune doré.

Œil assez grand, fermé ou demi-fermé, à divisions courtes, fines, restant longtemps vertes et recourbées en dehors, placé dans une cavité en forme de godet un peu profond, plissé dans ses parois et par ses bords, sans que ces plis se prolongent sur la hauteur du fruit. Tuyau du calice en entonnoir court et bien obtus, ne dépassant pas la première enveloppe du cœur dont la coupe et largement cordiforme.

Queue assez courte, un peu forte, attachée dans une cavité un peu profonde, évasée en forme d'entonnoir et ordinairement bien régulière.

Chair blanche, un peu teintée de jaune sous la peau, fine, serrée, ferme, suffisante en jus sucré, délicatement relevé d'une saveur aromatisée et rafraîchissante assez difficile à qualifier.

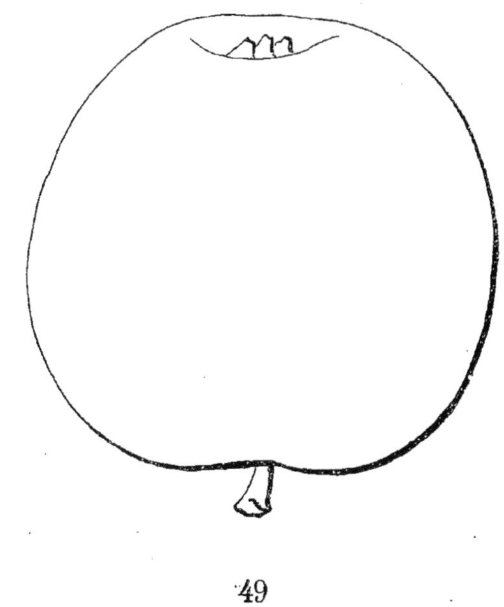

49

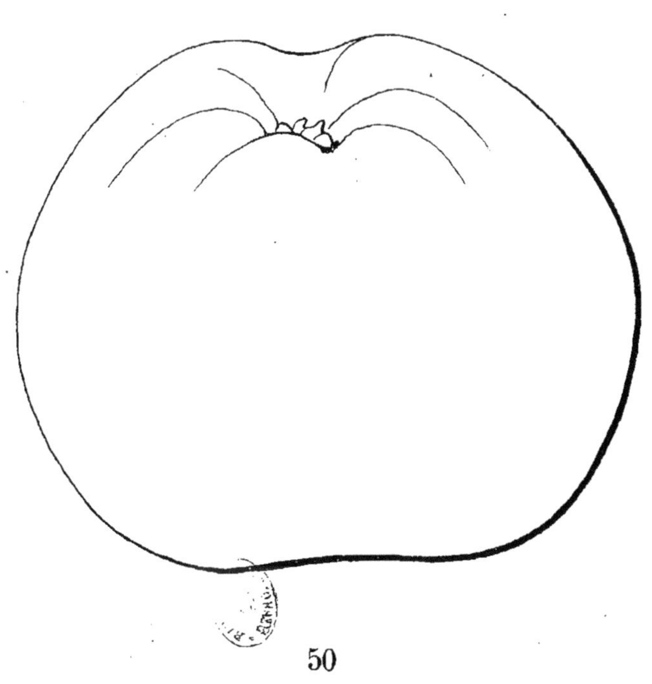

50

49. ROUGE-NOBLE. 50. FULTON.

FULTON

(N° 50)

The Fruits and the fruit-trees of America. Downing.
American Pomology. John Warder.

Observations. — D'après M. Downing, cette variété aurait été obtenue dans les pépinières de A. G. Downing, de Canton, comté de Fulton (Illinois). — L'arbre, d'une vigueur normale sur paradis, d'une végétation bien équilibrée, se prête bien aux formes soumises à la taille. Sa haute tige sur franc est vigoureuse, robuste, régulière dans sa forme. Sa fertilité est précoce, grande et soutenue. Son fruit, par sa forme et son apparence extérieure, a beaucoup de rapport avec la Calville blanche, mais il ne l'égale pas par sa qualité.

DESCRIPTION.

Rameaux un peu forts, très-finement anguleux dans leur contour, flexueux, à entre-nœuds courts, jaunâtres, à peine teintés de rouge du côté du soleil, brillants et non recouverts d'une pellicule; lenticelles blanches, très-petites, très-nombreuses et un peu apparentes.

Boutons à bois moyens, courts, obtus, appliqués au rameau, soutenus sur des supports saillants dont les côtés et l'arête médiane se prolongent très-finement; écailles rouges et glabres.

Pousses d'été d'un vert clair et un peu jaune, un peu couvertes d'un duvet grisâtre.

Feuilles des pousses d'été moyennes, ovales-elliptiques, se terminant brusquement en une pointe longue et bien aiguë, à peine concaves et un peu arquées, bordées de dents bien larges, un peu profondes, couchées et bien obtuses, bien soutenues sur des pétioles longs, un peu forts et redressés.

Stipules assez courtes, bien élargies en spatule.

Boutons à fruit moyens, conico-ovoïdes et un peu aigus; écailles d'un brun rouge peu foncé, vif et brillant.

Fleurs petites; pétales elliptiques ou elliptiques-arrondis, peu concaves, à onglet peu long, se touchant à peine entre eux, entièrement blancs en dehors et en dedans; divisions du calice de moyenne longueur et bien recourbées en dessous; pédicelles de moyenne longueur, un peu forts et peu duveteux.

Feuilles des productions fruitières moins grandes que celles des pousses d'été, obovales-elliptiques, se terminant peu brusquement en une pointe courte, peu concaves ou très-largement creusées en gouttière, bordées de dents extraordinairement peu profondes, bien couchées et émoussées, parfois à peine appréciables, bien soutenues sur des pétioles un peu longs, bien grêles et cependant bien raides.

Caractère saillant de l'arbre : teinte générale du feuillage d'un vert pré intense et peu brillant; serrature des feuilles des productions fruitières remarquablement peu profonde; tous les pétioles plus ou moins longs et ceux des feuilles des productions fruitières très-grêles.

Fruit gros ou assez gros, sphérico-conique déprimé à ses deux pôles, ordinairement un peu déformé dans son contour par des côtes peu prononcées, atteignant sa plus grande épaisseur à peu près au milieu de sa hauteur ; au-dessus et au-dessous de ce point, s'arrondissant par des courbes presque de même longueur et presque également convexes, soit du côté de la queue, soit du côté de l'œil, vers lequel il s'atténue cependant un peu plus.

Peau un peu ferme, unie, d'abord d'un vert très-clair, presque blanchâtre, semé de petites taches nacrées et de points bruns rares et très-irrégulièrement espacés. Une rouille brune et fine rayonne dans la cavité de la queue. A la maturité, **commencement d'hiver**, le vert fondamental passe au jaune pâle recouvert d'une fleur blanchâtre du côté de l'ombre, et le côté du soleil, sur une petite étendue, se lave d'un rouge cramoisi assez intense et sur lequel on remarque des points grisâtres, petits et nombreux.

Œil moyen, ouvert ou demi-ouvert, à divisions recourbées en dehors par leur extrémité, placé dans une cavité large, profonde, abrupte par ses bords assez profondément divisés en des côtes distinctes. Tuyau du calice en forme d'entonnoir un peu aigu et dépassant la première enveloppe du cœur dont la coupe presque ovale offre peu d'étendue par rapport au volume du fruit.

Queue courte, un peu forte, attachée dans une cavité large, profonde et ondulée par ses bords.

Chair jaune, fine, tendre, abondante en jus sucré, acidulé, agréablement parfumé, constituant un fruit de bonne qualité.

PIGEON ROSAT

(TAUBENAPFEL ROSENFARBIGER)

(N° 51)

Systematisches Handbuch der Obstkunde. DITTRICH.
PIGEON VERMEIL. *Handbuch aller bekannten Obstsorten.* BIEDENFELD.

OBSERVATIONS. — Dittrich dit que cette variété est originaire des environs de Berlin. Nous l'avons reçue de l'établissement de Frauendorf, il y a déjà longtemps. — L'arbre, assez vigoureux sur paradis, ne se prête pas facilement aux formes régulières. Sa haute tige sur franc forme une tête de dimension moyenne. Sa fertilité est bonne et son fruit a quelque rapport dans son apparence et sa saveur avec le Gros Api, et n'atteint pourtant pas tout à fait la même qualité.

DESCRIPTION.

Rameaux de moyenne force, très-obscurément anguleux dans leur contour, à entre-nœuds courts, d'un brun noirâtre; lenticelles blanchâtres, petites, assez nombreuses et assez apparentes.

Boutons à bois petits, coniques, courts, peu aigus, appliqués au rameau, soutenus sur des supports peu saillants dont les côtés et l'arête médiane se prolongent très-peu distinctement; écailles d'un brun terne et à peine couvertes d'un duvet extraordinairement court.

Pousses d'été d'un vert très-clair, non lavées de rouge à leur sommet et couvertes d'un duvet très-fin, soyeux et peu serré.

Feuilles des pousses d'été moyennes, ovales-elliptiques ou ovales-arrondies, se terminant brusquement en une pointe courte et souvent contournée, planes ou presque planes et à peine arquées, bordées de dents fines, un peu profondes et bien finement aiguës, soutenues à peu près horizontalement sur des pétioles courts, grêles, peu redressés et peu flexibles.

Stipules en alênes courtes et bien fines.

Boutons à fruit petits, conico-ovoïdes, un peu aiguës ; écailles d'un brun sombre et couvertes d'un duvet extraordinairement court.

Fleurs moyennes ; pétales elliptiques-arrondis, très-concaves, ne pouvant s'étaler, à onglet long, un peu écartés entre eux, tachés d'un joli rose vif en dehors et lavés de la même couleur en dedans ; divisions du calice de moyenne longueur et annulaires ; pédicelles assez longs, très-grêles, peu duveteux.

Feuilles des productions fruitières assez grandes, les unes obovales-allongées, les autres obovales-arrondies, toutes sensiblement atténuées vers le pétiole, se terminant brusquement à leur autre extrémité en une pointe très-courte, planes ou presque planes, bordées de dents un peu larges, assez peu profondes, couchées et émoussées, bien soutenues sur des pétioles un peu longs, forts et raides.

Caractère saillant de l'arbre : teinte générale du feuillage d'un vert bleu intense et mat; toutes les feuilles planes ou presque planes.

Fruit moyen ou presque gros, tantôt sphérico-conique, tantôt sphérique plus ou moins déprimé à ses deux pôles, parfois un peu déformé dans son contour par des côtes très-aplanies, atteignant sa plus grande épaisseur peu au-dessous du milieu de sa hauteur et parfois presque au milieu de sa hauteur; au-dessus de ce point, tantôt s'atténuant par une courbe peu convexes en une pointe courte, épaisse et assez largement tronquée à son sommet, tantôt s'arrondissant par une courbe plus convexe jusque dans la cavité de l'œil; au-dessous du même point, s'arrondissant par une courbe bien convexe pour s'aplatir ensuite un peu autour de la cavité de la queue.

Peau mince, unie, devenant onctueuse et odorante à la maturité, d'abord d'un vert très-pâle, presque blanc, semé de petites taches nacrées et de points presque imperceptibles. Une large tache d'une rouille fine et d'un brun clair couvre la cavité de la queue et s'étend en étoile au-delà de ses bords. A la maturité, **commencement et courant d'hiver,** le vert fondamental passe au jaune paille clair et brillant, et le côté du soleil se couvre d'un nuage plus ou moins large d'un rouge rosat, d'un ton frais, bien fondu et parfois cependant un peu flammé du même rouge un peu plus foncé.

Œil fermé, à divisions finement aiguës, bien recourbées en dehors, placé dans une cavité étroite, un peu profonde, plus ou moins déformée dans ses bords par des côtes obscures et qui ne se prolongent pas toujours d'une manière appréciable sur la hauteur du fruit. Tuyau du calice descendant par un tube très-étroit et très-aigu bien au-dessous de la première enveloppe du cœur dont la coupe, proportionnée au volume du fruit, est cordiforme-elliptique.

Queue courte, bien forte, attachée dans une cavité peu profonde, dans laquelle elle est ordinairement repoussée bien obliquement par une bosse charnue.

Chair blanche, à peine un peu teintée de jaune sous la peau, fine, un peu tendre, abondante en jus sucré, finement acidulé, mais sans parfum appréciable.

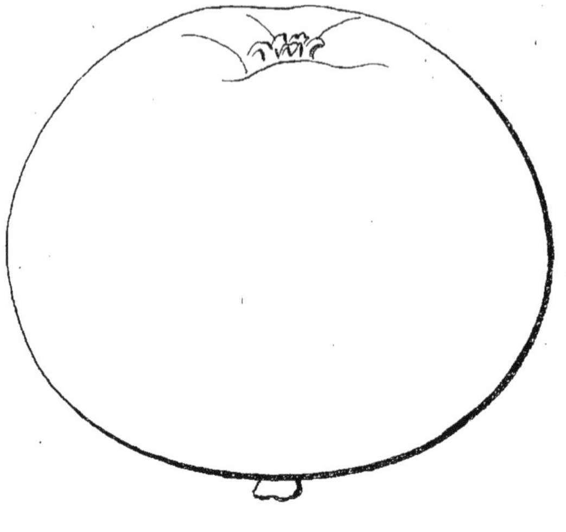

51

52

51. PIGEON ROSAT. 52. REINETTE ROUSSE DORÉE.

ngeon

Imp. Protat frères, Mâcon.

REINETTE ROUSSE DORÉE

(GOLDEN RUSSET).

(N° 52)

A Guide to the Orchard. LINDLEY.
The Apple and its Varieties. ROBERT HOGG.
The Fruits and the fruit-trees of America. DOWNING.
Handbuch aller bekannten Obstsorten. BIEDENFELD.

OBSERVATIONS. — Cette ancienne variété anglaise porte aussi les noms de English Golden Russet, English Golden, qui servent à la distinguer de la Golden Russet ou Bullok's pippin des Américains. Les anciens pomologistes anglais lui donnent aussi le synonyme de Russet Aromatic, et font le plus grand éloge de la qualité de son fruit. Jusqu'à présent je l'ai reconnu bon et surtout délicieux pour les usages de la cuisine. — L'arbre, d'une vigueur bien contenue sur paradis, s'accommode bien, par sa végétation, surtout des formes appliquées à un treillage. Sa haute tige sur franc forme une tête de moyenne dimension, à branches pendantes, dont le rapport se fait attendre quelque temps pour devenir bon par la suite.

DESCRIPTION.

Rameaux peu forts, très-finement anguleux dans leur contour, droits, à entre-nœuds courts, verdâtres du côté de l'ombre, d'un brun rouge non recouvert d'une pellicule du côté du soleil; lenticelles blanchâtres, larges, rares et apparentes.

Boutons à bois petits, courts, obtus, appliqués au rameau, soutenus sur des supports peu saillants dont l'arête médiane se prolonge très-finement; écailles tantôt rouges, tantôt jaunâtres et peu duveteuses.

Pousses d'été d'un vert décidé, un peu duveteuses seulement à leur partie supérieure.

Feuilles des pousses d'été à peine moyennes, ovales-elliptiques, se terminant brusquement en une pointe un peu longue, un peu concaves et peu arquées, bordées de dents un peu larges, profondes et si bien recourbées qu'elles paraissent arrondies, bien soutenues sur des pétioles courts, forts et raides.

Stipules en forme d'alênes courtes et très-fines, presque filiformes.

Boutons à fruit petits, conico-ovoïdes, courts et un peu aigus ; écailles extérieures jaunâtres et glabres ; écailles intérieures rouges et peu duveteuses.

Fleurs moyennes ; pétales presque elliptiques, arrondis à leur extrémité, planes et étalés, tachés d'un rose tendre en dehors, lavés de la même couleur en dedans ; divisions du calice courtes, bien aiguës et bien recourbées en dessous ; pédicelles courts, assez grêles et un peu laineux.

Feuilles des productions fruitières petites, obovales-allongées et étroites, se terminant un peu brusquement en une pointe peu longue, presque planes, souvent largement ondulées dans leur contour, bordées de dents assez peu profondes et très-finement aiguës, bien soutenues sur des pétioles courts, grêles et raides.

Caractère saillant de l'arbre : teinte générale du feuillage d'un vert foncé ; toutes les feuilles bien soutenues sur leurs pétioles bien raides ; stipules filiformes ou presque filiformes.

Fruit moyen ou presque moyen, sphérico-ovoïde, souvent à peine déformé dans son contour par des élévations très-peu sensibles, atteignant sa plus grande épaisseur au-dessous du milieu de sa hauteur ; au-dessus de ce point, s'atténuant par une courbe largement convexe en une pointe courte, épaisse et plus ou moins largement tronquée à son sommet ; au-dessous du même point, s'arrondissant par une courbe plus convexe jusque dans la cavité de la queue.

Peau assez épaisse et ferme, d'abord d'un vert clair et pâle semé de points d'un gris bleu, caractéristiques, assez larges, bien régulièrement espacés et apparents. On remarque aussi sur sa surface des taches irrégulières d'une rouille d'un brun verdâtre et qui se condensent vers la cavité de l'œil et dans celle de la queue. A la maturité, **fin d'hiver,** le vert fondamental passe au jaune doré mat et recouvert du côté du soleil, sur les fruits bien exposés, d'un nuage de brun doré.

Œil petit, demi-ouvert ou presque fermé, à divisions longues, étroites, fines et recourbées en dehors, placé dans une cavité étroite, peu profonde, en forme de petit godet finement plissé dans ses parois et par ses bords. Tuyau du calice en forme d'entonnoir étroit et aigu, descendant presque jusqu'à la cavité du cœur dont la coupe cordiforme-élargie offre une petite étendue par rapport au volume du fruit.

Queue tantôt courte et un peu forte, tantôt plus longue et moins forte, attachée dans une cavité étroite, assez profonde et dans laquelle elle est souvent repoussée obliquement par une excroissance charnue.

Chair d'un blanc jaunâtre et verdâtre sous la peau, fine, ferme, croquante, peu abondante en jus bien sucré et aromatisé, constituant un fruit de bonne qualité.

NEC-PLUS-ULTRA D'AUTOMNE

(AUTUMN SEEK-NO-FURTHER)

(N° 53)

The Fruits and the fruit-trees of America. Downing.
The American fruit Culturist. Thomas.
DOCTOR WATSON. *American Pomology.* John Warder.

Observations. — Downing dit que l'origine de cette variété est inconnue. John Warder ajoute : « Cette délicieuse et belle pomme de dessert est bien répandue dans le Centre et l'Est de l'Indiana, particulièrement vers les Amis. Elle a été, pendant longtemps, un sujet d'embarras pour les pomologistes. En attendant qu'elle eût un nom, et sans se préoccuper des décisions des savants, le peuple, dans différentes sections, l'appela Nec-plus-ultra d'Automne. Enfin, les Sociétés d'horticulture décidèrent, on ne sait trop sur quelle autorité, que c'était une ancienne variété nommée Doctor Watson. Le fruit n'a pas été reconnu par nos amis des Etats de l'Est, ni par la Société de pomologie américaine à laquelle il a été présenté en 1860. » — L'arbre, vigoureux, forme une tête élargie, de grande dimension, et devient bientôt très-productif. Son fruit, de jolie apparence, est d'assez bonne qualité.

DESCRIPTION.

Rameaux peu forts, anguleux dans leur contour, droits, à entre-nœuds très-inégaux entre eux, d'un rouge clair à peine voilé vers leur sommet d'une pellicule très-mince; lenticelles blanches, très-petites, nombreuses et régulièrement espacées.

Boutons à bois petits, coniques, émoussés, bien renflés sur le dos, presque appliqués au rameau, soutenus sur des supports peu saillants dont l'arête médiane se prolonge souvent bien distinctement ; écailles d'un rouge clair un peu recouvert d'un duvet farineux.

Pousses d'été d'un vert clair, un peu lavées de rouge et couvertes d'un duvet très-court et peu serré.

Feuilles des pousses d'été moyennes, elliptiques ou elliptiques-arrondies, se terminant brusquement en une pointe large et courte, un peu concaves, bordées de dents larges, assez peu profondes et souvent peu aiguës, soutenues horizontalement sur des pétioles de moyenne longueur, de moyenne force et redressés.

Stipules en alênes courtes et fines.

Boutons à fruit petits, conico-ovoïdes, peu aigus; écailles extérieures d'un brun clair largement bordé de brun plus foncé; écailles intérieures d'un rouge très-clair.

Fleurs grandes; pétales elliptiques, bien concaves, à onglet court, se recouvrant à peine entre eux, tachés de rose violet en dehors, à peine lavés de la même couleur en dedans; divisions du calice de moyenne longueur, fines et recourbées en dessous; pédicelles de moyenne longueur, grêles et à peine duveteux.

Feuilles des productions fruitières moyennes, obovales-elliptiques ou obovales-arrondies, se terminant brusquement en une pointe courte et large, peu concaves ou presque planes, bordées de dents peu profondes, couchées et un peu aiguës, bien soutenues sur des pétioles assez longs, grêles, bien fermes et bien dressés.

Caractère saillant de l'arbre : teinte générale du feuillage d'un vert vif et un peu luisant; feuilles des pousses d'été tendant à la forme arrondie; toutes les feuilles largement et courtement acuminées.

Fruit moyen ou presque gros, irrégulièrement sphérique, très-largement déprimé à ses deux pôles, souvent déformé dans son contour par des côtes inégales entre elles, atteignant sa plus grande épaisseur au milieu de sa hauteur; au-dessus et au-dessous de ce point, s'arrondissant par des courbes presque de même longueur et presque également convexes soit du côté de la cavité de l'œil, soit du côté de celle de la queue.

Peau fine, mince, souple, d'abord d'un vert très-clair sur lequel il est difficile de reconnaître des points. Une tache d'une rouille grise couvre la cavité de la queue et s'étend en étoile un peu au-delà de ses bords. A la maturité, **automne,** le vert fondamental passe au blanc jaunâtre, de l'apparence de la cire et devenant un peu plus chaud du côté du soleil souvent lavé d'un nuage de rouge traversé par des raies courtes d'un rouge cramoisi fin.

Œil moyen, demi-ouvert, à divisions courtes et dressées, placé dans une cavité large, profonde, évasée par ses bords profondément sillonnés ou partagés en petites côtes inégales entre elles qui se prolongent d'une manière un peu sensible sur la hauteur du fruit. Tuyau du calice descendant par un tube cylindrique et très-large jusque dans la cavité du cœur dont la coupe est cordiforme-elliptique.

Queue de moyenne longueur et de moyenne force, dépassant un peu sa cavité assez profonde, largement évasée et presque régulière par ses bords.

Chair d'un blanc jaunâtre, fine, tendre, suffisante en jus sucré, délicatement parfumé, rafraîchissant, constituant un fruit de bonne seconde qualité.

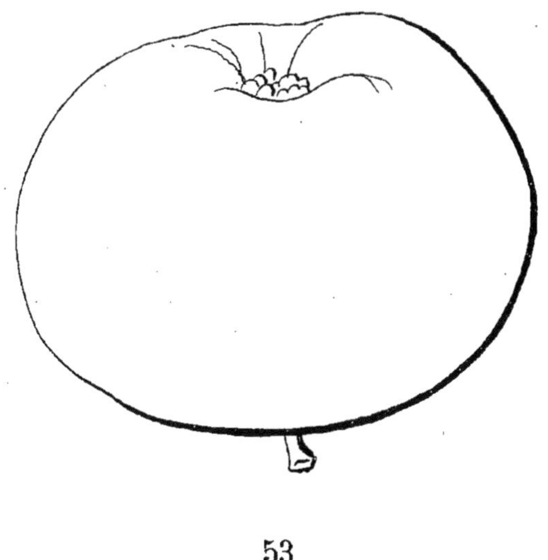

53

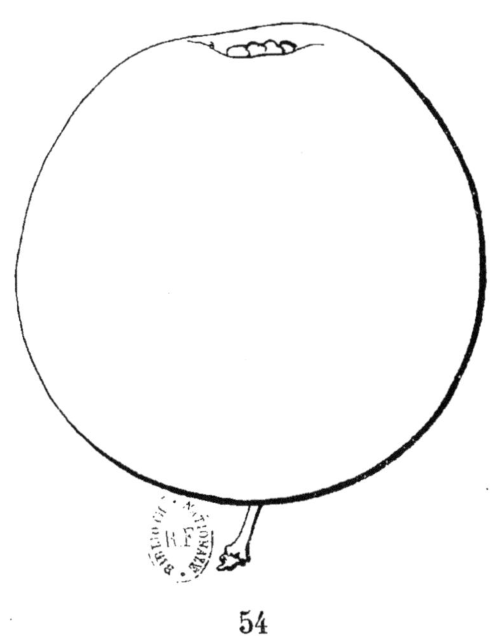

54

53. NEC-PLUS-ULTRA D'AUTOMNE. 54. PEARMAIN DE PARRY.

PEARMAIN DE PARRY

(PARRY'S PEARMAIN)

(N° 54)

The Apple and its Varieties. Robert Hogg.
The Fruits and the fruit-trees of America. Downing.
Handbuch aller bekannten Obstsorten. Biedenfeld.

Observations. — Cette variété est d'origine anglaise. — L'arbre, d'une bonne vigueur sur paradis, s'accommode bien des formes régulières et surtout de la pyramide. Sa haute tige sur franc forme une tête élevée, à branches érigées, un peu compacte, d'une fertilité précoce et bonne. Son fruit est seulement de seconde qualité.

DESCRIPTION.

Rameaux peu forts, unis dans leur contour, un peu flexueux, à entre-nœuds très-longs, d'un jaune verdâtre bien voilé du côté du soleil d'une pellicule plombée; lenticelles jaunâtres, larges, peu nombreuses et apparentes.

Boutons à bois petits, coniques, obtus, appliqués au rameau, soutenus sur des supports un peu saillants dont les côtés et l'arête médiane ne se prolongent pas; écailles d'un brun jaunâtre et glabres.

Pousses d'été d'un vert pâle, couvertes d'un duvet très-peu épais.

Feuilles des pousses d'été moyennes, ovales-élargies, bien atténuées vers le pétiole, se terminant brusquement en une pointe longue et finement aiguë, concaves, bordées de dents larges, largement surdentées, extraordinairement profondes et bien aiguës, peu soutenues sur des pétioles longs, de moyenne force et flexibles.

Stipules longues, lancéolées-étroites.

Boutons à fruit petits, coniques, un peu maigres et un peu aigus; écailles extérieures d'un brun rougeâtre et glabres; écailles intérieures peu duveteuses.

Fleurs moyennes; pétales ovales-allongés, bien concaves, à long onglet, écartés entre eux, tachés de rose tendre en dehors et en dedans; divisions du calice de moyenne longueur, fines et recourbées en dessous; pédicelles assez longs, très-grêles et peu duveteux.

Feuilles des productions fruitières plus grandes que celles des pousses d'été, ovales-élargies et parfois un peu allongées, un peu atténuées vers le pétiole et se terminant brusquement en une pointe un peu longue et fine, peu concaves et le plus souvent bien contournées par leur pointe, bien ondulées dans leur contour, bordées de dents très-profondes et très-finement aiguës.

Caractère saillant de l'arbre : teinte générale du feuillage d'un vert herbacé clair; feuilles des productions fruitières remarquablement ondulées et contournées par leur pointe; toutes les feuilles brusquement atténuées vers le pétiole et garnies d'une serrature formée de dents extra-ordinairement profondes et acérées.

Fruit petit, cylindrico-ovoïde et largement tronqué à ses deux pôles, paraissant un peu plus haut que large, uni dans son contour, atteignant sa plus grande épaisseur à peu près au milieu de sa hauteur; au-dessus et au-dessous de ce point, s'atténuant presque également par des courbes largement convexes et presque de même longueur.

Peau fine, mince, souple, d'abord d'un vert assez vif semé de points bruns un peu saillants, cernés de vert plus clair et très-largement espacés. Une tache d'une rouille brune un peu raboteuse rayonne ordinairement en étoile dans la cavité de la queue. A la maturité, **courant d'hiver**, le vert fondamental s'éclaircit à peine et le côté du soleil, sur une large étendue, est lavé d'un rouge vif traversé par des raies d'un rouge plus foncé et sur lequel ressortent bien des points cernés de jaune.

Œil grand, ouvert, à divisions longues et un peu étalées, placé dans une cavité peu profonde, bien évasée et régulière par ses bords. Tuyau du calice en entonnoir court et obtus, ne dépassant pas la première enveloppe du cœur dont la coupe largement cordiforme est beaucoup plus rapprochée de l'œil que du point d'attache de la queue.

Queue tantôt grêle et attachée dans une cavité peu profonde et évasée, tantôt forte, charnue et formant le prolongement d'une excroissance de chair qui la rejette de côté et remplit presque entièrement la cavité dont elle dépasse un peu les bords.

Chair d'un vert jaunâtre, fine, très-serrée, ferme, suffisante en jus sucré, vineux, acidulé et relevé.

REINETTE SANGUINE DU RHIN

(BLUTROTHE RHEINISCHE REINETTE)

(N° 55)

Systematisches Handbuch der Obstkunde. DITTRICH.
Handbuch aller bekannten Obstsorten. BIEDENFELD.
Illustrirtes Handbuch der Obstkunde. FLOTOW.
Pomologische Notizen. OBERDIECK.

OBSERVATIONS. — Le nom de cette variété semblerait indiquer qu'elle est indigène des contrées des bords du Rhin; toutefois, aucun auteur allemand n'a pu constater exactement son origine. Sa végétation est trop insuffisante sur paradis pour que l'on puisse conseiller l'emploi de ce sujet. Greffée sur franc et soumise à une forme régulière, son bois grêle réclame l'appui à un treillage. Elevée en haute tige, elle forme bientôt, par ses ramifications très-disposées à se subdiviser, une tête compacte dont les productions fruitières, très-nombreuses, produisent d'abondantes récoltes. Son fruit, joli, de facile conservation, est aussi de première qualité.

DESCRIPTION.

Rameaux de moyenne force, presque droits, obscurément anguleux dans leur contour, à entre-nœuds longs et inégaux entre eux, d'un brun rougeâtre peu foncé et à peine voilé d'une mince pellicule; lenticelles blanches, larges, nombreuses et bien apparentes.

Boutons à bois assez gros, coniques, renflés sur le dos, un peu aigus, appliqués ou presque appliqués au rameau, soutenus sur des supports saillants dont l'arête médiane se prolonge seule et peu distinctement; écailles d'un rouge très-foncé.

Pousses d'été d'un vert d'eau, un peu colorées de rouge à leur sommet et très-peu duveteuses sur toute leur longueur.

Feuilles des pousses d'été moyennes, ovales-elliptiques, se terminant très-brusquement en une pointe bien longue, concaves et non arquées, bordées de dents un peu profondes, bien recourbées et aiguës, soutenues à peu près horizontalement sur des pétioles un peu longs, de moyenne force et un peu redressés.

Stipules très-courtes, filiformes.

Boutons à fruit petits, conico-ovoïdes, un peu aigus ; écailles extérieures d'un rouge très-foncé ; écailles intérieures d'un rouge des plus vifs.

Fleurs bien petites ; pétales elliptiques, planes, à onglet extraordinairement court, se touchant entre eux, à peine lavés de rose tendre en dehors et presque blancs en dedans ; divisions du calice assez courtes et recourbées en dessous ; pédicelles extraordinairement courts, un peu forts et cotonneux.

Feuilles des productions fruitières plus petites que celles des pousses d'été, obovales-elliptiques et quelquefois allongées, se terminant brusquement en une pointe courte et souvent contournée, à peine repliées sur leur nervure médiane, bordées de dents fines, tantôt plus, tantôt moins profondes et bien aiguës, mollement soutenues sur des pétioles de moyenne longueur, grêles et flexibles.

Caractère saillant de l'arbre : teinte générale du feuillage d'un vert herbacé peu foncé et mat ; toutes les feuilles des productions fruitières mollement soutenues sur leurs pétioles flexibles.

Fruit moyen ou à peine moyen, sphérique peu déprimé à ses deux pôles, paraissant quelquefois à peine un peu plus haut que large, ordinairement uni dans son contour, atteignant sa plus grande épaisseur à peu près au milieu de sa hauteur ; au-dessus et au-dessous de ce point, s'arrondissant par des courbes presque de même longueur et presque également convexes en s'atténuant cependant un peu plus du côté de l'œil.

Peau épaisse, ferme, d'abord d'un vert d'eau peu foncé semé de points d'un gris brun, larges et largement cernés d'un vert plus clair. Une rouille d'un brun fauve et clair couvre la cavité de la queue, s'étend souvent largement sur la base du fruit et même parfois se disperse irrégulièrement sur sa surface. A la maturité, **fin d'hiver et printemps,** le vert fondamental passe au jaune doré et le côté du soleil, sur une grande étendue, se couvre d'un beau rouge sanguin vif, traversé par des raies de couleur un peu plus foncée et sur lequel les points sont largement cernés de gris.

Œil moyen, fermé, à divisions courtes, enfoncé dans une cavité un peu profonde, évasée, sillonnée dans ses parois par des plis prononcés qui se prolongent un peu sur ses bords, mais rarement sur la hauteur du fruit. Tuyau du calice descendant en forme d'entonnoir aigu à peine au-dessous de la première enveloppe du cœur dont la coupe est largement cordiforme un peu déprimée.

Queue de moyenne longueur et de moyenne force, attachée dans une cavité peu profonde et évasée.

Chair d'un blanc un peu verdâtre, bien fine, un peu tendre, beurrée, ne laissant que peu de marc dans la bouche, suffisante en jus richement sucré, vineux et aromatisé.

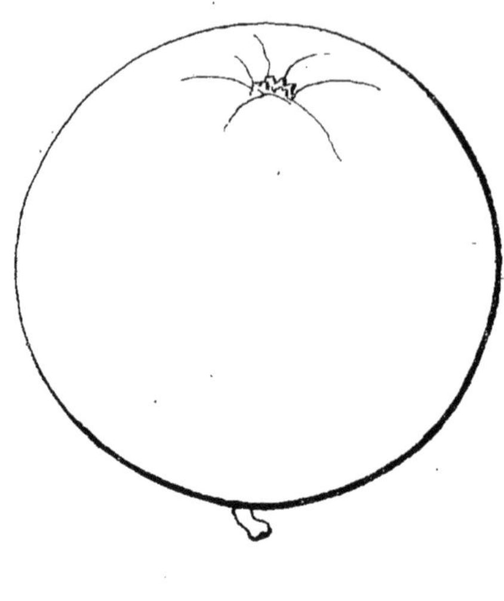

55

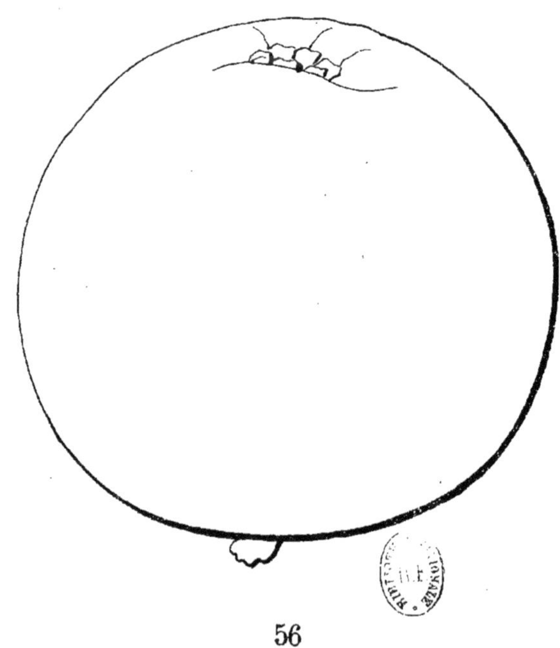

56

55. REINETTE SANGUINE DU RHIN. 56 HARWEY D'HIVER.

.ngeon

Imp. Protat frères, Mâcon

HARWEY D'HIVER

(WINTER HARWEY)

(N° 56)

The Fruits and the fruit-trees of America. DOWNING.
The American fruit Culturist. THOMAS.

OBSERVATIONS. — Cette ancienne variété américaine est originaire des Etats de l'Est de l'Union. — L'arbre, d'une bonne vigueur sur paradis, est propre aux grandes formes sur ce sujet, mais son véritable emploi est la haute tige sur franc, formant une tête élevée et de grande dimension. Elle est rustique et d'une bonne fertilité. Son fruit, de jolie apparence par sa netteté, convient bien à la vente sur le marché.

DESCRIPTION.

Rameaux assez forts, anguleux dans leur contour, presque droits, à entre-nœuds de moyenne longueur, verdâtres du côté de l'ombre, un peu teintés de rouge et recouverts d'une pellicule du côté du soleil; lenticelles blanches, petites, arrondies, assez nombreuses et un peu apparentes.

Boutons à bois très-petits, ressemblant à de petites houppes blanches et soyeuses, soutenus sur des supports saillants dont les côtés et l'arête médiane se prolongent assez sensiblement.

Pousses d'été d'un vert d'eau, lavées de rouge et couvertes d'un duvet court et peu abondant.

Feuilles des pousses d'été assez grandes, ovales-élargies, se terminant brusquement en une pointe un peu longue, creusées en gouttière et bien ondulées dans leur contour, bordées de dents assez profondes et finement aiguës, bien soutenues sur des pétioles longs, forts et peu redressés.

Stipules longues, lancéolées-étroites et parfois recourbées.

Boutons à fruit assez gros, conico-ovoïdes, peu aigus ; écailles extérieures jaunâtres ou rougeâtres, bordées de brun foncé et glabres ; écailles intérieures bien recouvertes d'un duvet gris blanchâtre.

Fleurs petites ; pétales ovales ou ovales-elliptiques, planes, à onglet court, se recouvrant à peine entre eux, lavés de rose tendre en dehors et presque blancs en dedans ; divisions du calice de moyenne longueur et recourbées en dessous ; pédicelles courts, grêles et bien duveteux.

Feuilles des productions fruitières moyennes, obovales ou ovales-elliptiques, se terminant peu brusquement en une pointe courte, émoussée et souvent contournée, peu concaves, souvent ondulées dans leur contour, bordées de dents assez profondes, couchées et bien aiguës, bien soutenues sur des pétioles longs, de moyenne force et raides.

Caractère saillant de l'arbre : teinte générale du feuillage d'un vert d'eau décidé et brillant ; presque toutes les feuilles remarquablement ondulées dans leur contour et garnies d'une serrature formée de dents bien aiguës ; tous les pétioles longs et assez forts.

Fruit moyen ou assez gros, sphérico-conique, très-obscurément anguleux ou presque uni dans son contour, atteignant sa plus grande épaisseur au-dessous du milieu de sa hauteur ; au-dessus de ce point, s'atténuant par une courbe largement convexe en une pointe longue, très-épaisse et tronquée à son sommet ; au-dessous du même point, s'arrondissant par une courbe un peu plus convexe pour s'aplatir ensuite un peu autour de la cavité de la queue.

Peau un peu ferme, d'abord d'un vert très-clair, souvent même un peu blanchâtre, semé de points gris, larges, régulièrement et largement espacés et apparents. Une tache d'une rouille fine et d'un brun clair rayonne en étoile dans la cavité de la queue. A la maturité, **fin d'automne et commencement d'hiver**, le vert fondamental s'éclaircit un peu en jaune et le côté du soleil, sur les fruits bien exposés, est lavé d'un léger nuage de rouge sanguin sur lequel on remarque aussi parfois de petites taches arrondies d'un rouge sanguin foncé.

Œil grand, demi-fermé ou presque fermé, à divisions longues et larges, souvent dressées en bouquet, placé dans une cavité peu large, peu profonde, plissée dans ses parois et divisée par ses bords en des côtes très-obscures qui le plus souvent se prolongent à peine sur la hauteur du fruit. Tuyau du calice descendant par un tube étroit et un peu obtus peu au-dessous de la première enveloppe du cœur dont la coupe est largement cordiforme.

Queue courte, assez peu forte, un peu duveteuse, attachée dans une cavité très-étroite, un peu profonde, peu évasée et régulière par ses bords.

Chair blanche, assez fine, tendre, suffisante en jus sucré, agréablement acidulé, légèrement parfumé à la manière des Reinettes, constituant un fruit d'assez bonne qualité.

VERTE DE VIRGINIE

(VIRGINIA GREENING)

(N° 57)

The Fruits and the fruit-trees of America. DOWNING.
American Pomology. JOHN WARDER.

OBSERVATIONS. — D'après Warder, cette variété serait probablement originaire de Virginie et surtout cultivée dans les Etats du sud de l'Amérique du nord. — L'arbre forme promptement une tête étendue, bien feuillue, à branches pendantes. Il est d'une fertilité très-précoce et très-grande. Son fruit, de très-bonne qualité pour les usages de ménage, est de très-longue conservation.

DESCRIPTION.

Rameaux de moyenne force, anguleux dans leur contour, un peu flexueux, à entre-nœuds inégaux entre eux, d'un brun rougeâtre à peine voilé du côté du soleil d'une mince pellicule; lenticelles blanches, un peu saillantes, très-peu nombreuses et très-irrégulièrement espacées.

Boutons à bois assez gros, coniques, renflés sur le dos, un peu obtus, appliqués au rameau, soutenus sur des supports saillants dont les côtés et l'arête médiane se prolongent distinctement; écailles d'un rouge intense et glabres.

Pousses d'été d'un vert clair et vif et un peu duveteuses seulement à leur sommet.

Feuilles des pousses d'été moyennes, presque exactement elliptiques, se terminant brusquement en une pointe courte, ferme et aiguë, bien concaves, bordées de dents fines et finement surdentées, assez profondes et bien aiguës, bien fermes sur leurs pétioles longs, forts et dressés.

Stipules moyennes, lancéolées-élargies.

Boutons à fruit assez petits, conico-ovoïdes, un peu aigus ; écailles extérieures d'un marron clair très-largement bordé d'un brun très-foncé ; écailles intérieures rouges et bordées de brun.

Fleurs à peine moyennes ; pétales ovales-elliptiques, peu concaves, à onglet court, se recouvrant peu entre eux, largement tachés de rose violacé en dehors et bien lavés de la même couleur en dedans ; divisions du calice de moyenne longueur, très-finement aiguës et peu recourbées en dessous ; pédicelles courts, forts et un peu cotonneux.

Feuilles des productions fruitières moins grandes que celles des pousses d'été, ovales-elliptiques et souvent un peu allongées, se terminant brusquement en une pointe très-courte et bien aiguë, peu concaves et non arquées, bordées de dents fines, peu profondes et bien aiguës, assez bien soutenues sur des pétioles courts, grêles et un peu divergents.

Caractère saillant de l'arbre : teinte générale du feuillage d'un beau vert intense et luisant ; serrature de toutes les feuilles remarquablement fine et aiguë.

Fruit gros, sphérico-conique, un peu déprimé à ses deux pôles, ordinairement uni dans son contour, atteignant sa plus grande épaisseur très-peu au-dessous du milieu de sa hauteur ; au-dessus de ce point, s'arrondissant promptement par une courbe largement convexe jusque vers la cavité de l'œil ; au-dessous du même point, s'arrondissant brusquement par une courbe bien convexe pour ensuite s'aplatir un peu autour de la cavité de la queue.

Peau ferme, d'abord d'un vert vif semé de points d'un gris brun, largement cernés de blanchâtre, et si ces points manquent, les taches formées par l'auréole qui les entoure, bien larges, bien apparentes et régulièrement espacées, subsistent toujours et sont vraiment caractéristiques. On remarque aussi une tache d'une rouille brune formant étoile dans la cavité de la queue. A la maturité, **fin d'hiver et printemps,** le vert fondamental s'éclaircit un peu en jaune sur certaines parties et conserve sa vivacité sur d'autres ; le côté du soleil, sur les fruits bien exposés, est légèrement lavé de rouge brun, parfois un peu bronzé.

Œil moyen, tantôt ouvert, tantôt fermé, à divisions étroites et fines, placé dans une cavité étroite, peu profonde, à peine plissée dans ses parois et un peu divisée par ses bords en des côtes très-aplanies qui parfois se prolongent, mais d'une manière très-obscure, sur la hauteur du fruit. Tuyau du calice en entonnoir bien évasé et aigu, dépassant à peine la première enveloppe du cœur dont la coupe est largement cordiforme.

Queue de moyenne longueur, forte, insérée dans une cavité profonde, étroite dans son fond et évasée par ses bords.

Chair d'un blanc verdâtre ou jaunâtre, fine, compacte, ferme, suffisante en eau douce, sucrée et légèrement parfumée.

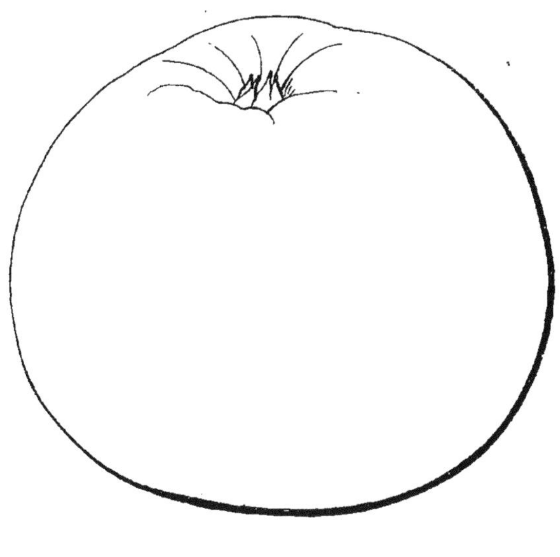

57

58

57. VERTE DE VIRGINIE. 58. HECTOR.

HECTOR

(N° 58)

The Fruits and the fruit-trees of America. DOWNING.
The American fruit Culturist. THOMAS.
American Pomology. JOHN WARDER.

OBSERVATIONS. — M. Downing dit que cette variété a été obtenue dans le comté de Chester, Etat de Pensylvanie. — L'arbre, d'une vigueur normale sur paradis, s'accommode bien des formes régulières et surtout de la pyramide. Sa haute tige sur franc forme une tête élevée et bien feuillue. Sa fertilité est grande et son fruit, de la plus belle apparence, est aussi de bonne qualité.

DESCRIPTION.

Rameaux peu forts, très-obscurément anguleux dans leur contour, droits, à entre-nœuds remarquablement courts, d'un rouge sanguin foncé ; lenticelles blanchâtres, un peu allongées, petites, assez peu nombreuses et apparentes.

Boutons à bois moyens, coniques-comprimés, obtus, appliqués au rameau, soutenus sur des supports très-peu saillants dont les côtés se prolongent très-obscurément ; écailles presque entièrement recouvertes d'un duvet gris sombre.

Pousses d'été d'un vert jaune et bien duveteuses.

Feuilles des pousses d'été moyennes, ovales bien élargies ou ovales-cordiformes, se terminant très-brusquement en une pointe courte, souvent largement ondulées dans leur contour et à peine arquées, bordées de dents larges, couchées et aiguës, bien soutenues sur des pétioles courts, forts et redressés.

Stipules en forme d'alênes très-courtes.

Boutons à fruit moyens, ovo-ellipsoïdes, obtus; écailles d'un marron clair bordé de brun et à peine duveteuses.

Fleurs à peine moyennes; pétales arrondis, concaves, à onglet très-court, se recouvrant largement entre eux, d'un beau rose violet en dehors, largement lavés de la même couleur en dedans; divisions du calice de moyenne longueur, bien aiguës et peu recourbées en dessous; pédicelles courts, un peu forts et un peu cotonneux.

Feuilles des productions fruitières assez grandes, obovales-elliptiques, se terminant très-brusquement en une pointe très-courte, bien creusées en gouttière et à peine arquées, bordées de dents larges, profondes et bien aiguës, bien soutenues sur des pétioles courts, un peu forts et divergents.

Caractère saillant de l'arbre : teinte générale du feuillage d'un beau vert intense; toutes les feuilles remarquablement creusées en gouttière et garnies d'une serrature bien acérée; feuillage bien étoffé.

Fruit gros, conique-tronqué, paraissant plus haut que large, tantôt uni dans son contour, tantôt déformé par des côtes aplanies, atteignant sa plus grande épaisseur bien près de sa base; au-dessus de ce point, s'atténuant plus ou moins par une courbe très-peu convexe en une pointe un peu longue, épaisse et tronquée à son sommet; au-dessous du même point, s'arrondissant brusquement par une courbe bien convexe jusque dans la cavité de la queue.

Peau mince et cependant un peu ferme, unie, devenant onctueuse et odorante à la maturité, d'abord d'un vert clair et vif semé de points bruns, très-petits, peu nombreux et très-largement espacés. Une rouille d'un brun verdâtre couvre ordinairement la cavité de la queue. A la maturité, **commencement et courant d'hiver,** le vert fondamental passe au jaune citron clair, et le côté du soleil, couvert d'un ton un plus chaud, est traversé sur une plus ou moins grande étendue par des raies longues et bien distinctes d'un rouge cramoisi fin.

Œil petit, exactement fermé, à divisions restant longtemps vertes, placé dans une cavité étroite, un peu profonde, divisée par ses bords en cinq côtes assez prononcées alternant avec des plis et se prolongeant quelquefois d'une manière assez sensible sur la hauteur du fruit. Tuyau du calice descendant en forme d'entonnoir très-finement aigu bien au-dessous de la première enveloppe du cœur dont la coupe est cordiforme-ovale.

Queue longue, un peu forte, attachée dans une cavité profonde, étroite dans son fond, évasée et un peu ondulée par ses bords.

Chair bien blanche, assez fine, un peu ferme, suffisante en eau douce, sucrée et relevée d'un parfum délicat et agréable.

ROSE DOUCE DE SOPHIE

(SOPHIENS SÜSSER ROSENAPFEL)

(N° 59)

Systematische Beschreibung der Kernobstsorten. DIEL.
Systematisches Handbuch der Obstkunde. DITTRICH.
Handbuch aller bekannten Obstsorten. BIEDENFELD.
Pomologische Notizen. OBERDIECK.

OBSERVATIONS. — Diel dit que cette variété est un semis de hasard né dans un creux de rocher, au milieu d'une vigne abandonnée, sur les bords de la rivière de Lahn, près de Dietz, duché de Nassau. Il la dédia à une personne qui lui était chère. Je l'ai reçue, il y a plus de vingt ans, de l'établissement d'Hohenheim. Sa végétation est tout à fait insuffisante sur paradis ; elle ne convient donc que pour le verger, en haute tige sur franc. Son rapport est des plus précoces et soutenu. Son fruit est seulement de seconde qualité.

DESCRIPTION.

Rameaux forts, unis dans leur contour, à peine coudés à leurs entre-nœuds courts, d'un brun rougeâtre très-intense et à peine voilé d'une mince pellicule ; lenticelles blanches, un peu larges, très-rares et bien apparentes.

Boutons à bois moyens ou assez gros, coniques-comprimés et émoussés, bien appliqués au rameau, soutenus sur des supports très-peu saillants dont les côtés et l'arête médiane ne se prolongent pas ; écailles entièrement recouvertes d'un duvet gris blanchâtre.

Pousses d'été d'un vert vif, de bonne heure colorées de rouge et peu duveteuses à leur sommet.

Feuilles des pousses d'été petites, ovales-elliptiques, se terminant brusquement en une pointe longue, un peu concaves et non arquées, bordées de dents peu larges, peu profondes, plusieurs fois surdentées et peu aiguës, soutenues horizontalement sur des pétioles de moyenne longueur, de moyenne force et peu redressés.

Stipules en alênes extraordinairement courtes et fines.

Boutons à fruit petits, conico-ovoïdes, bien obtus, presque sphériques ; écailles d'un marron rougeâtre foncé.

Fleurs petites ; pétales elliptiques, bien concaves, à onglet très-court, se recouvrant peu entre eux, tachés de rose tendre en dehors, très-légèrement lavés de la même couleur en dedans ; divisions du calice de moyenne longueur, finement aiguës et recourbées en dessous ; pédicelles de moyenne longueur, peu forts et duveteux.

Feuilles des productions fruitières petites, ovales un peu élargies, se terminant peu brusquement en une pointe assez courte, à peine concaves ou presque planes, bordées de dents un peu profondes et aiguës, soutenues horizontalement sur des pétioles de moyenne longueur, grêles et dressés.

Caractère saillant de l'arbre : teinte générale du feuillage d'un vert herbacé intense et mat ; toutes les feuilles bien régulières et presque exactement ovales, se présentant le plus souvent bien horizontalement et rarement froncées ou ondulées.

Fruit moyen, sphérico-cylindrique ou parfois un peu conique, déprimé à ses deux pôles, atteignant sa plus grande épaisseur à peu près au milieu de sa hauteur ; au-dessus et au-dessous de ce point, s'arrondissant par des courbes presque de la même longueur et presque également convexes soit du côté de la queue, soit du côté de l'œil.

Peau fine, mince, souple, d'abord d'un vert très-clair sur lequel il est difficile de reconnaître des points très-petits et très-rares. Une tache d'une rouille fine et de couleur fauve couvre la cavité de la queue et parfois s'étend sur la base du fruit. A la maturité, **commencement et courant d'hiver,** elle devient onctueuse et odorante, le vert fondamental passe au jaune pâle, et le côté du soleil se couvre d'un nuage de rouge sanguin traversé par des bandes distinctes d'un rouge cramoisi, qui s'étendent aussi sur les parties les moins éclairées et presque sur tout le contour du fruit, de telle manière que souvent une très-petite partie de la couleur fondamentale reste pure.

Œil petit, fermé, à divisions courtes, restant longtemps vertes et dressées, placé dans une cavité assez large, un peu profonde, plissée dans ses parois et divisée dans ses bords par des rudiments de côtes qui se prolongent d'une manière à peine sensible sur la hauteur du fruit. Tuyau du calice descendant par un tube large et cylindrique jusque dans l'intérieur du cœur dont la coupe est ovale-arrondie.

Queue courte, peu forte, enfoncée dans une cavité un peu profonde, bien étroite et presque régulière par ses bords.

Chair d'un blanc à peine teinté de jaune, fine, tendre, suffisante en eau douce, sucrée, légèrement parfumée.

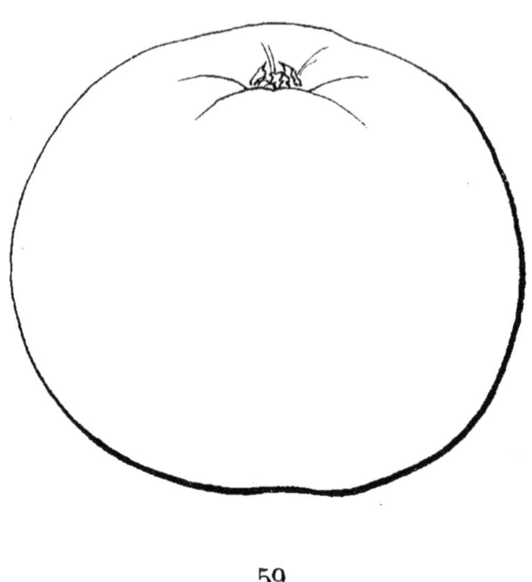

59

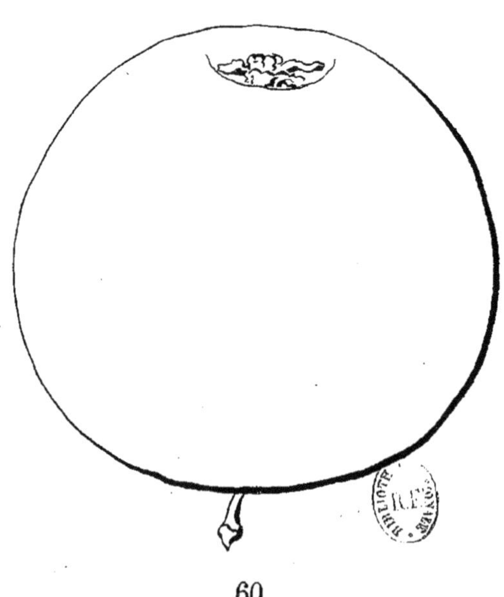

60

59\. ROSE DOUCE DE SOPHIE. 60. REINETTE DORÉE D'ÉTÉ.

Pei[illegible]

Imp. Protat frères, Mâcon.

REINETTE DORÉE D'ÉTÉ

(GOLDGELBE SOMMER REINETTE)

(N° 60)

Versuch einer Systematischen Beschreibung der Kernobstsorten. DIEL.
Systematisches Handbuch der Obstkunde. DITTRICH.
Handbuch aller bekannten Obstsorten. BIEDENFELD.
Illustrirtes Handbuch der Obstkunde. FLOTOW.
Pomologische Notizen. OBERDIECK.

OBSERVATIONS. — J'ai reçu cette variété aussi sous le nom de Reinette jaune hâtive. Elle n'est cependant pas la même que la Reinette jaune hâtive de Duhamel ; la description qu'il donne de son arbre ne peut se rapporter au nôtre. Van Mons, dans son Catalogue de 1823, mentionne aussi une Reinette jaune hâtive qui aurait été obtenue par lui ; elle ne saurait être aussi la Reinette dorée d'Eté des auteurs allemands, car Diel la décrivait déjà dès 1806 et non comme une variété nouvelle. Je n'ai pu jusqu'à présent retrouver la Reinette jaune hâtive de Duhamel et existe-t-elle encore ? — L'arbre est d'une végétation très-contenue sur paradis. Ses boutons à bois, très-peu disposés à prendre leur essor, le rendent peu propre aux formes régulières ; aussi sa haute tige sur franc forme-t-elle une tête très-dégarnie et presque sphérique. Elle est cependant d'une vigueur normale, rustique, d'un rapport précoce, seulement moyen, mais soutenu. Son fruit, de jolie apparence par sa belle couleur jaune, est assez agréable, lorsqu'il est consommé à temps, sinon sa chair s'amollit et perd son jus.

DESCRIPTION.

Rameaux de moyenne force, presque unis dans leur contour, presque droits, à entre-nœuds assez courts, d'un rouge sanguin vif non voilé d'une pellicule et couverts d'un duvet très-court ; lenticelles blanches, assez peu nombreuses, un peu saillantes et apparentes.

Boutons à bois moyens, coniques un peu allongés et peu aigus, appliqués au rameau, soutenus sur des supports un peu saillants dont l'arête médiane se prolonge très-obscurément; écailles jaunâtres et recouvertes d'un duvet blanchâtre et très-court.

Pousses d'été d'un vert très-clair et à peine duveteuses.

Feuilles des pousses d'été moyennes, ovales-elliptiques ou ovales-arrondies, se terminant brusquement en une pointe un peu longue et fine, concaves, bordées de dents assez fines, peu profondes, recourbées et un peu aiguës, bien soutenues sur des pétioles longs, un peu forts et redressés.

Stipules moyennes, lancéolées-étroites et souvent recourbées.

Boutons à fruit moyens, conico-ovoïdes, émoussés; écailles d'un brun jaunâtre bordé de brun plus foncé et recouvertes d'un duvet gris jaunâtre court et peu épais.

Fleurs moyennes ou à peine moyennes; pétales ovales-elliptiques, peu concaves, à onglet court, se recouvrant à peine entre eux, peu tachés de rose en dehors et à peine lavés de la même couleur en dedans; divisions du calice courtes, larges et recourbées en dessous par leur pointe finement aiguë; pédicelles assez courts, peu forts et un peu laineux.

Feuilles des productions fruitières obovales-allongées ou obovales-lancéolées, se terminant un peu brusquement en une pointe courte, peu repliées sur leur nervure médiane et non arquées, bordées de dents assez fines, peu profondes et peu aiguës, assez peu soutenues sur des pétioles assez courts, grêles et un peu souples.

Caractère saillant de l'arbre : teinte générale du feuillage d'un vert herbacé peu foncé et souvent vif; feuilles des productions fruitières souvent bien allongées et presque lancéolées; serrature de toutes les feuilles assez fine et peu profonde.

Fruit moyen, presque cylindrique, bien uni dans son contour, atteignant sa plus grande épaisseur un peu au-dessous du milieu de sa hauteur; au-dessus de ce point, s'atténuant à peine par une courbe peu convexe en une pointe courte, très-épaisse et très-largement tronquée à son sommet; au-dessous du même point, s'arrondissant par une courbe largement convexe jusque dans la cavité de la queue.

Peau fine, mince, souple, d'abord d'un vert très-pâle semé de taches nacrées qui deviennent ensuite un peu saillantes. Souvent on remarque quelques traces de rouille dans la cavité de la queue et rarement sur la surface du fruit. A la maturité, **automne**, le vert fondamental passe au jaune paille un peu mat et le côté du soleil est chaudement doré, ou dans certaines saisons se couvre d'un léger nuage de rouge rosat sur lequel les points d'un jaune terne sont cernés d'un peu de rouge foncé.

Œil grand, fermé ou presque fermé, à divisions restant longtemps vertes et réfléchies en dehors, placé dans une jolie cavité, peu large, peu profonde, tantôt unie, tantôt très-finement plissée dans ses parois et toujours bien régulière par ses bords. Tuyau du calice en forme d'entonnoir peu aigu, ne dépassant pas la première enveloppe du cœur dont la coupe ovale offre une très-petite étendue par rapport au volume du fruit.

Queue un peu longue, peu forte, bien ligneuse, attachée dans une cavité étroite, un peu profonde et bien régulière par ses bords.

Chair d'un blanc à peine teinté de jaune, fine, un peu ferme, suffisante en eau sucrée, relevée d'un léger parfum de cannelle, constituant un fruit d'assez bonne qualité.

PÉPIN STEIN

(N° 61)

Catalogue VAN MONS. 1823.
STEINS PEPPING. *Illustrirtes Handbuch der Obstkunde.* OBERDIECK.
Pomologische Notizen. OBERDIECK.
STEINS ROTHER WINTERPEPPING. *Systematische Beschreibung der Kernobstsorten.* DIEL.
Systematisches Handbuch der Obstkunde. DITTRICH.
PIPPIN STEIN. *Handbuch aller bekannten Obstsorten.* BIEDENFELD.

OBSERVATIONS. — Van Mons annonce dans son Catalogue qu'il fut l'obtenteur de cette variété, et le fait est confirmé par Diel qui ajoute que le célèbre pomologiste belge la dédia au jardinier Stein, de Paris. — L'arbre est d'une vigueur bien contenue sur paradis et, soumis à la taille, sa végétation semble mieux se plier à la forme de vase. Sa haute tige sur franc ne doit être cultivée que dans un verger en sol très-riche, sinon son fruit, trop petit, deviendrait de nulle valeur.

DESCRIPTION.

Rameaux d'une force à peine moyenne et bien soutenue jusqu'à leur sommet où ils sont même un peu épaissis, droits, anguleux dans leur contour, à entre-nœuds courts, d'un brun jaunâtre à l'ombre, un peu teinté de rougeâtre du côté du soleil et voilé d'une pellicule peu épaisse et souvent d'un duvet gris et court qui se répand sur presque toute leur longueur; lenticelles blanches, petites, peu nombreuses et un peu apparentes.

Boutons à bois petits, coniques-comprimés, peu aigus, bien appliqués au rameau, soutenus sur des supports saillants seulement par leur côté et qui ne se prolongent pas longuement; écailles d'un marron bien foncé.

Pousses d'été d'un vert clair, colorées de rouge et bien duveteuses à leur sommet.

Feuilles des pousses d'été moyennes, ovales-allongées, se terminant presque régulièrement en une longue pointe, plutôt convexes que concaves et arquées, bordées de dents très-inégales entre elles, bien couchées et émoussées, se recourbant sur des pétioles courts, forts et presque horizontaux.

Stipules courtes, lancéolées.

Boutons à fruit moyens, conico-ovoïdes, émoussés; écailles extérieures d'un marron terne ; écailles intérieures d'un marron foncé et en partie recouvert d'un duvet blanc et soyeux.

Fleurs assez petites; pétales ovales-allongés, étroits, planes, à onglet très-court, se touchant à peine entre eux, tachés de rose violet en dehors et un peu lavés de la même couleur en dedans; divisions du calice longues, larges et recourbées en dessous; pédicelles courts, grêles et peu duveteux.

Feuilles des productions fruitières plus petites que celles des pousses d'été, obovales-allongées et étroites, se terminant presque régulièrement en une pointe longue et recourbée, à peine repliées sur leur nervure médiane et largement ondulées, bordées de dents fines, peu profondes, bien couchées et un peu aiguës, soutenues presque horizontalement sur des pétioles bien courts, bien grêles et divergents.

Caractère saillant de l'arbre : teinte générale du feuillage d'un beau vert brillant; toutes les feuilles allongées et longuement acuminées ; serrature de toutes les feuilles bien couchée.

Fruit petit ou presque moyen, presque sphérique, plus ou moins déprimé à ses deux pôles, uni dans son contour, atteignant sa plus grande épaisseur à peu près au milieu de sa hauteur ; au-dessus et au-dessous de ce point, s'atténuant par des courbes presque de même longueur et presque également convexes, soit du côté de la queue, soit du côté de l'œil vers lequel il s'atténue cependant un peu plus.

Peau un peu ferme, d'abord d'un vert gai semé de points bruns, assez nombreux et apparents. Une tache d'une rouille brune et fine couvre la cavité de la queue. A la maturité, **commencement et courant d'hiver,** le vert fondamental passe au jaune citron clair, lavé du côté du soleil d'un joli rouge cramoisi traversé par des raies fines et peu distinctes de la même couleur plus foncée, s'étendant en un nuage de rouge jaunâtre sur les parties moins éclairées, et sur le rouge les points ne sont apparents que par leur auréole jaune.

Œil grand, fermé, à divisions longues et larges, placé dans une cavité très-peu profonde, bien évasée, finement plissée dans ses parois et sans que ces plis dépassent ses bords. Tuyau du calice descendant par un tube très-étroit, bien au-dessous de la première enveloppe du cœur dont la coupe est largement cordiforme.

Queue longue, un peu forte, enfoncée dans une cavité en forme d'entonnoir profond, bien évasé et dont elle dépasse bien les bords.

Chair jaunâtre, assez fine, un peu ferme, suffisante en eau sucrée, vineuse et parfumée, constituant un fruit de bonne qualité.

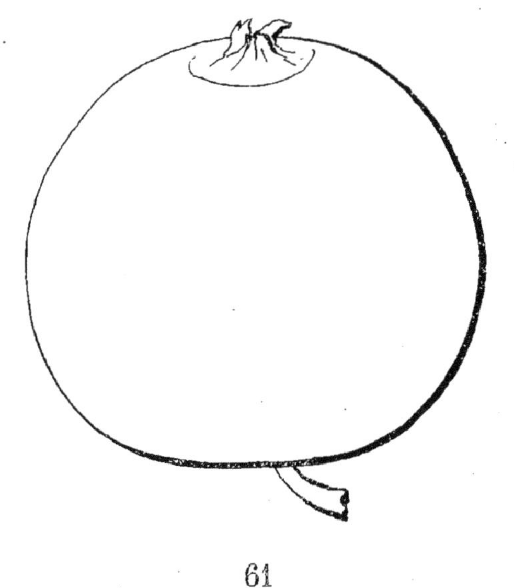

61

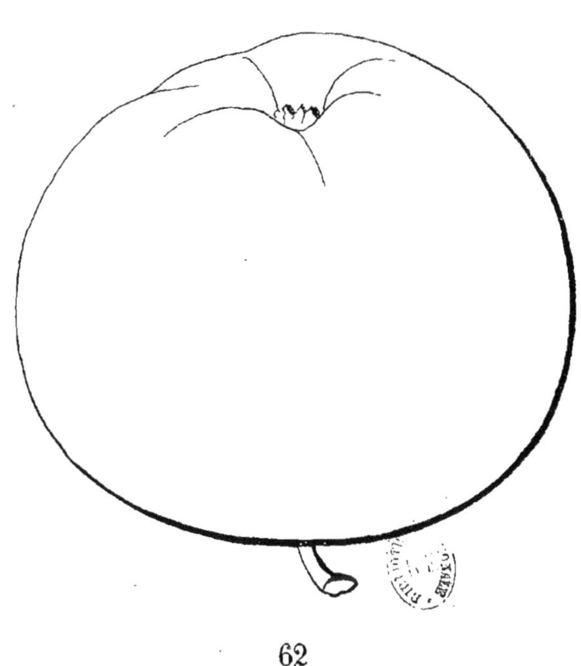

62

61. PÉPIN STEIN. 62. REINETTE SPILLING.

REINETTE SPILLINGS

(SPILLINGS REINETTE)

(N° 62)

Versuch einer Systematischen Beschreibung der Kernobstsorten. DIEL.
Handbuch aller bekannten Obstsorten. BIEDENFELD.

OBSERVATIONS. — Diel dit que cette variété fut probablement ainsi nommée à cause de sa couleur jaune semblable à celle de la Prune Spillings, Prune de Catalogne ou Jaune hâtive, mais il ne donne aucun renseignement sur son origine. — L'arbre, d'une vigueur normale sur paradis, s'accommode peu des formes régulières. Sa haute tige sur franc forme une tête sphérique-déprimée d'assez grande dimension. Sa fertilité est précoce, grande les années de rapport, mais sujette à l'alternat. Son fruit, de jolie apparence, est d'assez bonne qualité.

DESCRIPTION.

Rameaux de moyenne force, unis dans leur contour, un peu flexueux, à entre-nœuds longs, verts du côté de l'ombre, d'un rouge vineux non recouvert d'une pellicule du côté du soleil; lenticelles jaunâtres, larges, arrondies, assez nombreuses et apparentes.

Boutons à bois coniques, courts, épatés, obtus, bien appliqués au rameau, soutenus sur des supports très-peu saillants dont les côtés et l'arête médiane ne se prolongent pas; écailles entièrement recouvertes d'un duvet très-court.

Pousses d'été d'un vert un peu jaune, lavées de rouge rosat du côté du soleil et couvertes d'un duvet très-court et un peu épais.

Feuilles des pousses d'été assez grandes, elliptiques-élargies ou elliptiques-arrondies, se terminant brusquement en une pointe peu longue et large, très-largement repliées sur leur nervure médiane et à peine arquées, bordées de dents larges, profondes, recourbées et aiguës, bien soutenues sur des pétioles de moyenne longueur, de moyenne force et un peu redressés.

Stipules extraordinairement courtes et obtuses.

Boutons à fruit petits, coniques, courts, émoussés ; écailles extérieures d'un rouge très-foncé et glabres ; écailles intérieures à peine duveteuses.

Fleurs grandes ; pétales elliptiques, bien concaves, à onglet court, se recouvrant un peu entre eux, tachés de rose violet en dehors, un peu lavés de la même couleur en dedans ; divisions du calice assez courtes, étroites et recourbées en dessous ; pédicelles un peu longs, peu forts et peu duveteux.

Feuilles des productions fruitières moyennes, obovales un peu élargies, brusquement et courtement atténuées vers le pétiole, se terminant brusquement en une pointe très-courte, planes ou presque planes, bordées de dents assez peu profondes, couchées et peu aiguës, bien soutenues sur des pétioles courts, très-grêles, raides et redressés.

Caractère saillant de l'arbre : teinte générale du feuillage d'un vert pré peu foncé et peu brillant ; toutes les feuilles bien fermes sur leurs pétioles bien dressés et portés sur des rameaux bien raides.

Fruit moyen, sphérique-déprimé et largement tronqué à ses deux pôles, ordinairement déformé dans son contour par des côtes épaisses et aplanies, atteignant sa plus grande épaisseur à peu près au milieu de sa hauteur ; au-dessus et au-dessous de ce point, s'arrondissant par des courbes presque de même longueur et presque également convexes, soit du côté de la queue, soit du côté de l'œil vers lequel il s'atténue cependant un peu plus.

Peau mince, souple, d'abord d'un vert clair et gai semé de très-petits points à peine visibles et cernés de blanc nacré. Une tache d'une rouille brune et épaisse couvre la cavité de la queue. A la maturité, **courant et fin d'hiver,** le vert fondamental passe au jaune citron clair seulement doré du côté du soleil.

Œil petit, fermé, placé dans une cavité étroite, profonde, divisée dans ses parois et par ses bords en des côtes épaisses qui se prolongent plus ou moins sensiblement sur la hauteur du fruit. Tuyau du calice en forme d'entonnoir large et descendant jusque dans la cavité du cœur dont la coupe cordiforme offre une étendue proportionnée au volume du fruit.

Queue de moyenne longueur, peu forte, attachée dans une cavité large, profonde et le plus souvent régulière.

Chair blanche ou à peine teintée de jaune, bien fine, un peu tendre, abondante en jus sucré, acidulé et délicatement parfumé.

FORGE

(N° 63)

The Apple and its Varieties. ROBERT HOGG.
The Fruits and the fruit-trees of America. DOWNING.

OBSERVATIONS. — Robert Hogg explique ainsi l'origine de cette variété : « Je suis surpris que cette belle pomme, étant aussi répandue et aussi populaire dans le district où elle est née, ait échappé jusqu'à présent à l'attention des pomologistes. Dans les contrées nord-ouest du comté de Sussex et dans les parties adjacentes du comté de Surrey, elle est cultivée dans de grandes proportions et il est rare de ne pas la rencontrer dans tous les jardins des moindres chaumières dont les propriétaires connaissent son nom aussi bien que le leur. Ce nom représente pour eux la qualification de la pomme la plus précieuse, et quoique ce jugement soit un peu exagéré, par rapport aux autres variétés cultivées dans les mêmes localités, cependant la Forge est une pomme avantageuse et d'une grande valeur pour le cultivateur, par sa fertilité, par la qualité de son fruit bon pour la table et la cuisine, et qui produit aussi un cidre excellent. On dit qu'elle est née dans le jardin d'un forgeron près de Grinstead, dans le comté de Sussex. » — Je puis ajouter, pour confirmer l'éloge de cette variété, que l'arbre est d'une bonne vigueur, d'une végétation bien équilibrée, se prêtant bien aux formes régulières, et dès lors convenant aussi bien au jardin fruitier qu'au verger. Son fruit est de première qualité.

DESCRIPTION.

Rameaux forts, un peu anguleux dans leur contour, droits, à entre-nœuds courts, d'un brun rougeâtre presque entièrement voilé par une pellicule recouverte d'un duvet grisâtre, peu abondant et hérissé ; lenticelles blanchâtres, très-petites et très-rares.

Boutons à bois moyens, coniques, courts, bien obtus, aplatis et appliqués au rameau, soutenus sur des supports très-peu saillants dont l'arête médiane se prolonge assez distinctement ; écailles entièrement recouvertes d'un duvet gris blanchâtre.

Pousses d'été d'un vert décidé, couvertes d'un duvet court, peu serré et hérissé.

Feuilles des pousses d'été moyennes, ovales-élargies, se terminant brusquement en une pointe large et longue, un peu concaves et souvent largement ondulées dans leur contour, bordées de dents larges, irrégulières, un peu profondes et obtuses, se recourbant sur des pétioles courts, forts et peu redressés.

Stipules de moyenne longueur, lancéolées et un peu recourbées.

Boutons à fruit petits, ovoïdes, courts et un peu aigus; écailles extérieures d'un brun terne; écailles intérieures bien duveteuses.

Fleurs assez grandes; pétales bien élargis, arrondis à leur sommet, tachés de rose violacé en dehors et lavés de la même couleur en dedans; divisions du calice de moyenne longueur et un peu recourbées en dessous; pédicelles courts, grêles et laineux.

Feuilles des productions fruitières moins amples que celles des pousses d'été, obovales-allongées ou obovales un peu élargies, se terminant brusquement en une pointe un peu longue et étroite, presque planes et parfois très-largement ondulées, bordées de dents fines, très-peu profondes, bien couchées et émoussées, soutenues à peu près horizontalement sur des pétioles courts, grêles et un peu redressés.

Caractère saillant de l'arbre : teinte générale du feuillage d'un vert pré peu foncé; feuilles des pousses d'été bien épaisses et fermes, tandis que celles des productions fruitières sont au contraire minces et molles.

Fruit moyen ou presque moyen, sphérico-conique ou sphérico-cylindrique, à peine déformé dans son contour par des côtes très-obscures, atteignant sa plus grande épaisseur au-dessous du milieu de sa hauteur; au-dessus de ce point, s'atténuant souvent peu par une courbe largement convexe en une pointe peu longue, épaisse et un peu tronquée à son sommet; au-dessous du même point, s'arrondissant par une courbe plus convexe pour ensuite s'aplatir un peu autour de la cavité de la queue.

Peau assez mince et un peu ferme, d'abord d'un vert clair sur lequel on remarque quelques points bruns très-rares. La cavité de la queue est couverte d'une tache de rouille qui s'étale en étoile jusque sur ses bords. A la maturité, **fin d'automne et commencement d'hiver**, le vert fondamental passe au jaune doré, recouvert sur une grande partie de son étendue d'un rouge sanguin sablé de jaune et traversé par des raies d'un rouge cerise vif souvent bien distinctes.

Œil grand, fermé, à divisions longues, larges, recourbées en dehors et restant longtemps vertes, placé dans une cavité étroite, peu profonde, du fond de laquelle naissent des rudiments de côtes qui se prolongent d'une manière très-peu sensible sur la hauteur du fruit. Tuyau du calice en entonnoir très-court, large et bien obtus, ne dépassant pas la première enveloppe du cœur dont la coupe est largement cordiforme.

Queue très-courte, très-forte, attachée dans une cavité étroite, peu profonde, régulière et unie par ses bords.

Chair jaunâtre, fine, tendre, suffisante en jus sucré, relevé d'un parfum rafraîchissant des plus agréables.

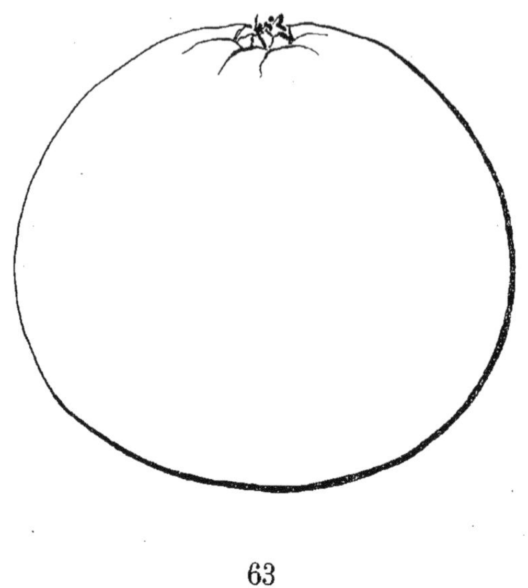

63

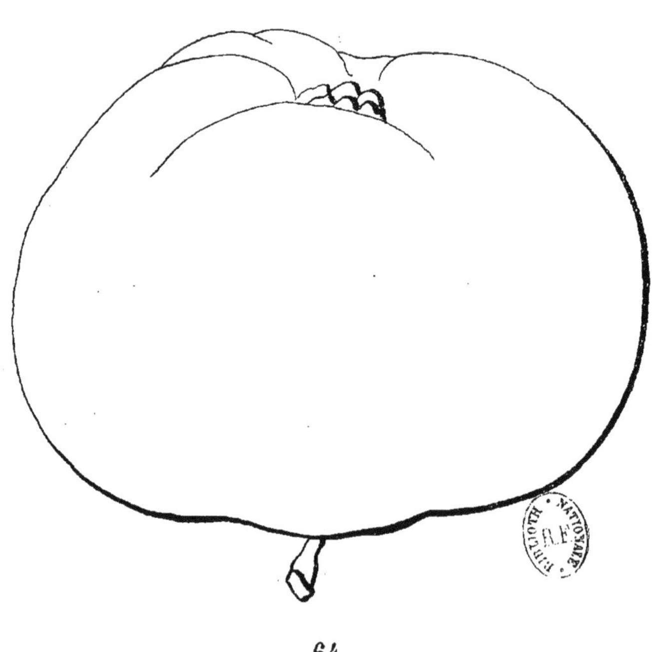

64

63. FORGE. 64. VERTE DU COMTÉ D'YORK.

, Del.

Imp. Protat frères, Mâcon.

VERTE DU COMTÉ D'YORK

(YORKSHIRE GREENING)

(N° 64)

A Guide to the Orchard. LINDLEY.
The Apple and its Varieties. ROBERT HOGG.
Handbuch aller bekannten Obstsorten. BIEDENFELD.
GRÜNLING VON YORKSHIRE. *Systematisches Handbuch der Obstkunde.* DITTRICH.
Illustrirtes Handbuch der Obstkunde. OBERDIECK.
Pomologische Notizen. OBERDIECK.

OBSERVATIONS. — Cette ancienne variété est d'origine anglaise. — L'arbre, d'une bonne vigueur, peut suffire aux grandes formes même sur paradis. Sa véritable destination est la haute tige sur franc dans le grand verger, où il mérite une place pour sa rusticité et sa fertilité constante. Son fruit, d'un beau volume, d'assez longue conservation, convient bien aux usages de la cuisine, et jouit d'une faveur méritée dans son pays natal.

DESCRIPTION.

Rameaux de moyenne force, presque unis dans leur contour, à entre-nœuds un peu inégaux entre eux, d'un brun rougeâtre intense; lenticelles blanchâtres, larges, arrondies, rares et apparentes.

Boutons à bois très-petits, courts, épatés, obtus, bien appliqués au rameau, soutenus sur des supports peu saillants dont les côtés et l'arête médiane se prolongent très-obscurément; écailles entièrement recouvertes d'un duvet gris.

Pousses d'été d'un vert d'eau, lavées de rouge violet du côté du soleil et couvertes d'un duvet long et laineux.

Feuilles des pousses d'été moyennes, presque exactement arrondies, se terminant brusquement en une pointe courte, un peu concaves, bordées de dents très-larges, émoussées, soutenues bien horizontalement sur des pétioles assez courts, forts et peu redressés.

Stipules assez courtes, lancéolées et souvent recourbées en croissant.

Boutons à fruit assez gros, conico-ellipsoïdes et obtus ; écailles d'un rouge intense et entièrement recouvertes d'un duvet cotonneux court et épais.

Fleurs grandes; pétales très-élargis, concaves, largement arrondis à leur sommet, se recouvrant bien entre eux, tachés d'un rose violacé vif en dehors et lavés de la même couleur en dedans ; divisions du calice longues, très-larges, étalées ou peu recourbées en dessous; pédicelles courts, bien forts et laineux.

Feuilles des productions fruitières plus grandes que celles des pousses d'été, les unes presque arrondies, les autres plus allongées, maintenant leur largeur sur toute leur longueur pour se terminer ensuite très-brusquement en une pointe extraordinairement courte, soutenues horizontalement sur des pétioles courts, assez forts et peu redressés.

Caractère saillant de l'arbre : teinte générale du feuillage d'un vert bleu intense; fruit remarquable pendant l'été par ses divisions calicinales formant bien le bouquet.

Fruit gros, sphérico-conique, déprimé à ses deux pôles et plus ou moins anguleux dans son contour, atteignant sa plus grande épaisseur plus ou moins au-dessous du milieu de sa hauteur; au-dessus de ce point, s'atténuant par une courbe largement convexe en une pointe courte, très-épaisse et très-largement tronquée ; au-dessous du même point, s'arrondissant brusquement et par une courbe bien convexe jusque dans la cavité de la queue.

Peau mince et cependant un peu résistante, d'abord d'un beau vert bien décidé sur lequel il n'est pas facile de reconnaître des points. On ne remarque ordinairement aucune trace de rouille sur sa surface. A la maturité, **courant d'hiver**, le vert fondamental passe au vert jaunâtre ou même au jaune verdâtre sur les parties mieux éclairées, tandis que les parties à l'ombre restent souvent entièrement vertes, et le côté du soleil est lavé d'un rouge brun jaunâtre traversé par des raies larges et courtes d'un rouge sanguin sombre.

Œil fermé, à divisions larges, cotonneuses, restant vertes et appliquées les unes aux autres, placé dans une cavité large, peu profonde, dont les bords se divisent en cinq côtes assez saillantes mais émoussées qui se prolongent sur la hauteur du fruit. Tuyau du calice descendant par un tube cylindrique, large et profond jusqu'à la cavité du cœur dont la coupe cordiforme bien déprimée offre une grande étendue.

Queue courte, forte, cotonneuse, insérée dans une cavité large, assez peu profonde et dont les bords sont divisés par le prolongement des côtes.

Chair d'un blanc verdâtre, fine, tendre, abondante en eau légèrement sucrée, vineuse, acidulée, constituant un fruit à cuire d'assez bonne qualité.

PEPIN DE FARLEIGH

(FARLEIGH PIPPIN)

(N° 65)

A Guide to the Orchard. LINDLEY.
The Apple and its Varieties. ROBERT HOGG.
The Fruits and the fruit-trees of America. DOWNING.

OBSERVATIONS. — Lindley constate que cette variété est originaire de Farleigh, dans le comté de Kent. — L'arbre est vigoureux aussi bien sur paradis que sur franc, et s'accommode assez bien des formes régulières, surtout de celle de pyramide. Sa haute tige forme une tête élevée et compacte, d'une fertilité précoce et soutenue. Son fruit est joli et de première qualité.

DESCRIPTION.

Rameaux peu forts, unis dans leur contour, à entre-nœuds courts, de couleur rougeâtre foncé et à peine voilée d'une pellicule mince ; lenticelles blanches, petites, rares et peu apparentes.

Boutons à bois très-petits, courts, un peu renflés sur le dos et obtus, plus ou moins appliqués au rameau, soutenus sur des supports peu saillants dont l'arête médiane ne se prolonge pas ; écailles presque glabres.

Pousses d'été d'un vert clair, à peine lavées de rouge à leur sommet et à peine duveteuses.

Feuilles des pousses d'été grandes, ovales-elliptiques et allongées, se terminant peu brusquement en une pointe peu longue, un peu concaves, souvent ondulées dans leur contour, bordées de dents un peu profondes, obtuses ou émoussées, soutenues horizontalement sur des pétioles longs, grêles et un peu flexibles.

Stipules en forme d'alênes courtes et fines.

Boutons à fruit petits, conico-ellipsoïdes, obtus ; écailles extérieures d'un rouge vif bordé de brun ; écailles intérieures couvertes d'un duvet grisâtre et court.

Fleurs petites ; pétales ovales-elliptiques, concaves, à onglet extraordinairement court, se recouvrant bien entre eux, lavés de rose vif en dehors et plus légèrement en dedans ; divisions du calice courtes et peu recourbées en dessous ; pédicelles courts, un peu forts et cotonneux.

Feuilles des productions fruitières moyennes, ovales-elliptiques et allongées, se terminant peu brusquement en une pointe peu longue, à peine concaves, souvent ondulées dans leur contour, bordées de dents peu profondes, couchées et obtuses, soutenues horizontalement sur des pétioles assez courts, grêles et redressés.

Caractère saillant de l'arbre : teinte générale du feuillage d'un vert pré peu foncé ; toutes les feuilles plus ou moins allongées ; tous les pétioles grêles.

Fruit moyen, sphérico-ovoïde, un peu déformé dans son contour par des côtes aplanies, atteignant sa plus grande épaisseur bien au-dessous du milieu de sa hauteur ; au-dessus de ce point, s'atténuant par une courbe largement convexe en une pointe courte, bien atténuée et bien obtuse à son sommet ; au-dessous du même point, s'arrondissant par une courbe bien convexe jusque dans la cavité de la queue.

Peau un peu ferme, d'abord d'un vert vif semé de points d'un gris brun, extraordinairement petits, très-nombreux et très-peu apparents. Une tache d'une rouille brune et fine s'étale en étoile dans la cavité de la queue. A la maturité, **courant et fin d'hiver**, le vert fondamental passe au jaune clair, conserve toute sa vivacité sur le sommet du fruit et dans la cavité de l'œil, et le côté du soleil est largement lavé d'un rouge sanguin intense traversé par des raies peu distinctes de la même couleur encore plus foncée, et sur ce rouge apparaissent sans être très-visibles une multitude de petits points d'un jaune doré.

Œil moyen, fermé, à divisions dressées en bouquet, placé dans une cavité plus ou moins profonde, divisée dans ses parois et par ses bords en des côtes plus ou moins prononcées. Tuyau du calice en forme d'entonnoir large et obtus, dépassant à peine la première enveloppe du cœur dont la coupe cordiforme n'est pas tout à fait proportionnée au volume du fruit.

Queue courte, un peu forte, attachée dans une cavité étroite, assez peu profonde et un peu irrégulière par ses bords.

Chair jaune, fine, tassée, ferme, suffisante en jus richement sucré, vineux et relevé d'un parfum excitant.

65

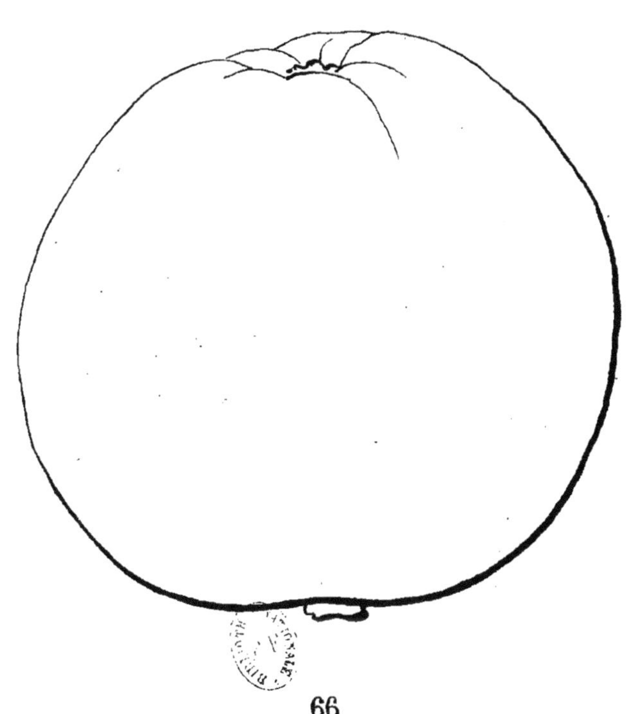

66

65. PEPIN DE FARLEIGH. 66. PEPIN BELLE-FLEUR.

PEPIN A FLEUR EN CLOCHE

(BELLFLOWER PIPPIN)

(N° 66)

The Fruits and the fruit-trees of America. DOWNING.
American Pomology. JOHN WARDER.

OBSERVATIONS. — D'après Downing, cette variété fut obtenue par M. Joseph Curtis, du comté d'Edgard, Etat de l'Illinois. — L'arbre, d'une vigueur normale sur paradis, se prête assez facilement aux formes régulières. Sa haute tige sur franc forme une tête à branches pendantes, d'un rapport précoce et soutenu. Son fruit est de bonne qualité.

DESCRIPTION.

Rameaux peu forts, un peu anguleux dans leur contour, à entre-nœuds longs et très-inégaux entre eux, d'un brun verdâtre un peu voilé d'une pellicule d'apparence métallique ; lenticelles petites, allongées, fines, assez nombreuses et peu apparentes.

Boutons à bois petits, coniques un peu allongés et un peu aigus, appliqués au rameau, soutenus sur des supports un peu saillants dont les côtés et surtout l'arête médiane se prolongent finement ; écailles rouges et à peine duveteuses.

Pousses d'été d'un vert clair et à peine duveteuses.

Feuilles des pousses d'été moyennes, ovales-elliptiques, se terminant presque régulièrement en une pointe peu longue, concaves et non arquées, bordées de dents fines, peu profondes, obtuses ou émoussées, bien soutenues sur des pétioles longs, assez grêles, raides et bien redressés.

Stipules très-courtes, lancéolées et parfois un peu recourbées.

Boutons à fruit petits, conico-ovoïdes, maigres et aigus; écailles d'un marron clair largement bordé de marron très-foncé et maculé de gris blanchâtre.

Fleurs moyennes; pétales ovales-elliptiques, presque planes, à onglet très-court, se recouvrant peu entre eux, à peine tachés de rose violet en dehors, blancs en dedans; divisions du calice de moyenne longueur, fines et presque annulaires; pédicelles de moyenne longueur, un peu forts et peu duveteux.

Feuilles des productions fruitières plus grandes que celles des pousses d'été, ovales ou ovales-elliptiques, plus ou moins allongées, les unes un peu larges, les autres étroites, courtement et brusquement atténuées vers le pétiole, se terminant régulièrement en une pointe courte et souvent contournée, très-peu repliées sur leur nervure médiane, largement ondulées dans leur contour, les premières bordées de dents fines, peu profondes et aiguës, les secondes bordées de dents larges, profondes, recourbées et aiguës, toutes irrégulièrement soutenues sur des pétioles longs, un peu forts, raides et bien divergents.

Caractère saillant de l'arbre : teinte générale du feuillage d'un vert herbacé intense et vif; feuilles des productions fruitières bien plus allongées que celles des pousses d'été, quelques-unes presque lancéolées.

Fruit gros, conique-ventru, un peu déformé dans son contour par des côtes plus ou moins aplanies, atteignant sa plus grande épaisseur bien au-dessous du milieu de sa hauteur; au-dessus de ce point, s'atténuant par une courbe peu convexe en une pointe peu longue, plus ou moins épaisse et tronquée à son sommet; au-dessous du même point, s'arrondissant par une courbe bien convexe jusque dans la cavité de la queue.

Peau fine, mince, unie, d'abord d'un vert très-clair semé, par places, de petits points bruns qui manquent sur de grandes surfaces. On remarque ordinairement un peu de rouille verdâtre dans la cavité de la queue. A la maturité, **automne et commencement d'hiver,** le vert fondamental passe au jaune paille clair et brillant et le côté du soleil, légèrement doré, se lave aussi quelquefois, sur les fruits bien exposés, d'un rouge fin, bien fondu, qui se condense en auréole autour des points qui sont alors plus larges et grisâtres.

Œil petit, fermé, à divisions courtes et fines, placé dans une cavité étroite, peu profonde, divisée par ses bords en des rudiments de côtes ou des plis un peu prononcés qui se prolongent plus ou moins sensiblement sur la hauteur du fruit. Tuyau du calice brusquement rétréci en un tube étroit, allongé et aigu, descendant bien au-dessous de la première enveloppe du cœur dont la coupe est cordiforme un peu élevée.

Queue courte, forte, attachée dans une cavité assez profonde, un peu évasée, ordinairement régulière par ses bords et dans laquelle elle est parfois repoussée de côté par une bosse charnue.

Chair d'un jaune clair, assez fine, demi-ferme, un peu croquante, abondante en jus bien sucré, relevé d'un léger acide et d'un parfum rafraîchissant.

HOOVER

(N° 67)

The Fruits and the fruit-trees of America. Downing.
The American fruit Culturist. Thomas.
American Pomology. John Warder.
Dictionnaire de Pomologie. André Leroy.

Observations.— Downing dit que cette variété est originaire de la Caroline du Sud, qu'elle fut obtenue par M. Hoover, d'Edisto, et qu'elle est très-répandue et très-estimée partout où elle est cultivée. — L'arbre, d'une bonne végétation sur paradis, se prête aux formes régulières. Sa haute tige sur franc forme une tête d'une grande étendue. Son fruit, de bonne qualité, convient très-bien au marché par sa jolie apparence.

DESCRIPTION.

Rameaux peu forts, anguleux dans leur contour, à entre-nœuds courts et rougeâtres ; lenticelles blanches, petites, assez nombreuses et un peu apparentes.

Boutons à bois petits, un peu renflés sur le dos, un peu aigus, appliqués au rameau, soutenus sur des supports saillants dont l'arête médiane se prolonge assez distinctement; écailles d'un rouge foncé et un peu duveteuses.

Pousses d'été d'un vert décidé et peu duveteuses.

Feuilles des pousses d'été moyennes, ovales-allongées, se terminant peu brusquement en une pointe bien aiguë, peu repliées sur leur nervure médiane, très-sensiblement ondulées dans leur contour, bordées de dents profondes et bien aiguës, soutenues horizontalement sur des pétioles longs, forts et presque horizontaux.

Stipules en alênes courtes et fines.

Boutons à fruit petits, conico-ovoïdes, un peu aigus; écailles d'un rouge foncé et couvertes d'un duvet très-court.

Fleurs grandes; pétales elliptiques, remarquablement étroits et allongés, tachés de rose vif en dehors et bien lavés de la même couleur en dedans; divisions du calice de moyenne longueur, finement aiguës et peu recourbées en dessous; pédicelles longs, peu forts, bien colorés et peu duveteux.

Feuilles des productions fruitières très-inégales entre elles, moyennes ou très-petites, courtes ou allongées, le plus souvent sensiblement atténuées vers le pétiole et se terminant peu brusquement en une pointe courte, un peu repliées sur leur nervure médiane et largement ondulées dans leur contour, bordées de dents assez profondes et aiguës, assez peu soutenues sur des pétioles de moyenne longueur, très-grêles et un peu flexibles.

Caractère saillant de l'arbre : teinte générale du feuillage d'un vert gai; serrature de toutes les feuilles profonde et vivement acérée; toutes les feuilles plus ou moins ondulées.

Fruit moyen ou assez gros, sphérique-déprimé à ses deux pôles, ordinairement uni dans son contour, atteignant sa plus grande épaisseur à peu près au milieu de sa hauteur; au-dessus et au-dessous de ce point, s'arrondissant par des courbes presque de même longueur et presque également convexes, soit du côté de la cavité de la queue, soit du côté de celle de l'œil vers laquelle il s'atténue cependant un peu plus.

Peau un peu ferme dont on n'aperçoit ordinairement qu'une très-petite étendue de la couleur fondamentale et le plus souvent seulement dans la cavité de l'œil, car elle est presque entièrement recouverte d'un rouge cramoisi des plus intenses et semé d'une manière vraiment caractéristique de points d'un gris blanchâtre, plus petits et très-serrés autour de la cavité de l'œil, bien plus larges et plus espacés à mesure qu'ils se rapprochent de la cavité de la queue. A la maturité, **automne,** toutes les nuances de sa surface deviennent plus vives.

Œil grand, fermé ou demi-fermé, à divisions un peu laineuses, réfléchies en dedans et un peu recourbées en dehors, placé dans une cavité un peu large, peu profonde, plissée dans ses parois et ces plis ne se prolongent pas au-delà de ses bords. Tuyau du calice en forme d'entonnoir bien aigu, descendant au-delà de la première enveloppe du cœur dont la coupe est presque elliptique.

Queue longue, un peu forte, bien ligneuse, d'un beau brun brillant, attachée dans une cavité un peu profonde, bien étroite dans son fond, un peu évasée et régulièrement arrondie par ses bords.

Chair d'un blanc un peu jaunâtre, demi-fine, ferme, croquante, abondante en jus sucré, vineux et relevé.

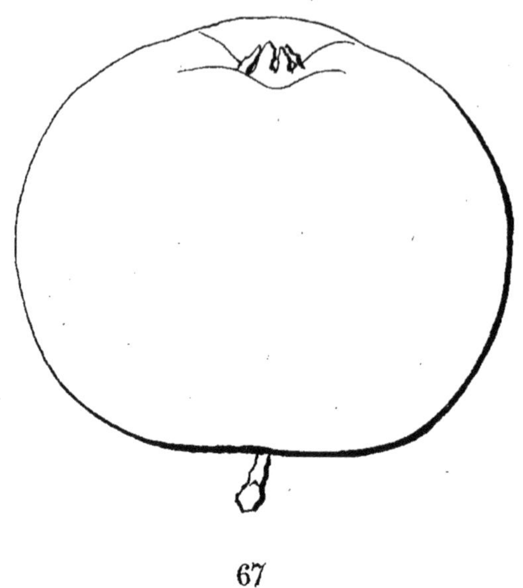

67

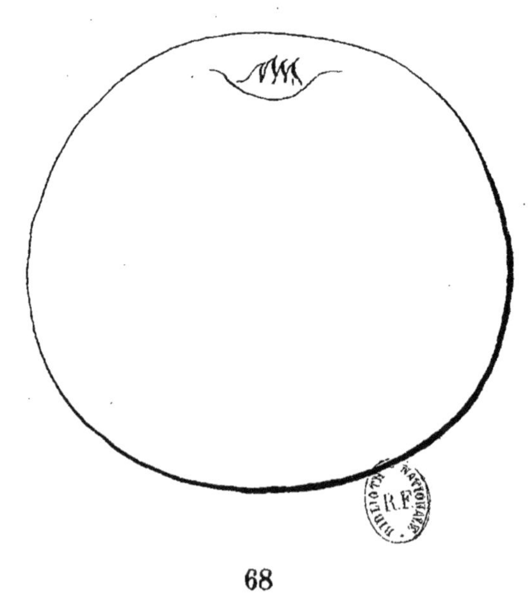

68

67. HOOVER. 68. DOUCE DE PRIEST.

ıgeon, ⁻ ·

Imp. Protat frères, Mâcon.

DOUCE DE PRIEST

(PRIEST'S SWEET)

(N° 68)

The Fruits and the fruit-trees of America. DOWNING.
The American fruit Culturist. THOMAS.
American Pomology. JOHN WARDER.

OBSERVATIONS. — Cette variété est originaire de Leominster, dans l'Etat de Massachussets. — L'arbre, peu vigoureux sur paradis, ne se prête pas facilement aux formes régulières. Sa haute tige sur franc forme une tête seulement de moyenne dimension et sa fertilité est précoce et soutenue. Son fruit est de longue et facile conservation.

DESCRIPTION.

Rameaux assez forts, obscurément anguleux dans leur contour, à entre-nœuds courts, jaunâtres du côté de l'ombre, teintés de brun rougeâtre du côté du soleil et non recouverts d'une pellicule; lenticelles blanches, peu larges, arrondies, assez nombreuses et apparentes.

Boutons à bois moyens, coniques, un peu aigus, appliqués au rameau, soutenus sur des supports un peu saillants dont les côtés et l'arête médiane se prolongent distinctement; écailles d'un rouge vif et peu duveteuses.

Pousses d'été d'un vert d'eau, lavées de rouge à leur sommet et couvertes d'un duvet très-court et peu serré.

Feuilles des pousses d'été moyennes, ovales-elliptiques, se terminant brusquement en une pointe longue et large, largement creusées en gouttière et à peine arquées, bordées de dents un peu profondes, un peu recourbées et plus ou moins aiguës, bien soutenues sur des pétioles de moyenne longueur, forts, raides et redressés.

Stipules en alênes courtes, fines et caduques.

Boutons à fruit moyens, conico-ovoïdes, un peu maigres et un peu aigus ; écailles d'un jaune rougeâtre et presque glabres.

Fleurs petites ; pétales exactement ovales, peu concaves, à onglet court, se recouvrant peu entre eux, tachés de rose violet en dehors et lavés de la même couleur en dedans; divisions du calice longues et recourbées en dessous; pédicelles courts, peu forts et duveteux.

Feuilles des productions fruitières moyennes, ovales-elliptiques, un peu allongées et peu larges, se terminant peu brusquement en une pointe un peu longue et un peu large, largement creusées en gouttière et arquées, bordées de dents peu profondes, bien couchées et assez aiguës, bien soutenues sur des pétioles de moyenne longueur, de moyenne force, raides et redressés.

Caractère saillant de l'arbre : teinte générale du feuillage d'un vert herbacé intense et un peu brillant; toutes les feuilles longuement acuminées et largement creusées en gouttière.

Fruit moyen, presque sphérique, un peu déprimé et un peu tronqué à ses deux pôles, uni dans son contour, atteignant sa plus grande épaisseur à peu près au milieu de sa hauteur; au-dessus et au-dessous de ce point, s'arrondissant par des courbes presque de même longueur et presque également convexes, soit du côté de la queue, soit du côté de l'œil vers lequel il s'atténue un peu plus.

Peau un peu épaisse et un peu ferme, d'abord d'un vert décidé semé de petites taches nacrées nombreuses et non de véritables points. Une rouille d'un brun verdâtre couvre la cavité de la queue et ne s'étend pas au-delà de ses bords. A la maturité, **fin d'hiver,** le vert fondamental passe au jaune citron conservant parfois un ton un peu verdâtre et surtout dans la cavité de l'œil, et ordinairement on n'en n'aperçoit qu'une très-petite étendue, car il est presque entièrement recouvert d'un rouge sanguin intense traversé par des raies de la même couleur plus foncée, qui ne deviennent bien distinctes que sur les parties moins éclairées, et sur ce rouge apparaissent des points d'un gris blanchâtre ou jaunâtre, petits, nombreux, serrés et bien régulièrement espacés.

Œil petit, fermé, à divisions courtes, fines et recourbées en dehors, placé dans une cavité étroite, peu profonde et ordinairement régulière dans ses parois et par ses bords. Tuyau du calice en entonnoir court et aigu, ne dépassant pas la première enveloppe du cœur dont la coupe est cordiforme-elliptique.

Queue assez courte, grêle, attachée dans une cavité un peu profonde, étroite dans son fond, un peu évasée et régulière par ses bords.

Chair un peu jaunâtre ou verdâtre, fine, serrée, devenant tendre à l'entière maturité, peu abondante en jus bien sucré, un peu parfumé, constituant un fruit d'assez bonne qualité.

DILLINGHAM

(N° 69)

The Fruits and the fruit-trees of America. Downing.
The American fruit Culturist. Thomas.
American Pomology. John Warder.

Observations. — D'après Downing, cette variété aurait été obtenue par M. D. C. Richmond, de Sandusky, Etat de l'Ohio. — L'arbre, de vigueur moyenne, se prête facilement aux formes régulières. Sa fertilité est extraordinaire, et son fruit, excellent surtout pour les usages du ménage, manque de volume et d'apparence pour être recommandé à la culture de spéculation.

DESCRIPTION.

Rameaux de moyenne force, à peine anguleux dans leur contour, droits, à entre-nœuds courts, rougeâtres et à peine voilés par places d'une pellicule très-mince; lenticelles blanchâtres, arrondies, peu larges, assez nombreuses et cependant largement espacées.

Boutons à bois moyens, bien renflés sur le dos, émoussés, appliqués ou presque appliqués au rameau, soutenus sur des supports un peu saillants dont l'arête médiane se prolonge finement; écailles rouges et presque glabres.

Pousses d'été d'un vert clair et vif, peu duveteuses.

Feuilles des pousses d'été assez grandes, ovales-élargies et se terminant un peu brusquement en une pointe peu longue et large, repliées sur leur nervure médiane ou creusées en gouttière et arquées, très-largement ondulées dans leur contour, bordées de dents un peu larges, un peu profondes, bien recourbées et aiguës, bien soutenues sur des pétioles de moyenne longueur, de moyenne force et redressés.

Stipules courtes, lancéolées, un peu élargies.

Boutons à fruit moyens, conico-ovoïdes, aigus; écailles d'un brun rouge vif, brillant et bordé de brun.

Fleurs moyennes; pétales exactement elliptiques, concaves, tachés de rose violacé en dehors, un peu lavés de la même couleur en dedans, à onglet court, se touchant un peu entre eux; divisions du calice longues, larges, réfléchies en dessous; pédicelles courts, un peu grêles et un peu duveteux.

Feuilles des productions fruitières moins amples que celles des pousses d'été, obovales un peu allongées, se terminant un peu brusquement en une pointe courte, un peu repliées sur leur nervure médiane et ordinairement contournées sur toute leur longueur, bordées de dents peu profondes, couchées, tantôt obtuses, tantôt un peu aiguës, bien soutenues sur des pétioles de moyenne longueur, de moyenne force et bien dressés.

Caractère saillant de l'arbre : teinte générale du feuillage d'un beau vert bleu et luisant; aspect d'un vert blanchâtre des fruits depuis qu'ils sont assurés jusqu'à leur maturité.

Fruit moyen, sphérico-conique, ordinairement uni dans son contour, atteignant sa plus grande épaisseur peu au-dessous du milieu de sa hauteur; au-dessus de ce point, s'atténuant par une courbe largement convexe en une pointe peu longue, épaisse et largement tronquée à son sommet; au-dessous du même point, s'arrondissant par une courbe largement convexe jusque dans la cavité de la queue.

Peau un peu épaisse et cependant souple, d'abord d'un vert jaune recouvert d'une sorte de fleur d'un blanc verdâtre, semé de petits points gris cernés de blanc, un peu saillants, nombreux et bien régulièrement espacés. Souvent la cavité de la queue n'est pas rouillée. A la maturité, **courant et fin d'hiver,** le vert fondamental devient à peine plus jaune et, sur le côté du soleil un peu doré, les points sont plus saillants, plus apparents et prennent parfois une teinte rougeâtre.

Œil grand, fermé, placé dans une cavité large, un peu profonde, sillonnée dans ses parois par des plis qui se prolongent à peine jusque sur ses bords. Tuyau du calice descendant par un tube large et cylindrique jusque dans la cavité du cœur dont la coupe est cordiforme très-déprimée, presque elliptique.

Queue un peu longue, un peu forte, insérée dans une cavité étroite, peu profonde et régulière par ses bords.

Chair un peu verdâtre, fine, un peu ferme, peu abondante en jus richement sucré et parfumé à la manière de celui de certaines Reinettes grises.

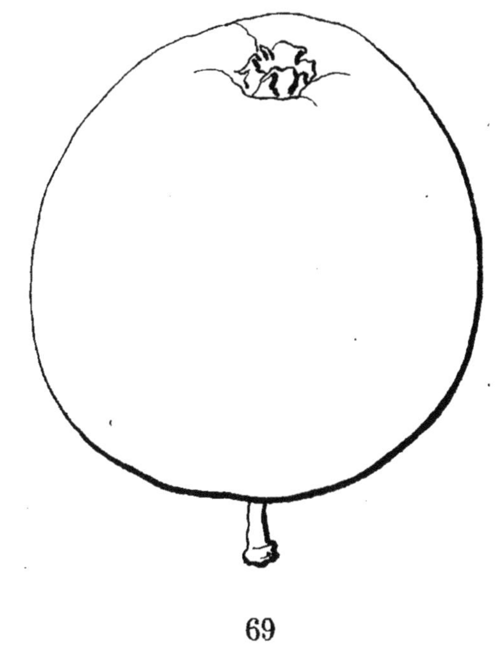

69

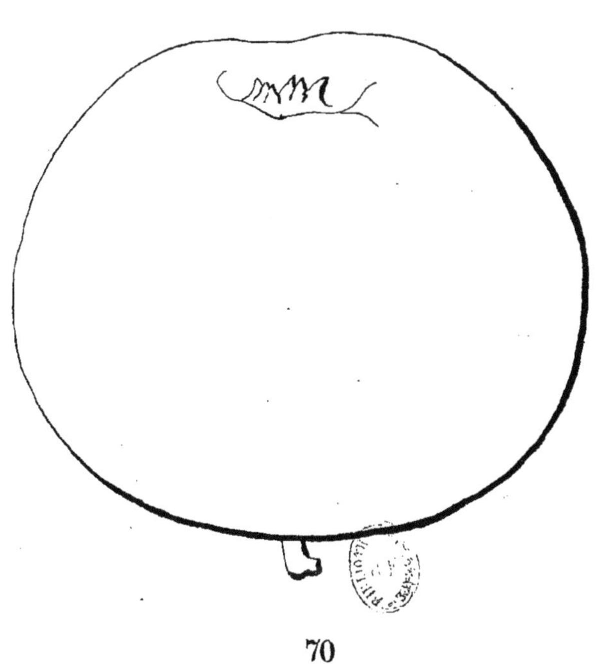

70

69. DILLINGHAM. 70. CONGRÈS.

CONGRÈS

(CONGRESS)

(N° 70)

The Fruits and the fruit-trees of America. DOWNING.

OBSERVATIONS. — Downing, après avoir donné à cette variété pour synonymes les noms de Jackson Apple, Tyler Apple, dit qu'elle fut anciennement obtenue dans l'Etat de Massachussets. — L'arbre, d'une bonne végétation sur paradis, est propre aux formes régulières et son bois fort, se garnissant facilement de bonnes productions fruitières, le dispose surtout à celle de fuseau. Très-vigoureux sur franc, il forme une tête de grande dimension, large, élevée et bien feuillue. Sa fertilité est précoce et grande. Son fruit est seulement propre aux usages du ménage.

DESCRIPTION.

Rameaux assez forts, courts, un peu épaissis à leur sommet, un peu anguleux dans leur contour, droits, à entre-nœuds un peu longs, d'un brun verdâtre à l'ombre et rougeâtres du côté du soleil ; lenticelles petites, très-nombreuses et peu apparentes.

Boutons à bois moyens, coniques, un peu allongés et un peu aigus, appliqués au rameau, soutenus sur des supports un peu saillants dont l'arête médiane se prolonge assez distinctement ; écailles d'un rouge foncé et presque glabres.

Pousses d'été d'un vert vif, un peu lavées de rouge à leur sommet et peu duveteuses.

Feuilles des pousses d'été moyennes, presque exactement elliptiques, se terminant brusquement en une pointe longue et finement aiguë, bien concaves et non arquées, bordées de dents larges, profondes et peu aiguës, bien soutenues sur des pétioles de moyenne longueur, peu forts, raides et redressés.

Stipules courtes, lancéolées, peu aiguës.

Boutons à fruit extraordinairement gros, conico-ovoïdes, émoussés; écailles extérieures d'un brun foncé et glabres; écailles intérieures recouvertes d'un duvet long, grisâtre et parfois d'un gris fauve.

Fleurs moyennes ou presque grandes; pétales ovales, presque planes, à onglet long, écartés entre eux, à peine lavés de rose en dehors et en dedans; divisions du calice de moyenne longueur, étroites et annulaires; pédicelles assez courts, un peu forts et à peine duveteux.

Feuilles des productions fruitières plus grandes que celles des pousses d'été, ovales bien allongées et peu larges, repliées sur leur nervure médiane et non arquées, bordées de dents assez peu profondes, couchées et émoussées, assez bien soutenues sur des pétioles longs, grêles et cependant fermes.

Caractère saillant de l'arbre : teinte générale du feuillage d'un vert bleu intense et brillant; feuilles des productions fruitières remarquablement allongées et peu larges; toutes les feuilles bien repliées sur leur nervure médiane ou creusées en gouttière.

Fruit gros, sphérico-conique, tantôt presque uni dans son contour, tantôt un peu déformé par des côtes très-épaisses et très-aplanies, atteignant sa plus grande épaisseur au-dessous du milieu de sa hauteur; au-dessus de ce point, s'atténuant plus ou moins promptement par une courbe peu convexe en une pointe courte, épaisse et peu largement tronquée à son sommet; au-dessous du même point, s'arrondissant par une courbe bien convexe jusque dans la cavité de l'œil.

Peau un peu ferme, d'abord d'un vert décidé semé de points d'un gris brun, petits et très-irrégulièrement espacés. La cavité de la queue est tantôt lisse, tantôt un peu rouillée. A la maturité, **commencement et courant d'hiver,** elle devient très-onctueuse et odorante, le vert fondamental s'éclaircit un peu en jaune et le côté du soleil, sur une large étendue, est lavé d'un rouge sanguin sombre, traversé par des raies d'un rouge plus foncé, et sur ce rouge ressortent peu de très-petits points jaunâtres.

Œil moyen, bien fermé, à divisions un peu laineuses, un peu dressées et recourbées en dehors, placé dans une cavité étroite, peu profonde, plissée dans ses parois et divisée par ses bords en des côtes très-peu prononcées qui parfois se prolongent, mais toujours très-obscurément, sur la hauteur du fruit. Tuyau du calice descendant par un tube conique et assez large presque dans la cavité du cœur dont la coupe ovale-elliptique offre une étendue peu proportionnée au volume du fruit.

Queue courte, forte, souvent un peu charnue, attachée dans une cavité peu profonde, un peu évasée, tantôt unie, tantôt un peu ondulée par ses bords.

Chair d'un blanc verdâtre, assez fine, très-ferme, abondante en jus sucré, vineux, un peu relevé, mais sans parfum appréciable.

GABRIEL

(N° 71)

The Fruits and the fruit-trees of America. DOWNING.
The American fruit Culturist. THOMAS.
American Pomology. JOHN WARDER.

OBSERVATIONS. — Cette variété, d'origine américaine, est soupçonnée avoir été produite dans le sud des Etats du Nord, mais sans que l'on connaisse exactement le lieu de sa naissance. Warder lui donne les deux synonymes : Ladies Blush et Garden of Indiana. — L'arbre, de vigueur moyenne, n'atteint pas de grandes dimensions ; ses branches grêles et pendantes deviennent bientôt très-productives, et son fruit, de très-jolie apparence, est d'assez bonne qualité pour être recommandé pour le marché.

DESCRIPTION.

Rameaux peu forts, un peu anguleux dans leur contour, droits, à entre-nœuds assez courts et inégaux entre eux, d'un brun rougeâtre foncé et à peine voilé par places d'une pellicule très-mince ; lenticelles blanches, petites, assez nombreuses et un peu apparentes.

Boutons à bois petits, courts, épatés, largement obtus, appliqués au rameau, soutenus sur des supports un peu saillants seulement par leurs bords et dont l'arête médiane et les côtés se prolongent quelquefois et peu distinctement ; écailles d'un rouge très-foncé et ombré de gris.

Pousses d'été d'un vert d'eau peu foncé, colorées de rouge et peu duveteuses à leur sommet,

Feuilles des pousses d'été moyennes ou petites, ovales-arrondies, se terminant brusquement en une pointe longue et large, bien creusées en gouttière et non arquées, bordées de dents assez fines, assez peu profondes et bien aiguës, bien soutenues sur des pétioles de moyenne longueur, peu forts et redressés.

Stipules extraordinairement courtes, fines et très-caduques.

Boutons à fruit petits, conico-ellipsoïdes, obtus ; écailles noirâtres.

Fleurs petites ; pétales elliptiques, presque planes, à onglet très-court, se recouvrant un peu entre eux, presque blancs en dehors et blancs en dedans ; divisions du calice courtes, fines et peu recourbées en dessous ; pédicelles de moyenne longueur, de moyenne force et peu duveteux.

Feuilles des productions fruitières petites, ovales-elliptiques ou obovales un peu allongées, se terminant peu brusquement en un pointe très-courte et fine, un peu concaves, bordées de dents fines, un peu profondes et finement aiguës, bien soutenues sur des pétioles très-courts, très-grêles et bien redressés.

Caractère saillant de l'arbre : teinte générale du feuillage d'un vert bleu clair et vif ; toutes les feuilles plutôt petites et garnies d'une serrature fine et bien acérée ; tous les pétioles grêles.

Fruit moyen, sphérico-conique, quelquefois déprimé et toujours tronqué à ses deux pôles, ordinairement uni dans son contour, atteignant sa plus grande épaisseur au-dessous du milieu de sa hauteur ; au-dessus de ce point, s'atténuant par une courbe largement convexe en une pointe plus ou moins courte, épaisse et tronquée ; au-dessous du même point, s'arrondissant brusquement par une courbe bien convexe jusque dans la cavité de la queue.

Peau mince et cependant un peu ferme, d'abord d'un vert très-clair et blanchâtre semé de très-petits points très-rares et souvent remplacés par de petites taches nacrées. On remarque une rouille fine et souvent un peu verdâtre dans la cavité de la queue. A la maturité, **commencement d'hiver**, le vert fondamental passe au jaune citron doré et le côté du soleil, sur une large étendue, se couvre d'un nuage d'un joli rouge cerise traversé par des raies fines et souvent peu distinctes du même rouge plus foncé, et sur ce rouge apparaissent bien de larges points d'un jaune clair, souvent aussi ce rouge s'étend sur presque tout le contour du fruit et on aperçoit très-peu la couleur fondamentale.

Œil petit, fermé, placé dans une cavité peu profonde, divisée dans ses parois et dans ses bords par des plis qui rarement se prolongent et d'une manière très-peu distincte sur la hauteur du fruit. Tuyau du calice descendant par un tube large et très-obtus un peu au-dessous de la première enveloppe du cœur dont la coupe presque ovale offre peu d'étendue pour le volume du fruit.

Queue de moyenne longueur, bien grêle, souvent colorée de rouge, attachée dans une cavité étroite, peu profonde et dont les bords sont bien réguliers.

Chair jaunâtre, fine, un peu tendre, suffisante en jus sucré et délicatement parfumé.

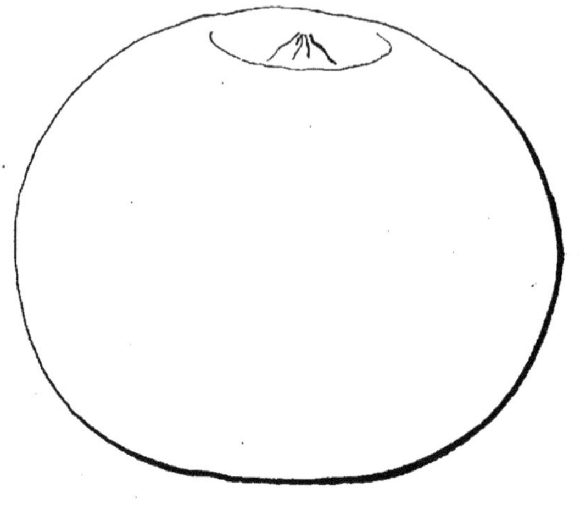

71

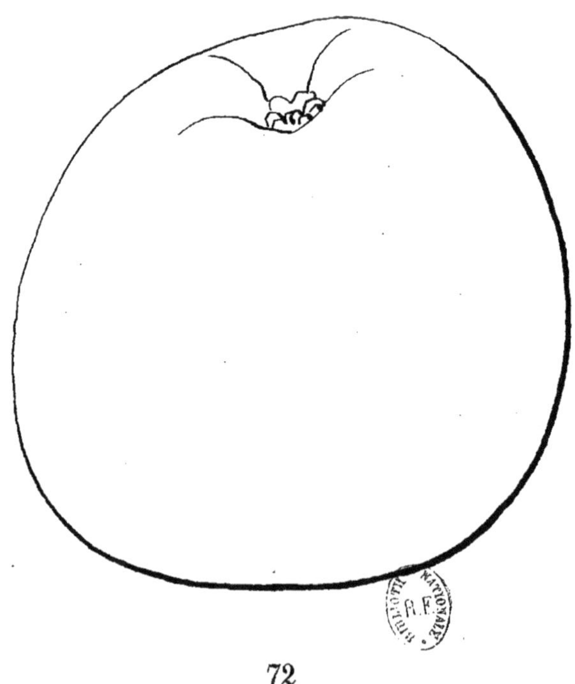

72

71. GABRIEL. 72. EUSTIS.

Imp. Protat frères, Mâcon

EUSTIS

(N° 72)

The Fruits and the fruit-trees of America. DOWNING.
BEN. *American Pomology.* JOHN WARDER.

OBSERVATIONS. — Cette variété est originaire du comté d'Essex, Etat de Massachussets. — L'arbre, de vigueur normale sur paradis, s'accommode des formes régulières, mais une taille courte est nécessaire pour assurer la bonne distribution de ses productions fruitières. Sa fertilité est précoce et bonne. Son fruit, de bonne qualité, offre les plus grands rapports de ressemblance avec la Pearmain d'automne.

DESCRIPTION.

Rameaux de moyenne force, un peu anguleux dans leur contour, presque droits, à entre-nœuds de moyenne longueur, d'un rouge vineux intense et brillant non recouvert d'une pellicule ; lenticelles blanches, nombreuses, petites et peu apparentes.

Boutons à bois très-petits, courts, obtus, aplatis et bien appliqués au rameau, soutenus sur des supports un peu saillants dont les côtés et l'arête médiane se prolongent assez distinctement ; écailles entièrement recouvertes d'un duvet blanc et extraordinairement court.

Pousses d'été d'un vert clair et peu duveteuses.

Feuilles des pousses d'été moyennes, ovales-elliptiques, se terminant un peu brusquement en une pointe longue et étroite, un peu concaves et non arquées, bordées de dents bien profondes, profondément surdentées et bien aiguës, bien soutenues sur des pétioles de moyenne longueur, assez grêles et redressés.

Stipules en forme d'alênes très-courtes et très-fines.

Boutons à fruit moyens, conico-ovoïdes, courts, épais et courtement aigus ; écailles d'un rouge foncé et brillant.

Fleurs moyennes ; pétales ovales-elliptiques et un peu allongés, peu concaves ou même convexes, à onglet court, se recouvrant à peine entre eux, à peine lavés de rose tendre en dehors et en dedans ; divisions du calice de moyenne longueur, bien fines et recourbées en dessous ; pédicelles de moyenne longueur, très-grêles et à peine duveteux.

Feuilles des productions fruitières moyennes, ovales-elliptiques, allongées et peu larges, se terminant peu brusquement en une pointe peu longue et fine, planes ou presque planes, ondulées dans leur contour, bordées de dents fines, assez profondes, couchées et finement aiguës, assez bien soutenues sur des pétioles un peu longs, très-grêles et divergents.

Caractère saillant de l'arbre : teinte générale du feuillage d'un vert herbacé peu foncé et peu brillant ; toutes les feuilles tendant à la forme elliptique et plus ou moins allongées, garnies d'une serrature formée de dents fines et remarquablement aiguës ; tous les pétioles plus ou moins grêles.

Fruit gros, sphérico-conique ou cylindrico-conique, paraissant un peu plus haut que large, un peu déformé dans son contour par trois ou quatre côtes épaisses et émoussées, atteignant sa plus grande épaisseur près de sa base ; au-dessus de ce point, s'atténuant peu par une courbe à peine convexe en une pointe plus ou moins longue, très-épaisse et très-largement tronquée à son sommet ; au-dessous du même point, s'arrondissant par une courbe bien convexe pour s'aplatir ensuite un peu autour de la cavité de la queue.

Peau un peu ferme, d'abord d'un vert clair semé de points bruns, très-petits, manquant sur certaines places et se concentrant sur d'autres, surtout vers la cavité de l'œil. Une tache d'une rouille fauve couvre la cavité de la queue. A la maturité, **courant d'hiver,** le vert fondamental passe au beau jaune clair et brillant et le côté du soleil se couvre d'un nuage de rouge traversé par des raies longues et distinctes d'un rouge cerise, et sur ce rouge ressortent des points nombreux ou de petites taches d'un jaune clair.

Œil grand, demi-ouvert, à divisions fines et recourbées en dehors, placé dans une cavité assez large, un peu profonde et divisée par ses bords en des rudiments de côtes très-aplanies et qui se prolongent sur la hauteur du fruit. Tuyau du calice en entonnoir court ne dépassant pas la première enveloppe du cœur dont la coupe est largement cordiforme.

Queue courte, un peu forte, souvent attachée à une excroissance charnue remplissant presque entièrement la cavité peu profonde et évasée dans laquelle elle est engagée.

Chair jaunâtre, demi-fine, suffisante en eau douce, sucrée, assez agréablement parfumée.

PEPIN D'HORLIN

(HORLINS PEPPING)

(N° 73)

Illustrirtes Handbuch der Obstkunde. Lucas.
Pomologische Notizen. Oberdieck.

Observations. — D'après Lucas, cette variété aurait été obtenue il y a environ vingt-cinq ans par le curé Horlin, de Sindringen, dans le Wurtemberg ; il lui avait d'abord donné le nom de Horlins Winter pepping. — L'arbre, d'une vigueur bien contenue sur paradis, ne peut suffire qu'à de petites formes sur ce sujet, et s'accommode surtout de celles appliquées à un treillage sur lesquelles son fruit améliore son volume. Sa haute tige sur franc forme une tête de petite dimension, à branches érigées et un peu compacte. Son fruit, de première qualité, est de longue et facile conservation.

DESCRIPTION.

Rameaux grêles, finement anguleux dans leur contour, droits, à entre-nœuds courts, rougeâtres et bien voilés du côté du soleil d'une pellicule plombée et épaisse.

Boutons à bois petits, coniques, courts, renflés sur le dos, peu aigus, appliqués au rameau, soutenus sur des supports peu saillants dont les côtés et l'arête médiane se prolongent un peu distinctement ; écailles d'un rouge foncé et un peu couvertes d'un duvet gris sombre.

Pousses d'été d'un vert clair, couvertes d'un duvet gris, épais et serré.

Feuilles des pousses d'été très-petites, ovales, se terminant brusquement en une pointe un peu longue, bien creusées en gouttière et à peine arquées, bordées de dents très-peu profondes, peu appréciables, bien soutenues sur des pétioles courts, grêles et bien redressés.

Stipules très-courtes, lancéolées bien élargies.

Boutons à fruit moyens, exactement ovoïdes, aigus; écailles d'un marron foncé bordé de marron noirâtre, ombrées de gris blanchâtre et glabres.

Fleurs petites; pétales elliptiques-élargis, un peu concaves, à onglet court, se touchant entre eux; divisions du calice de moyenne longueur, un peu larges, plus ou moins recourbées en dessous; pédicelles très-courts, très-grêles et un peu soyeux.

Feuilles des productions fruitières petites, ovales, un peu sensiblement atténuées vers le pétiole, se terminant peu brusquement en une pointe très-courte, peu concaves, bordées de dents très-peu profondes, à peine appréciables, bien dressées sur des pétioles courts, grêles et raides.

Caractère saillant de l'arbre : toutes les feuilles remarquablement petites et garnies d'une serrature peu appréciable; aspect général de raideur de tous les organes de l'arbre.

Fruit petit, sphérique bien déprimé à ses deux pôles, parfois à peine déformé dans son contour par des élévations très-larges et très-aplanies, atteignant sa plus grande épaisseur un peu au-dessous du milieu de sa hauteur; au-dessus de ce point, s'arrondissant par une courbe largement convexe jusque dans la cavité de l'œil; au-dessous du même point, s'arrondissant par une courbe plus convexe jusque dans la cavité de la queue.

Peau fine, mince, d'abord d'un vert très-clair semé de quelques points bruns, très-rares et très-irrégulièrement espacés. Une rouille fine, d'un gris brun rayonne en étoile dans la cavité de la queue et se concentre en petits traits circulaires autour de la cavité de l'œil. A la maturité, **fin d'hiver et printemps,** le vert fondamental passe au jaune clair et vif, et le côté du soleil se couvre d'un nuage de rouge sanguin moucheté de petites taches arrondies de la même couleur plus foncée et entre lesquelles on entrevoit la couleur fondamentale.

Œil petit, demi-fermé ou parfois entièrement fermé, placé dans une cavité assez large, profonde, finement plissée dans ses parois et divisée par ses bords en des côtes très-obtuses qui ne se continuent pas toujours d'une manière appréciable sur la hauteur du fruit. Tuyau du calice descendant par un tube un peu large et un peu obtus, un peu au-dessous de la première enveloppe du cœur dont la coupe, presque régulièrement cordiforme, offre assez peu d'étendue par rapport au volume du fruit.

Queue tantôt un peu longue et grêle, tantôt courte et un peu forte, attachée dans une cavité large, profonde, évasée et un peu irrégulière par ses bords.

Chair d'un blanc très-légèrement teinté de jaune, fine, tassée, assez ferme, un peu croquante, suffisante en jus doux, sucré, presque sans aucune acidité et agréablement parfumé.

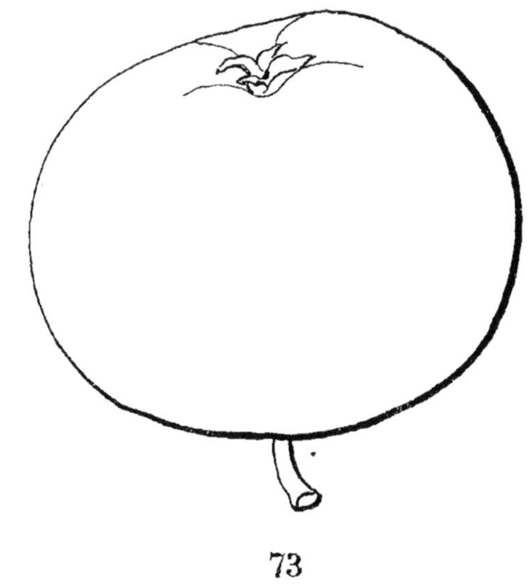

73

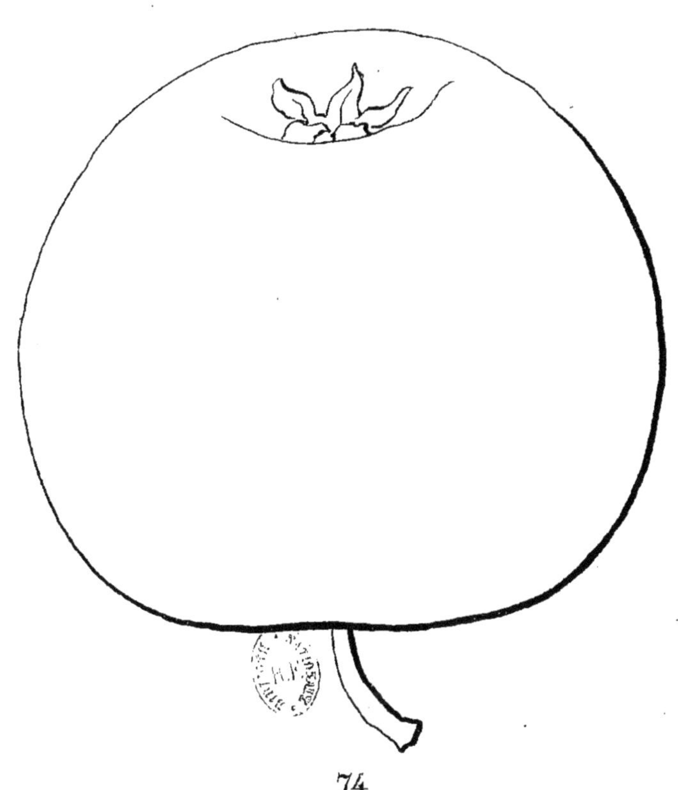

74

73. PEPIN D'HORLIN. 74. PEPIN D'AUTOMNE.

Mâc

PEPIN D'AUTOMNE

(FALL PIPPIN)

(N° 74)

The Fruits and the fruit-trees of America. DOWNING.
American Pomology. JOHN WARDER.
AMERICAN FALL PIPPIN. *The Apple and its Varieties.* ROBERT HOGG.

OBSERVATIONS. — Cette variété, d'origine américaine, ne doit pas être confondue avec le Fall pippin des anciens pomologistes anglais, qui n'est autre que la Reinette blanche d'Espagne ou Pepin de Hollande. Son fruit, de meilleure qualité, est aussi différent par son apparence extérieure et surtout par le ton général de sa peau. Downing lui donne les synonymes de York pippin, Pund pippin, Episcopal, Philadelphia pippin. — L'arbre, de bonne végétation sur paradis et se garnissant bien de bonnes productions fruitières, est très-propre aux formes régulières. D'après les Américains, sa haute tige sur franc est extraordinairement vigoureuse et forme une tête d'une grande étendue et peu compacte. Son rapport un peu tardif est seulement moyen. Son fruit convient bien au marché par son volume et sa bonne apparence ; il est de première qualité.

DESCRIPTION.

Rameaux de moyenne force, un peu anguleux dans leur contour, droits, à entre-nœuds assez courts, bruns du côté de l'ombre et d'un brun rougeâtre voilé d'une pellicule d'apparence métallique du côté du soleil.

Boutons à bois moyens, coniques-allongés, renflés sur le dos, un peu aigus, appliqués au rameau, soutenus sur des supports un peu saillants dont l'arête médiane se prolonge assez distinctement; écailles brunes et glabres.

Pousses d'été d'un vert vif et peu duveteuses.

Feuilles des pousses d'été grandes, ovales bien élargies, souvent échancrées vers le pétiole et se terminant un peu brusquement en une pointe longue et étroite, largement creusées en gouttière et non arquées, bordées de dents très-profondes, surdentées et finement aiguës, bien soutenues sur des pétioles de moyenne longueur, de moyenne force et redressés.

Stipules de moyenne longueur, recourbées en croissant.

Boutons à fruit moyens, conico-ovoïdes, un peu maigres et finement aigus ; écailles d'un marron rougeâtre et glabres.

Fleurs grandes ; pétales ovales-élargis, presque planes, à onglet très-court, se recouvrant bien entre eux, lavés de rose tendre en dehors et en dedans ; divisions du calice de moyenne longueur et annulaires ; pédicelles longs, un peu forts et un peu duveteux.

Feuilles des productions fruitières moins grandes que celles des pousses d'été, les unes ovales-elliptiques et allongées, les autres ovales-arrondies, se terminant un peu brusquement en une pointe un peu longue, bien creusées en gouttière, non arquées et ondulées dans leur contour, bordées de dents profondes et très-finement aiguës, bien soutenues sur des pétioles courts, grêles et redressés.

Caractère saillant de l'arbre : teinte générale du feuillage d'un vert pré peu foncé et mat ; toutes les feuilles plus ou moins amples et garnies d'une serrature formée de dents remarquablement profondes et très-finement aiguës, d'une manière vraiment caractéristique.

Fruit gros, sphérico-cylindrique, largement tronqué à ses deux pôles, ordinairement uni dans son contour, atteignant sa plus grande épaisseur très-peu au-dessous du milieu de sa hauteur ; au-dessus de ce point, s'atténuant très-peu par une courbe à peine convexe en une pointe courte, très-épaisse et très-largement tronquée à son sommet ; au-dessous du même point, s'arrondissant par une courbe largement convexe jusque dans la cavité de la queue.

Peau assez mince et fine, d'abord d'un vert décidé semé de points bruns, assez larges, assez peu nombreux, largement espacés et apparents. Une tache d'une rouille brune s'étend quelquefois dans la cavité de la queue. A la maturité, **automne**, le vert fondamental passe au jaune intense, doré sur les parties les mieux éclairées et lavé sur les parties les plus directement exposées d'un rouge feu sur lequel ressortent un peu des points jaunes et nombreux.

Œil grand, ouvert, à divisions courtes, finement aiguës et recourbées en dedans, placé dans une cavité en forme de godet large, profond, bien régulier, à peine ou non plissé dans ses parois, uni ou rarement et très-largement ondulé par ses bords. Tuyau du calice en entonnoir large et largement obtus, dépassant à peine la première enveloppe du cœur dont la coupe cordiforme offre peu d'étendue par rapport au volume du fruit.

Queue longue, peu forte, attachée dans une cavité peu profonde, évasée et bien régulière.

Chair blanche, fine, un peu tassée et cependant tendre, suffisante en jus sucré, relevé, agréablement parfumé.

AGRÉABLE DE CAPRON

(CAPRON'S PLEASANT)

(N° 75)

The Fruits and the fruit-trees of America. DOWNING.
American Pomology. JOHN WARDER.

OBSERVATIONS. — Les auteurs américains n'indiquent pas l'origine de cette variété. — L'arbre, d'une végétation contenue sur paradis, ne peut être maintenu sous une forme régulière qu'avec l'aide d'une taille courte. Sa fertilité est précoce et bonne. Son fruit est d'assez bonne qualité.

DESCRIPTION.

Rameaux assez peu forts, anguleux dans leur contour, bien droits, à entre-nœuds assez courts, jaunâtres et un peu voilés d'une pellicule du côté du soleil ; lenticelles blanches, petites, rares et apparentes.

Boutons à bois très-petits, très-courts, bien obtus, appliqués au rameau, soutenus sur des supports peu saillants dont les côtés et l'arête médiane se prolongent distinctement ; écailles entièrement recouvertes d'un duvet blanc et épais.

Pousses d'été d'un vert très-clair, couvertes d'un duvet très-court et peu épais.

Feuilles des pousses d'été assez grandes, ovales-arrondies ou ovales bien élargies, échancrées vers le pétiole, se terminant brusquement en une pointe longue, concaves et à peine arquées, bordées de dents larges, profondes et aiguës, soutenues horizontalement sur des pétioles de moyenne longueur, forts et un peu redressés.

Stipules de moyenne longueur, en forme d'alênes très-fines.

Boutons à fruit moyens, ovoïdes un peu allongés et un peu aigus; écailles extérieures verdâtres, bordées de brun et glabres; écailles intérieures vertes et à peine duveteuses.

Fleurs presque moyennes; pétales ovales-elliptiques, concaves, à onglet peu long, se recouvrant entre eux, un peu tachés de rose violet en dehors, à peine lavés de la même couleur en dedans; divisions du calice de moyenne longueur, larges et annulaires; pédicelles courts, forts et peu cotonneux.

Feuilles des productions fruitières moins grandes, moins larges que celles des pousses d'été, ovales-elliptiques, se terminant brusquement en une pointe courte ou peu longue, presque planes et un peu recourbées en dessous seulement par leur pointe, bordées de dents fines ou un peu larges, un peu profondes, couchées et aiguës, bien soutenues sur des pétioles assez courts, grêles et raides.

Caractère saillant de l'arbre : teinte générale du feuillage d'un vert pré vif; feuilles des pousses d'été remarquablement élargies et longuement acuminées; pétioles des feuilles des productions fruitières remarquablement grêles.

Fruit moyen, presque sphérique, bien déprimé à ses deux pôles, parfois un peu déformé dans son contour par des côtes très-aplanies, atteignant sa plus grande épaisseur à peu près au milieu de sa hauteur; au-dessus et au-dessous de ce point, s'arrondissant par des courbes presque de même longueur et presque également convexes, soit du côté de la queue, soit du côté de l'œil vers lequel il s'atténue un peu plus.

Peau un peu ferme, d'abord d'un vert pâle sur lequel on remarque avec peine quelques points gris, épais, très-rares et peu apparents. Une rouille brune rayonne en étoile dans la cavité de la queue. A la maturité, **octobre**, le vert fondamental passe au jaune paille, et le côté du soleil un peu doré est parfois lavé, sur les fruits bien exposés, d'un léger nuage de rouge brun.

Œil fermé, à divisions cotonneuses, placé dans une cavité étroite, peu profonde, un peu évasée et divisée dans ses bords par des plis alternant avec des côtes émoussées qui ne se prolongent pas toujours ou très-obscurément sur la hauteur du fruit. Tuyau du calice en entonnoir assez aigu, dépassant la première enveloppe du cœur dont la coupe est largement cordiforme.

Queue courte, un peu forte, attachée dans une cavité peu profonde, étroite, parfois un peu évasée et ordinairement plissée par ses bords.

Chair d'un jaune clair, bien fine, tassée, un peu ferme, peu abondante en jus richement sucré et un peu parfumé.

75

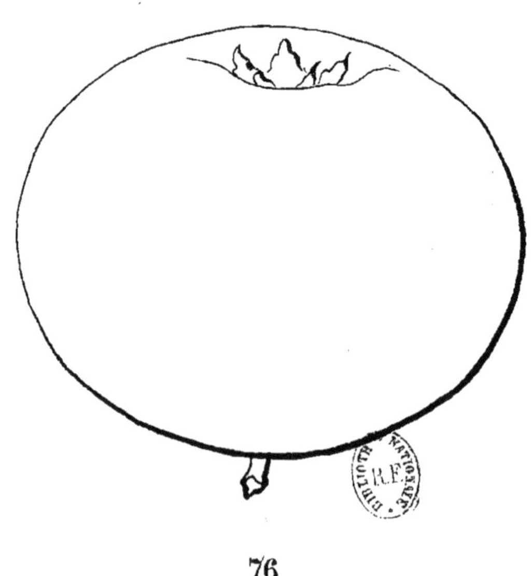

76

75. AGRÉABLE DE CAPRON. 76. JUMELLE PLATE.

ṇgeon, Del.

Imp. Protat frères, Mâcon.

JUMELLE PLATE

(PLATTER ZWILLINGSAPFEL)

(N° 76)

Illustrirtes Handbuch der Obstkunde. OBERDIECK.

GELBER PLATTER ZWILLINGSAPFEL. *Systematische Beschreibung der Kernobstsorten.* DIEL.

ZWILLINGSAPFEL. *Handbuch aller bekannten Obstsorten.* BIEDENFELD.

Pomologische Notizen. OBERDIECK.

OBSERVATIONS. — Diel reçut cette variété du professeur Crede, de Marburg, et sans aucun renseignement sur son origine. Il pense qu'elle reçut probablement son nom de la disposition de l'arbre à porter ses fruits accouplés, et cette opinion semble assez bien fondée, car il est rare que deux ou plusieurs fruits ne soient pas attachés à la même production fruitière. — L'arbre, de végétation insuffisante sur paradis et dont les boutons à bois sont peu disposés à entrer en évolution, ne convient pas aux formes régulières; tout au plus à celle de fuseau maintenue par une taille courte. Sa haute tige sur franc forme une tête seulement de moyenne dimension, peu feuillue, d'une fertilité précoce et très-grande. Son fruit est de bonne qualité.

DESCRIPTION.

Rameaux de moyenne force, obscurément anguleux dans leur contour, presque droits, à entre-nœuds courts, d'un brun rougeâtre très-foncé et voilé d'une pellicule du côté du soleil.

Boutons à bois petits, coniques, courts, obtus, appliqués au rameau, soutenus sur des supports un peu saillants dont l'arête médiane se prolonge peu distinctement; écailles recouvertes d'un duvet gris sombre.

Pousses d'été d'un vert clair et couvertes d'un duvet cotonneux.

Feuilles des pousses d'été assez grandes, ovales-élargies, se terminant un peu brusquement en une pointe courte, large et bien aiguë, concaves, bordées de dents larges, profondes et obtuses, bien soutenues sur des pétioles de moyenne longueur, forts et duveteux.

Stipules en alênes de moyenne longueur.

Boutons à fruit assez gros, coniques, épais et obtus ; écailles extérieures d'un marron terne et glabres; écailles intérieures couvertes d'un duvet jaunâtre et peu abondant.

Fleurs petites; pétales elliptiques-arrondis, bien concaves, à onglet court, se recouvrant à peine entre eux, bien tachés de rose violet en dehors et lavés de la même couleur en dedans; divisions du calice longues et annulaires; pédicelles très-courts, forts et cotonneux.

Feuilles des productions fruitières grandes, elliptiques, un peu allongées et parfois un peu obovales, se terminant très-brusquement en une pointe courte et finement aiguë, creusées en gouttière et non arquées, bordées de dents peu larges, peu profondes et souvent bien aiguës, bien soutenues sur des pétioles un peu longs, un peu forts et redressés.

Caractère saillant de l'arbre : teinte générale du feuillage d'un vert d'eau peu foncé et mat; toutes les feuilles recouvertes à leur page inférieure d'un duvet blanchâtre, bien fin et un peu serré.

Fruit moyen ou presque moyen, sphérique et extraordinairement déprimé à ses deux pôles, beaucoup plus large que haut, à peine déformé dans son contour par de larges côtes très-aplanies, atteignant sa plus grande épaisseur au milieu de sa hauteur; au-dessus et au-dessous de ce point, s'arrondissant par des courbes de même longueur et bien convexes, soit du côté de la cavité de l'œil, soit du côté de celle de la queue.

Peau mince et un peu ferme, d'abord d'un vert très-clair semé de points d'un gris noir, très-petits, très-largement et irrégulièrement espacés, peu apparents. Une tache d'une rouille verdâtre couvre ordinairement la cavité de la queue. A la maturité, **automne et commencement d'hiver,** le vert fondamental passe au jaune citron clair et brillant, et le côté du soleil est lavé d'un rouge orangé sur lequel ressortent de larges points d'un jaune d'or.

Œil très-grand, bien ouvert, à divisions courtes, un peu réfléchies en dedans, placé dans une cavité en forme de godet large, un peu évasé et à peine ondulé par ses bords. Tuyau du calice en forme d'entonnoir large et dépassant peu la première enveloppe du cœur dont la coupe est cordiforme-elliptique.

Queue longue, grêle, attachée dans une cavité peu profonde et largement évasée.

Chair d'un blanc jaunâtre, fine, tendre, suffisante en jus doux, sucré, finement parfumé.

DOUCE DE TWITCHELL

(TWITCHELL'S SWEET)

(N° 77)

The Fruits and the fruit-trees of America. DOWNING.
The American fruit Culturist. THOMAS.
American Pomology. JOHN WARDER.

OBSERVATIONS. — Cette variété est originaire de Dublin, New-Hampshire (Etats-Unis). — L'arbre, d'une vigueur contenue sur paradis, par sa végétation capricieuse se prête peu aux formes régulières que l'on ne peut obtenir qu'en l'appuyant à un treillage. Son rapport très-précoce est grand et soutenu. Sa haute tige sur franc est vigoureuse et forme une tête à branches pendantes. Downing dit que la chair du fruit est rouge sous la peau et vers la cavité du cœur; je n'ai pu encore constater le fait sur les fruits que j'ai récoltés et probablement parce que mes arbres sont encore trop jeunes. La Douce de Twitchell appartient à la classe des Calvilles.

DESCRIPTION.

Rameaux de moyenne force, anguleux dans leur contour, flexueux, à entre-nœuds bien longs, bruns du côté de l'ombre, d'un brun rougeâtre très-intense et peu voilé d'une pellicule du côté du soleil; lenticelles peu apparentes.

Boutons à bois petits, courts, obtus, appliqués au rameau, soutenus sur des supports un peu saillants dont les côtés et l'arête médiane se prolongent distinctement; écailles d'un rouge très-foncé et glabres.

Pousses d'été d'un vert clair, un peu lavées de rouge et peu duveteuses.

Feuilles des pousses d'été moyennes, ovales-elliptiques et allongées, se terminant un peu brusquement en une pointe peu longue, creusées en gouttière et à peine arquées, bordées de dents fines, peu profondes, bien couchées et bien aiguës, bien soutenues sur des pétioles un peu longs, un peu forts, redressés et bien colorés de rouge vineux à leur point d'attache au rameau.

Stipules courtes, ovales-lancéolées.

Boutons à fruit moyens, conico-ovoïdes, un peu aigus ; écailles extérieures brunes, bordées de brun rougeâtre et glabres ; écailles intérieures soyeuses et bordées de brun rougeâtre.

Fleurs moyennes; pétales ovales-arrondis, concaves, à onglet très-court, se recouvrant largement entre eux, bien tachés d'un rose violet intense en dehors, presque uniformément lavés de la même couleur en dedans; divisions du calice extraordinairement longues, étroites et recourbées en dessous ; pédicelles très-longs, très-grêles et à peine duveteux.

Feuilles des productions fruitières à peu près de la même grandeur que celles des pousses d'été, obovales-elliptiques et allongées, se terminant un peu brusquement en une pointe courte, creusées en gouttière et à peine arquées, bordées de dents bien fines, peu profondes et bien aiguës, bien soutenues sur des pétioles de moyenne longueur, assez grêles et redressés.

Caractère saillant de l'arbre : teinte générale du feuillage d'un vert bleu et peu brillant; toutes les feuilles allongées, garnies d'une serrature formée de dents fines, peu profondes et bien aiguës.

Fruit moyen, sphérico-conique, peu déformé dans son contour par des côtes très-aplanies, atteignant sa plus grande épaisseur presque au milieu de sa hauteur ; au-dessus de ce point, s'atténuant par une courbe à peine convexe en une pointe courte, épaisse et largement tronquée à son sommet; au-dessous du même point, s'arrondissant par une courbe largement convexe jusque dans la cavité de la queue.

Peau mince, d'abord d'un vert vif semé de petits points bruns, peu nombreux, irrégulièrement et très-largement espacés. Une tache d'une rouille fauve rayonne en étoile dans la cavité de la queue et sur ses bords. A la maturité, **automne,** le vert fondamental passe au jaune très-clair dont souvent on n'apercoit qu'une très-petite étendue, car il est presque entièrement recouvert d'un pourpre vif et bien fondu, traversé par des raies étroites d'un pourpre plus intense et sur ce pourpre ressortent des points fauves et bien espacés.

Œil très-petit, fermé, placé dans une cavité étroite, peu profonde, divisée dans ses parois et par ses bords en des rudiments de côtes qui se prolongent d'une manière très-peu sensible sur la hauteur du fruit. Tuyau du calice en forme d'entonnoir aigu, descendant bien au-dessous de la première enveloppe du cœur dont la coupe cordiforme est bien plus rapprochée du sommet du fruit que de sa base.

Queue longue, très-grêle, attachée dans une cavité très-étroite et cependant profonde, ordinairement régulière dans ses parois et par ses bords.

Chair bien blanche, fine, tassée et cependant assez tendre, suffisante en jus doux, sucré, relevé d'une saveur assez agréable.

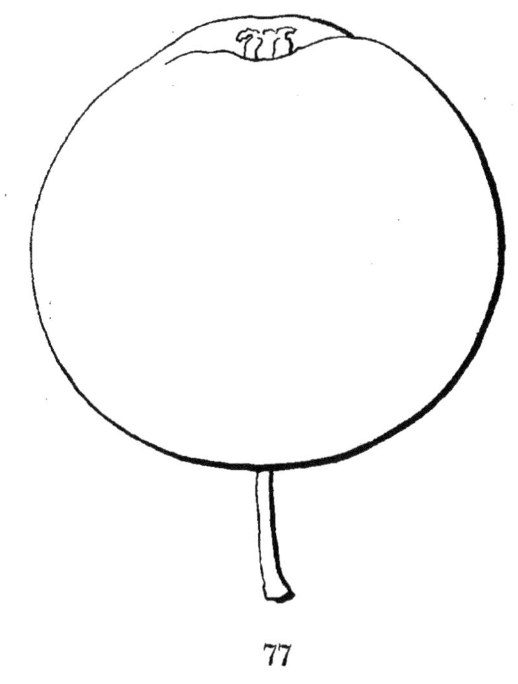

77

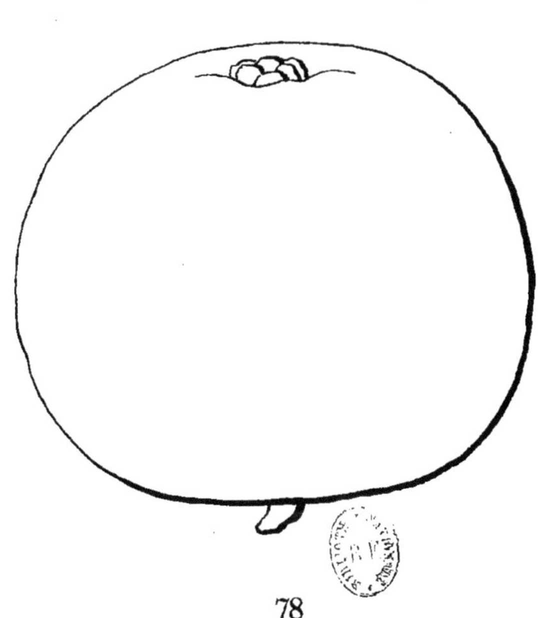

78

77. DOUCE DE TWITCHELL. 78. DE NEIGE.

DE NEIGE

(N° 78)

The Apple and its Varieties. ROBERT HOGG.
A Guide to the Orchard. LINDLEY.
FAMEUSE. *The Fruits and the fruit-trees of America.* DOWNING.

OBSERVATIONS. — Downing dit que cette variété, très-estimée au Canada, est une ancienne pomme française, et qu'elle a été ainsi appelée de la couleur de sa chair, ou, comme quelques-uns le prétendent, du nom du lieu d'où elle fut pour la première fois apportée en Angleterre, et de là introduite aux Etats-Unis. Lindley rappelle que Forsyth la déclare originaire du Canada d'où elle fut apportée par M. Barclay, de Brompton, près de Londres. Ce que je puis affirmer, c'est qu'elle n'a aucun rapport avec la Pomme de Neige d'origine belge et avec la Calville Neige, toutes deux décrites par Oberdieck dans le *Illustrirtes Handbuch* et qui doivent leur nom à la couleur de leur peau. — L'arbre, de peu de vigueur, est par sa végétation irrégulière impropre aux formes soumises à la taille. Sa haute tige sur franc forme une tête sphérique, assez mal équilibrée et de petite dimension. Sa fertilité est précoce, grande et soutenue. Son fruit, de la plus jolie apparence et de bonne qualité, convient très-bien à la vente sur le marché.

DESCRIPTION.

Rameaux assez forts, anguleux dans leur contour, à peine flexueux, à entre-nœuds un peu courts, bruns du côté de l'ombre, d'un brun rougeâtre intense et voilé d'une pellicule épaisse du côté du soleil.

Boutons à bois très-petits, obtus, aplatis et appliqués au rameau, soutenus sur des supports bien saillants dont les côtés et l'arête médiane se prolongent distinctement; écailles entièrement recouvertes d'un duvet court et blanchâtre.

Pousses d'été d'un vert très-clair, colorées de rouge à leur sommet et à peine duveteuses.

Feuilles des pousses d'été petites, presque elliptiques, se terminant brusquement en une pointe courte, un peu concaves et ondulées dans leur contour, largement crénelées par leurs bords plutôt que dentées, soutenues horizontalement sur des pétioles courts, grêles, redressés et bien colorés de rouge.

Stipules courtes, lancéolées, bien aiguës.

Boutons à fruit gros, coniques, bien allongés et aigus ; écailles extérieures d'un brun rougeâtre; écailles intérieures recouvertes d'un duvet gris, long et soyeux.

Fleurs petites ; pétales ovales-arrondis, bien concaves, légèrement lavés de rose en dedans et en dehors ; divisions du calice courtes et bien recourbées en dessous ; pédicelles de moyenne longueur, extraordinairement grêles, bien colorés de rouge et peu duveteux.

Feuilles des productions fruitières petites, obovales plus ou moins allongées, se terminant brusquement en une pointe courte, à peine repliées sur leur nervure médiane, bordées de dents fines, le plus souvent peu profondes et aiguës, assez mal soutenues sur des pétioles courts, très-grêles et souples.

Caractère saillant de l'arbre : teinte générale du feuillage d'un vert herbacé peu foncé et bien mat ; toutes les feuilles plus ou moins petites ; tous les pétioles courts et souvent très-grêles.

Fruit moyen ou presque moyen, sphérico-conique, parfois un peu déprimé à ses deux pôles, bien uni dans son contour, atteignant sa plus grande épaisseur peu au-dessous du milieu de sa hauteur ; au-dessus de ce point, s'arrondissant par une courbe largement convexe jusque dans la cavité de l'œil ; au-dessous du même point, s'arrondissant par une courbe bien convexe jusque dans la cavité de la queue.

Peau bien fine, mince, d'abord d'un vert d'eau pâle semé de petites taches nacrées. On remarque un peu de rouille verdâtre dans la cavité de la queue. A la maturité, **automne,** le vert fondamental passe au blanc dont on n'aperçoit ordinairement qu'une très-petite étendue, car du côté de l'ombre il est recouvert d'un nuage de rouge rosat traversé par des raies fines de même couleur, et du côté du soleil, sur une large étendue, ce rouge devient intense, vif, plus uniforme, et sur sa surface apparaissent des points blancs et largement distancés.

Œil petit, demi-fermé ou presque fermé, à divisions fines et frêles, placé dans une jolie cavité régulière, peu profonde, un peu évasée et finement plissée dans ses parois. Tuyau du calice en forme d'entonnoir court et peu aigu, ne dépassant pas la première enveloppe du cœur dont la coupe est cordiforme-elliptique.

Queue de moyenne longueur, grêle, ne dépassant pas les bords de la cavité étroite, assez profonde et bien régulière dans laquelle elle est engagée.

Chair d'un blanc de neige, fine, tassée, d'abord un peu ferme, puis devenant tendre à l'entière maturité, peu abondante en jus doux, sucré et délicatement parfumé.

FAVORITE DU MARCHAND

(TRADER'S FANCY)

(N° 79)

The Fruits and the fruit-trees of America. Downing.
American Pomology. John Warder.

Observations. — D'après Downing, cette variété fut obtenue dans les pépinières de Salomon Phillips, dans le comté de Washington, Etat de Pensylvanie. John Warder dit qu'elle fut ainsi nommée pour la faveur dont son fruit jouit auprès des marchands qui font les transports d'un port à l'autre sur la rivière de l'Ohio; préférence motivée par sa longue conservation et l'épaisseur de sa peau bien résistante aux chocs du voyage. — L'arbre, d'une vigueur contenue sur paradis, s'accommode des formes régulières et surtout de celles appliquées à un treillage, sur lequel s'étalent bien des branches grêles et flexibles, et son fruit améliore ainsi son volume. Sa haute tige sur franc forme une tête de moyenne dimension, sphérique-déprimée, à branches pendantes, dont la fertilité est grande et presque sans alternat. Son fruit est de bonne qualité.

DESCRIPTION.

Rameaux peu forts, presque unis dans leur contour, droits, à entre-nœuds courts, bruns du côté de l'ombre, d'un brun rouge brillant et non voilé d'une pellicule du côté du soleil; lenticelles blanches, très-petites, nombreuses et un peu apparentes.

Boutons à bois petits, coniques, obtus, appliqués au rameau, soutenus sur des supports saillants dont l'arête médiane se prolonge très-peu distinctement; écailles rougeâtres et peu duveteuses.

Pousses d'été d'un vert décidé, recouvertes d'un duvet très-court et peu épais.

Feuilles des pousses d'été assez petites, ovales-elliptiques, se terminant un peu brusquement en une pointe un peu longue, largement creusées en gouttière et à peine arquées, bordées de dents assez profondes, couchées ou émoussées, bien soutenues sur des pétioles courts, grêles et redressés.

Stipules très-caduques.

Boutons à fruit petits, conico-ellipsoïdes, très-courts et obtus ; écailles extérieures rougeâtres et presque glabres ; écailles intérieures recouvertes d'un duvet bien soyeux.

Fleurs assez petites ; pétales ovales-elliptiques, concaves, à onglet très-court, se recouvrant entre eux, largement tachés de rose violet en dehors, bien lavés de la même couleur en dedans ; divisions du calice assez longues, étroites et peu recourbées en dessous ; pédicelles courts, peu forts et peu duveteux.

Feuilles des productions fruitières petites, elliptiques ou elliptiques-arrondies, se terminant brusquement en une pointe courte et souvent contournée, à peine repliées sur leur nervure médiane et peu arquées, ordinairement largement ondulées dans leur contour, bordées de dents larges, assez peu profondes, bien couchées et peu aiguës, bien soutenues sur des pétioles courts, grêles et redressés.

Caractère saillant de l'arbre : teinte générale du feuillage d'un vert herbacé un peu intense et mat ; toutes les feuilles plus ou moins petites ; tous les pétioles courts et grêles.

Fruit moyen ou presque moyen, presque sphérique, un peu tronqué à ses deux pôles, ordinairement bien uni et régulier dans son contour, atteignant sa plus grande épaisseur à peu près au milieu de sa hauteur ; au-dessus et au-dessous de ce point, s'arrondissant par des courbes presque de même longueur et presque également convexes, soit du côté de la queue, soit du côté de l'œil.

Peau mince et souple, d'abord d'un vert clair et vif sur lequel on remarque avec peine quelques points très-petits et manquant souvent sur certaines parties. Une large tache d'une rouille d'un gris brun, un peu rude au toucher, couvre la cavité de la queue et s'étend au-delà de ses bords. A la maturité, **courant et fin d'hiver,** le vert fondamental passe au jaune clair et brillant dont souvent on n'aperçoit qu'une très-petite étendue, car il est presque entièrement recouvert d'un nuage de rouge sanguin, traversé du côté du soleil par des raies bien distinctes d'un rouge cramoisi intense qui viennent se réunir en traits fins et concentriques dans la cavité de la queue, et rarement sur ce rouge ressortent quelques points de même couleur et un peu cernés de jaune. Une fleur de couleur lilas recouvre la surface du fruit au moment où on le cueille.

Œil petit, fermé, à divisions courtes et dressées, placé dans une cavité étroite, peu profonde, plissée dans ses parois et par ses bords. Tuyau du calice descendant par un tube étroit jusqu'à la cavité du cœur dont l'axe est creux et dont la coupe est régulièrement cordiforme.

Queue courte, un peu forte, un peu laineuse, serrée dans une cavité très-étroite, un peu profonde, bien régulière dans ses parois et par ses bords.

Chair jaunâtre, fine, bien tassée, ferme, suffisante en jus sucré et parfumé.

79

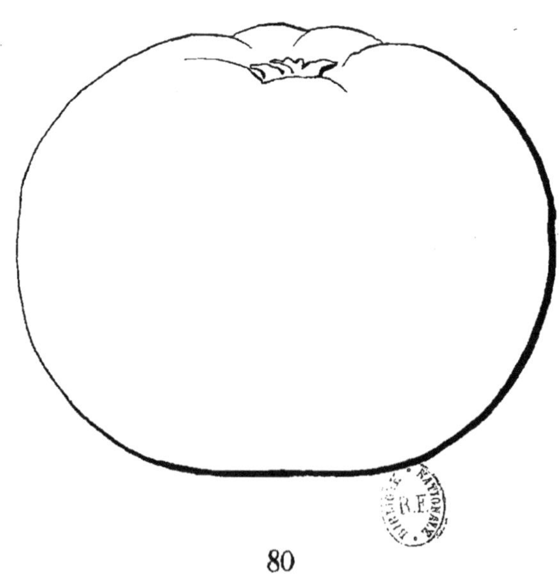

80

79. FAVORITE DU MARCHAND. 80. BRENNAMAN.

Peinge

Imp. Protat frères, Mâcon.

BRENNAMAN

(N° 80)

The Fruits and the fruit-trees of America. DOWNING.
American Pomology. JOHN WARDER.
BRENNEMAN. *The American fruit Culturist.* THOMAS.

OBSERVATIONS. — Cette variété, d'après Downing, a été obtenue par M. Brennaman, du comté de Lancaster, Etat de Pensylvanie. — L'arbre est de grande vigueur même sur paradis, mais s'accommode peu des formes régulières par les écarts de sa sève mal équilibrée. Sa fertilité est précoce et grande. Sa haute tige, d'une végétation splendide, forme une tête de grande dimension. Son fruit, de jolie apparence, est remarquable pour sa qualité entre les pommes de maturité précoce.

DESCRIPTION.

Rameaux assez forts, un peu anguleux dans leur contour, presque droits, à entre-nœuds longs, bruns du côté de l'ombre, d'un brun rougeâtre voilé d'une pellicule du côté du soleil ; lenticelles jaunâtres, un peu larges, assez nombreuses et apparentes.

Boutons à bois très-petits, courts, obtus, aplatis et appliqués au rameau, soutenus sur des supports saillants dont les côtés et l'arête médiane se prolongent plus ou moins distinctement ; écailles entièrement recouvertes d'un duvet blanc et extraordinairement court.

Pousses d'été d'un vert vif, recouvertes d'un duvet extraordinairement court et peu épais.

Feuilles des pousses d'été petites, elliptiques-arrondies, se terminant très-brusquement en une pointe large et courte, un peu concaves et recourbées en dessous seulement par leur pointe, bordées de dents larges, un peu profondes et obtuses, bien soutenues sur des pétioles courts, de moyenne force et redressés.

Stipules en forme d'alênes extraordinairement courtes.

Boutons à fruit petits, conico-ovoïdes, courts et un peu obtus; écailles extérieures d'un rouge intense et glabres; écailles intérieures couvertes d'un duvet court et grisâtre.

Fleurs moyennes; pétales ovales, arrondis à leur sommet, convexes ou contournés, tachés d'un rose violacé intense en dehors, bien lavés de la même couleur en dedans; divisions du calice courtes, bien recourbées en dessous; pédicelles courts, assez forts et duveteux.

Feuilles des productions fruitières petites, elliptiques, se terminant brusquement en une pointe très-courte, peu repliées sur leur nervure médiane et arquées, bordées de dents larges, peu profondes et obtuses, bien soutenues sur des pétioles de moyenne longueur, grêles et redressés.

Caractère saillant de l'arbre : teinte générale du feuillage d'un vert herbacé peu foncé et peu brillant; toutes les feuilles peu concaves ou peu repliées sur leur nervure médiane et très-courtement acuminées; stipules extraordinairement courtes.

Fruit moyen ou presque gros, sphérique et parfois bien déprimé à ses deux pôles, tantôt entièrement uni dans son contour, tantôt à peine déformé par des côtes presque insensibles, atteignant sa plus grande épaisseur à peu près au milieu de sa hauteur; au-dessus et au-dessous de ce point, s'arrondissant par des courbes presque de même longueur et presque également convexes et cependant souvent s'atténuant un peu plus du côté de la cavité de l'œil.

Peau fine, mince, d'abord d'un vert très-clair semé de larges taches nacrées très-espacées. Une rouille d'un brun verdâtre, un peu rude au toucher, s'étend en étoile dans la cavité de la queue et au-delà de ses bords. A la maturité, **fin d'août et commencement de septembre,** le vert fondamental passe au jaune clair dont on n'aperçoit le plus souvent qu'une très-petite étendue, car il est presque entièrement recouvert d'un rouge vermillon bien vif du côté du soleil et traversé par des raies longues et déliées de la même couleur plus intense, et sur ce rouge ressortent des points d'un blanc jaunâtre larges et très-largement espacés.

Œil moyen, fermé, à divisions fines et un peu duveteuses, placé dans une cavité étroite et un peu profonde, tantôt bien régulière, tantôt divisée dans ses parois et par ses bords en des rudiments de côtes qui ne se prolongent pas ou d'une manière à peine sensible sur la hauteur du fruit. Tuyau du calice descendant par un tube extraordinairement étroit et aigu jusqu'à la cavité du cœur dont la coupe est cordiforme-déprimée.

Queue de moyenne longueur, grêle, bien ligneuse, enfoncée dans une cavité profonde, évasée et ordinairement régulière par ses bords.

Chair blanche et parfois à peine teintée de rose sous la peau, fine, un peu tassée, demi-cassante, suffisante en eau richement sucrée, acidulée, agréablement parfumée, constituant un fruit de première qualité.

ENGELBERGER

(N° 81)

Illustrirtes Handbuch der Obstkunde. LUCAS.
Handbuch aller bekannten Obstsorten. BIEDENFELD.
Pomologische Notizen. OBERDIECK.

OBSERVATIONS. — Lucas dit que cette variété est communément cultivée dans le Wurtemberg et ne donne aucuns renseignements sur son origine. — L'arbre, d'une végétation chétive sur paradis, suffit à peine sur ce sujet à former de petits buissons d'un rapport très-précoce et très-riche. Sa haute tige sur franc forme une tête sphérique, compacte et de petite dimension. Son fruit est de première qualité, mais de trop petit volume et ne peut être recommandé qu'aux amateurs.

DESCRIPTION.

Rameaux grêles, obscurément anguleux dans leur contour, à entre-nœuds courts, rougeâtres et recouverts d'une pellicule mince du côté du soleil; lenticelles très-petites, très-fines, assez nombreuses et peu apparentes.

Boutons à bois très-petits, courts, obtus, exactement appliqués au rameau, soutenus sur des supports peu saillants dont l'arête médiane se prolonge très-peu distinctement; écailles d'un rouge clair et glabres.

Pousses d'été d'un vert d'eau, couvertes à leur sommet d'un duvet court et hérissé.

Feuilles des pousses d'été moyennes, ovales-élargies, se terminant un peu brusquement en une pointe longue, peu concaves et peu arquées, bordées de dents peu profondes et arrondies, bien soutenues sur des pétioles courts, peu forts et raides.

Stipules un peu longues, lancéolées, finement aiguës et un peu recourbées.

Boutons à fruit très-petits, conico-ellipsoïdes, obtus; écailles brunes, couvertes d'un duvet gris de souris et court.

Fleurs moyennes; pétales ovales-elliptiques, presque planes; divisions du calice courtes, recourbées en dessous; pédicelles longs, grêles, très-peu duveteux.

Feuilles des productions fruitières à peine moyennes, ovales-elliptiques, se terminant un peu brusquement en une pointe un peu longue, peu concaves ou presque planes, bordées de dents assez peu profondes et arrondies, bien soutenues sur des pétioles courts, de moyenne force et raides.

Caractère saillant de l'arbre : teinte générale du feuillage d'un vert terne; toutes les feuilles plus ou moins petites et paraissant crénelées plutôt que dentées.

Fruit petit, sphérique, bien déprimé et largement tronqué à ses deux pôles, bien uni dans son contour, atteignant sa plus grande épaisseur au milieu de sa hauteur; au-dessus et au-dessous de ce point, s'arrondissant par des courbes presque de même longueur et presque également convexes, soit du côté de la queue, soit du côté de l'œil vers lequel il s'atténue cependant un peu plus.

Peau un peu ferme, d'abord d'un vert vif semé de très-petits points d'un gris brun, très-rares et peu visibles. Une tache d'une rouille brune et fine rayonne en étoile dans la cavité de la queue. A la maturité, **courant et fin d'hiver**, le vert fondamental passe au jaune citron dont on n'aperçoit qu'une très-petite étendue, car il est presque entièrement recouvert d'un nuage de rouge sanguin traversé par des raies bien distinctes d'un rouge cramoisi foncé.

Œil assez grand, fermé ou demi-fermé, à divisions larges, courtes et se recourbant en dehors, placé dans une cavité en forme de soucoupe un peu profonde, évasée, plissée dans ses parois et par ses bords et sans que ces plis se prolongent sur la hauteur du fruit. Tuyau du calice en forme d'entonnoir évasé et cependant bien aigu, descendant jusqu'à la cavité du cœur dont la coupe est cordiforme bien déprimée.

Queue de moyenne longueur, grêle, attachée dans une cavité profonde et évasée, en forme d'entonnoir ordinairement régulier par ses bords.

Chair jaunâtre, fine, tassée, peu abondante en jus richement sucré et hautement relevé d'un parfum de cannelle.

81

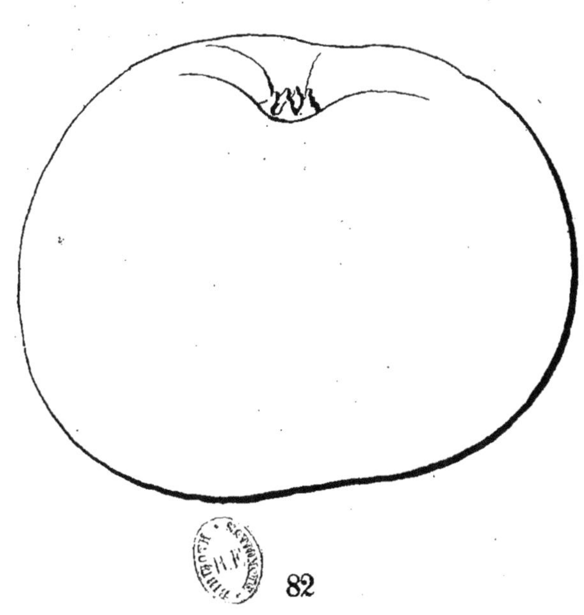

82

81. ENGELBERGER. 82. REINETTE DE PFOTENHAUER.

REINETTE PFOTENHAUER

(PFOTENHAUERS REINETTE)

(N° 82)

Illustrirtes Handbuch der Obstkunde. OBERDIECK.
Pomologische Notizen. OBERDIECK.

OBSERVATIONS. — M. Oberdieck trouva cette variété, qu'il a bien voulu me communiquer, dans le jardin de la cure de Bahrenburg, à une lieue de Sulingen (Hanovre), et n'ayant pu la rapporter à aucune de celles qu'il connaissait, il lui donna le nom du dernier possesseur de cette cure. Il pense qu'elle peut être originaire de Hollande et qu'elle doit être rangée dans la classe des Courts-pendus; et moi-même, avant d'avoir lu l'article dans lequel il donne ces détails, je lui avais trouvé de grands rapports de ressemblance avec le Court-pendu rouge. — L'arbre, d'une bonne vigueur sur paradis, s'accommode bien des formes régulières, pyramide ou vase. Sa haute tige sur franc forme une tête élevée et de peu d'étendue par ses branches bien perpendiculaires. Elle est rustique et se couvre de bonne heure d'abondantes récoltes. Son fruit est de première qualité.

DESCRIPTION.

Rameaux de moyenne force, unis dans leur contour, à entre-nœuds très-courts, jaunâtres, un peu brunis par places du côté du soleil et à peine voilés d'une pellicule très-mince ; lenticelles moyennes, blanchâtres, rares et peu apparentes.

Boutons à bois extraordinairement petits, courts, épatés, exactement appliqués au rameau, soutenus sur des supports très-peu saillants dont les côtés et l'arête médiane ne se prolongent nullement ; écailles presque glabres.

Pousses d'été d'un vert très-clair et à peine duveteuses.

Feuilles des pousses d'été grandes, elliptiques ou ovales-elliptiques, se terminant brusquement en une pointe courte et finement aiguë, à peine concaves, bordées de dents peu larges, peu profondes, souvent doubles et bien obtuses, soutenues horizontalement sur des pétioles de moyenne longueur, forts et peu redressés.

Stipules en alênes très-courtes et parfois un peu élargies.

Boutons à fruit petits, conico-ovoïdes, obtus; écailles d'un brun rouge et recouvertes d'un duvet extraordinairement court et soyeux.

Fleurs petites; pétales elliptiques, concaves, à onglet très-court, se recouvrant entre eux, bien tachés de rose violet en dehors et bien lavés de la même couleur en dedans; divisions du calice courtes, fines et un peu recourbées en dessous; pédicelles assez courts, peu forts et peu duveteux.

Feuilles des productions fruitières moins grandes que celles des pousses d'été, obovales-allongées et peu larges, très-sensiblement atténuées vers le pétiole, se terminant peu brusquement en une pointe courte et bien aiguë, creusées en gouttière et peu arquées, souvent ondulées dans leur contour, bordées de dents fines, peu profondes et obtuses, irrégulièrement soutenues sur des pétioles de moyenne longueur, de moyenne force et divergents.

Caractère saillant de l'arbre : teinte générale du feuillage d'un vert d'eau assez peu foncé; serrature de toutes les feuilles formée de dents peu profondes et plus ou moins obtuses.

Fruit moyen ou assez gros, irrégulièrement sphérique, bien déprimé à ses deux pôles et le plus souvent obliquement du côté de l'œil, à peine déformé dans son contour par des sortes de côtes très-aplanies et ordinairement plus élevé d'un côté que de l'autre, atteignant sa plus grande épaisseur à peu près au milieu de sa hauteur; au-dessus et au-dessous de ce point, s'arrondissant par des courbes bien convexes, soit du côté de l'œil, soit du côté de la cavité de la queue autour de laquelle il s'aplatit un peu.

Peau fine et souple, d'abord d'un vert jaunâtre semé de points bruns, cernés d'une couleur plus claire, largement et régulièrement espacés. Une rouille brune, dense et épaisse s'étale en étoile dans la cavité de la queue et parfois forme quelques traits circulaires en devenant un peu squammeuse dans celle de l'œil. A la maturité, **commencement et courant d'hiver,** le vert fondamental passe au jaune citron intense et brillant, et le côté du soleil, sur une large étendue, se couvre d'un beau rouge vif, tantôt bien fondu, tantôt un peu flammé de la même couleur plus foncée et sur lequel ressortent bien des points larges et d'un jaune doré.

Œil grand, ouvert ou demi-ouvert, à divisions larges et courtes, placé dans une cavité assez profonde, largement évasée par ses bords divisés en côtes inégales et très-émoussées. Tuyau du calice en entonnoir court et aigu, ne dépassant pas la première enveloppe du cœur dont la coupe est largement et régulièrement cordiforme.

Queue très-courte, forte, souvent n'atteignant pas les bords de la cavité étroite, profonde et le plus souvent régulière dans laquelle elle est engagée.

Chair d'un blanc jaunâtre, fine, un peu tendre, suffisante en jus sucré, vineux et parfumé.

CELLINI

(N° 83)

The Apple and its Varieties. Robert Hogg.
The Fruits and the fruit-trees of America. Downing.

Observations. — Robert Hogg dit que cette variété a été obtenue par M. Léonard Phillips, de Vauxhall. — L'arbre est d'une vigueur insuffisante sur paradis, et par sa végétation irrégulière se prête peu aux formes soumises à la taille. Sa fertilité est très-précoce, très-grande et soutenue. Son fruit, seulement de seconde qualité, convient bien à la vente sur le marché par ses vives couleurs.

DESCRIPTION.

Rameaux peu forts, presque unis dans leur contour, droits, à entre-nœuds courts, d'un brun rouge brillant et non voilé d'une pellicule du côté du soleil.

Boutons à bois très-petits, très-courts, obtus, aplatis et appliqués au rameau, soutenus sur des supports un peu saillants dont l'arête médiane se prolonge peu distinctement; écailles entièrement recouvertes d'un duvet très-court et blanchâtre.

Pousses d'été d'un vert très-clair, un peu lavées de rouge à leur sommet et peu duveteuses.

Feuilles des pousses d'été moyennes, ovales-elliptiques, se terminant un peu brusquement en une pointe courte, peu repliées sur leur nervure médiane et à peine arquées, bordées de dents peu profondes, surdentées et émoussées, bien soutenues sur des pétioles courts, grêles et redressés.

Stipules en forme d'alênes très-courtes et très-fines.

Boutons à fruit petits, conico-ovoïdes, peu aigus; écailles extérieures d'un brun rouge et glabres; écailles intérieures à peine duveteuses.

Fleurs assez petites; pétales ovales-elliptiques, concaves, à onglet court, se recouvrant à peine entre eux, peu tachés de rose en dehors et à peine lavés de la même couleur en dedans; divisions du calice courtes, larges et à peine recourbées en dessous; pédicelles de moyenne longueur, de moyenne force et un peu duveteux.

Feuilles des productions fruitières presque de même grandeur que celles des pousses d'été, ovales-elliptiques, se terminant un peu brusquement en une pointe courte, peu repliées sur leur nervure médiane et un peu arquées, bordées de dents peu profondes, couchées et émoussées, bien soutenues sur des pétioles courts, grêles, fermes et redressés.

Caractère saillant de l'arbre : teinte générale du feuillage d'un vert pré décidé et cependant mat; toutes les feuilles peu profondément et obtusément dentées; tous les pétioles plus ou moins courts et grêles.

Fruit moyen, sphérique, plus ou moins déprimé à ses deux pôles, ordinairement uni dans son contour, atteignant sa plus grande épaisseur à peu près au milieu ou très-peu au-dessous du milieu de sa hauteur; au-dessus et au-dessous de ce point, s'arrondissant par des courbes presque de même longueur et presque également convexes, soit du côté de la queue, soit du côté de l'œil vers lequel il s'atténue à peine un peu plus.

Peau un peu ferme, unie, d'abord d'un vert vif dont on n'aperçoit ordinairement qu'une très-petite étendue, car il est presque entièrement recouvert d'un nuage de rouge sanguin qui, à la maturité, **automne et commencement d'hiver,** passe au rouge sanguin foncé, bien intense du côté du soleil et décroissant en raies fines et très-rapprochées sur les parties entièrement à l'ombre. Des points larges, d'un gris jaunâtre, régulièrement espacés ressortent sur la surface du fruit.

Œil grand, ouvert, à divisions courtes et fines, un peu recourbées en dehors, placé dans une jolie cavité peu profonde, évasée, largement et peu profondément plissée par ses bords. Tuyau du calice en forme d'entonnoir bien évasé, dépassant à peine la première enveloppe du cœur dont la coupe, largement cordiforme, offre une étendue proportionnée au volume du fruit.

Queue très-courte, forte, attachée dans une cavité très-peu profonde et bien évasée.

Chair blanche, tendre, suffisante en jus sucré et un peu relevé.

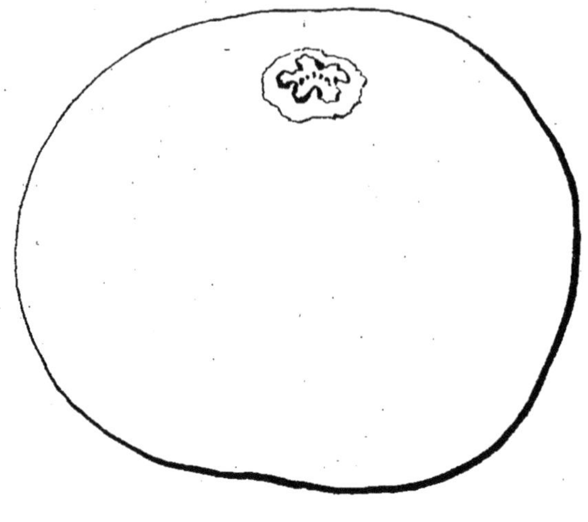

83

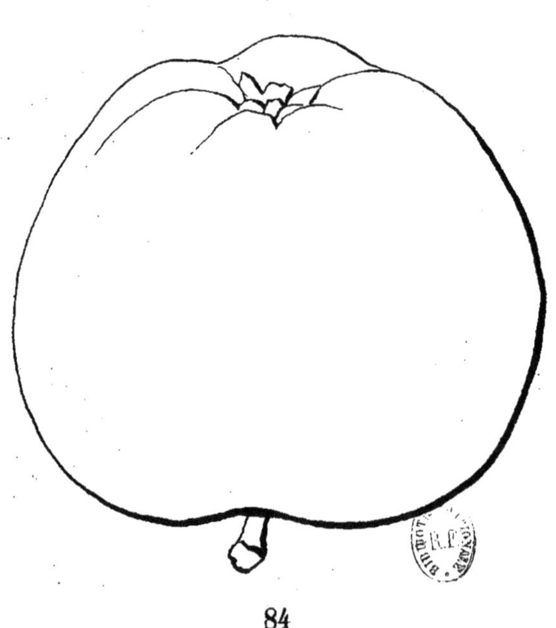

84

83. CELLINI. 84. POSTOPHE D'HIVER.

geon, Del

Imp. Protat frères, Mâcon.

POSTOPHE D'HIVER

(N° 84)

Traité des arbres fruitiers. DUHAMEL.
Traité des Fruits. COUVERCHEL.
Congrès pomologique de France.
Handbuch aller bekannten Obstsorten. BIEDENFELD.
WINTER POSTOF. *Handbuch über die Obstbaumzucht.* CHRIST.
WINTER POSTOPH. *Versuch einer Systematischen Beschreibung der Kernobstsorten.* DIEL.
Systematisches Handbuch der Obstkunde. DITTRICH.
Handbuch der Pomologie. HINKERT.
Illustrirtes Handbuch der Obstkunde. FICKERT.
Pomologische Notizen. OBERDIECK.

OBSERVATIONS. — Tous les pomologistes s'accordent à considérer cette variété comme d'origine française, mais le lieu, l'époque de sa naissance et la raison du nom qu'elle porte restent dans l'obscurité la plus complète. — L'arbre, d'une vigueur contenue sur paradis, est cependant d'une bonne végétation, mais s'accommodant peu des formes régulières. Aussi sa meilleure destination est-elle la haute tige qui forme une tête de moyenne dimension, d'une bonne fertilité quoique sujette à l'alternat des récoltes. Son bois et son fruit, de bonne qualité, restent sains sur tous les climats.

DESCRIPTION.

Rameaux assez forts, obscurément anguleux dans leur contour, un peu flexueux, à entre-nœuds un peu longs et inégaux entre eux, d'un brun violet très-foncé et non voilé d'une pellicule du côté du soleil ; lenticelles jaunâtres, un peu allongées, nombreuses et apparentes.

Boutons à bois moyens, courts, très-obtus et renflés sur le dos, plus ou moins appliqués au rameau, soutenus sur des supports un peu saillants dont les côtés et l'arête médiane se prolongent peu distinctement ; écailles couvertes d'un duvet gris noirâtre.

Pousses d'été d'un jaune verdâtre un peu nuancé de rouge brun, couvertes d'un duvet grisâtre, court et peu épais.

Feuilles des pousses d'été moyennes, arrondies, se terminant très-brusquement en une pointe courte, bien concaves, bordées de dents très-larges, souvent doubles, tantôt un peu aiguës, tantôt arrondies, soutenues horizontalement sur des pétioles très-courts, très-forts et peu redressés.

Stipules en forme d'alênes assez courtes.

Boutons à fruit moyens, conico-ovoïdes, peu aigus; écailles extérieures brunes et presque glabres; écailles intérieures recouvertes d'un duvet blanchâtre et hérissé.

Fleurs grandes; pétales arrondis-élargis, se recouvrant bien entre eux, à onglet très-court, tachés de rose rouge en dehors et entièrement blancs en dedans; divisions du calice de moyenne longueur et repliées en dessous; pédicelles assez courts, forts et laineux.

Feuilles des productions fruitières bien plus amples que celles des pousses d'été, arrondies-élargies ou ovales-élargies, se terminant régulièrement en une pointe extraordinairement courte, peu repliées sur leur nervure médiane et souvent arquées, bordées de dents profondes et aiguës, se recourbant sur des pétioles très-courts, assez forts et redressés.

Caractère saillant de l'arbre : teinte générale du feuillage d'un vert pré intense; toutes les feuilles bien élargies et garnies d'une serrature grossière.

Fruit moyen ou assez gros, conico-cylindrique, déformé dans son contour par des côtes plus ou moins prononcées, atteignant sa plus grande épaisseur bien au-dessous du milieu de sa hauteur; au-dessus de ce point, s'atténuant peu par une courbe très-largement convexe en une pointe peu longue, très-épaisse et largement tronquée à son sommet; au-dessous du même point, s'arrondissant par une courbe plus convexe jusque dans la cavité de la queue.

Peau mince et souple, d'abord d'un vert clair sur lequel il est difficile de reconnaître de véritables points. Une tache de rouille d'un brun verdâtre ou grisâtre s'étale largement en étoile dans la cavité de la queue et au-delà de ses bords. A la maturité, **commencement et courant d'hiver,** le vert fondamental s'éclaircit un peu en jaune, mais sans passer au jaune pur, et souvent on n'en aperçoit qu'une très-petite étendue, car il est presque entièrement recouvert d'un rouge cerise bien fondu, plus ou moins vif, traversé par des raies peu distinctes, d'un rouge un peu plus foncé et sur lequel apparaissent quelques points d'un gris blanchâtre, larges et largement espacés.

Œil grand, fermé ou demi-ouvert, à divisions très-longues, finement aiguës et restant longtemps vertes, placé dans une cavité étroite, un peu profonde, divisée dans ses parois et par ses bords en des côtes plus ou moins saillantes et qui se prolongent sur la hauteur du fruit. Tuyau du calice en forme d'entonnoir très-large et très-obtus, ne dépassant pas la première enveloppe du cœur dont la coupe est cordiforme-elliptique.

Queue peu longue, assez grêle, enfoncée dans une cavité profonde, évasée en entonnoir irrégulier par ses bords.

Chair d'un blanc verdâtre, fine, tendre, suffisante en jus doux, sucré, délicatement parfumé à la manière des Calvilles.

SIRE DE FAUQUEMONT

(N° 85)

Niederlandischer Obstgarten.

Observations. — Cette variété est un gain de M. Loisel, le pomologue renommé de Fauquemont, province de Limbourg (Hollande). — L'arbre, d'une vigueur bien contenue sur paradis, se prête bien aux petites formes sur ce sujet, et ses branches souples s'accommodent bien de l'appui à un treillage. Il est rustique et d'une fertilité précoce et très-grande. Il convient aussi au verger, pourvu qu'un sol assez riche assure le volume de son fruit qui est de première qualité, et, par la consistance, la saveur de sa chair et aussi par sa forme, appartient à la classe des Pepins.

DESCRIPTION.

Rameaux de moyenne force, unis dans leur contour, un peu coudés à leurs entre-nœuds remarquablement courts, d'un brun rougeâtre peu voilé par une mince pellicule; lenticelles blanchâtres, un peu larges, arrondies, nombreuses, bien régulièrement espacées et apparentes.

Boutons à bois petits, coniques, un peu aigus, plus ou moins appliqués au rameau, soutenus sur des supports très-saillants dont les côtés et l'arête médiane ne se prolongent pas; écailles un peu entr'ouvertes et noirâtres.

Pousses d'été d'un vert clair, non colorées de rouge et peu duveteuses à leur sommet.

Feuilles des pousses d'été moyennes, ovales très-élargies, se terminant très-brusquement en une pointe longue et bien contournée, creusées en gouttière et un peu arquées, bordées de dents très-profondes, souvent doubles et bien aiguës, bien soutenues sur des pétioles courts, forts et bien redressés.

Stipules de moyenne longueur, lancéolées.

Boutons à fruit très-petits, conico-ellipsoïdes, maigres et émoussés; écailles d'un rouge vif, bordées de brun foncé et bien glabres.

Fleurs grandes; pétales elliptiques-allongés et peu larges, presque planes, à onglet court, un peu écartés entre eux, presque blancs en dehors et en dedans; divisions du calice courtes, fines et bien recourbées en dessous par leur pointe; pédicelles de moyenne longueur, bien grêles et peu duveteux.

Feuilles des productions fruitières assez petites, plus ou moins obovales, les unes élargies, les autres un peu allongées, se terminant brusquement en une pointe courte et bien contournée, peu repliées sur leur nervure médiane et à peine arquées, bordées de dents fines et très-finement aiguës, bien soutenues sur des pétioles de moyenne longueur, très-grêles et redressés.

Caractère saillant de l'arbre : teinte générale du feuillage d'un vert clair et gai; toutes les feuilles contournées par leur pointe d'une manière vraiment caractéristique et garnies d'une serrature remarquablement acérée; raideur dans la tenue de tous les organes de la végétation.

Fruit presque moyen ou petit, conico-cylindrique, uni dans son contour, atteignant sa plus grande épaisseur bien près de sa base; au-dessus de ce point, s'atténuant à peine par une courbe à peine convexe en une pointe longue et largement tronquée à son sommet; au-dessous du même point, s'arrondissant par une courbe largement convexe jusque dans la cavité de la queue.

Peau fine, mince, souple, d'abord d'un vert très-clair presque blanc, parfois semé de points bruns, largement et régulièrement espacés et un peu apparents. Une large tache de rouille d'un gris brun couvre la cavité de la queue, s'étend un peu sur la base du fruit et souvent se disperse irrégulièrement sur la surface du fruit qui devient alors un peu rude au toucher. A la maturité, **courant d'hiver**, le vert fondamental passe au beau jaune citron, doré et souvent flammé d'un joli rouge du côté du soleil.

Œil grand, demi-fermé, à divisions longues, étroites, fines et recourbées en dehors, placé dans une cavité large, peu profonde, en forme de soucoupe, à peine plissée dans ses parois vers le point d'attache des divisions et bien régulière par ses bords. Tuyau du calice en entonnoir extraordinairement court et largement obtus, ne dépassant pas la première enveloppe du cœur dont la coupe est ovale-cordiforme.

Queue longue, grêle, souvent courbée, attachée dans une cavité peu large, peu profonde et parfois un peu évasée.

Chair jaunâtre, fine, demi-tendre, suffisante en jus sucré, vineux, bien parfumé.

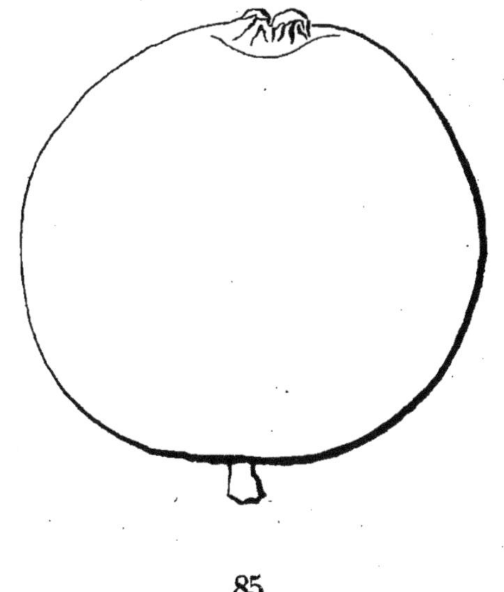

85

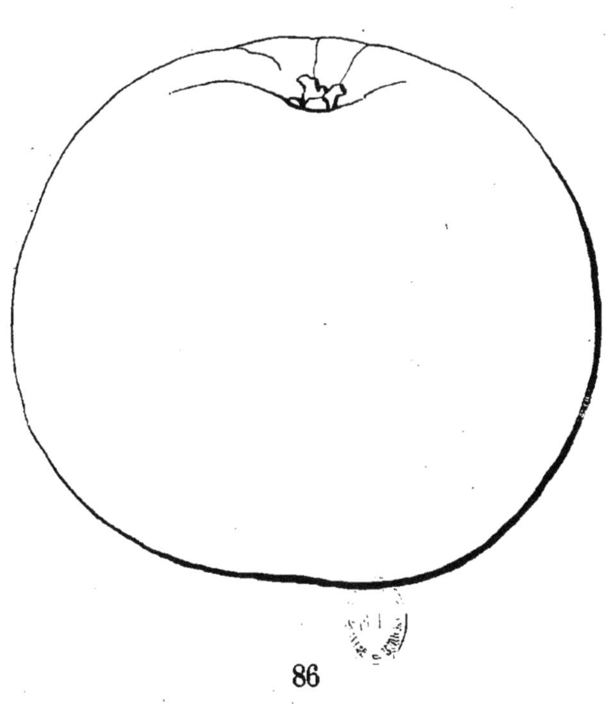

86

85. SIRE DE FAUQUEMONT. 86. SAINT-JULIEN.

SAINT-JULIEN

(N° 86)

Traité complet sur les pépinières. CALVEL.
The Apple and its Varieties. ROBERT HOGG.
The Fruits and the fruit-trees of America. DOWNING.
HEILIGE JULIANS APFEL. *Systematisches Handbuch der Obstkunde.* DITTRICH.

OBSERVATIONS. — Cette variété paraît être d'origine française. — L'arbre, d'une bonne végétation sur paradis, est très-vigoureux sur franc. Il s'accommode bien des formes régulières et son rapport est précoce et des plus riches. Son fruit, d'un assez beau volume, d'une bonne qualité, convient bien aussi par son apparence à la vente sur le marché.

DESCRIPTION.

Rameaux de moyenne force, un peu anguleux dans leur contour, à entre-nœuds courts, d'un rouge sanguin intense et vif; lenticelles blanchâtres, petites, nombreuses et peu apparentes.

Boutons à bois assez gros, coniques, émoussés, appliqués au rameau, soutenus sur des supports un peu saillants dont les côtés et l'arête médiane se prolongent assez distinctement; écailles rouges et peu duveteuses.

Pousses d'été d'un vert vif, colorées de rouge à leur sommet et peu duveteuses sur toute leur longueur.

Feuilles des pousses d'été moyennes, ovales, se terminant peu brusquement en une pointe longue et finement aiguë, bien creusées en gouttière et souvent ondulées dans leur contour, bordées de dents trèsarges, le plus souvent simples, peu profondes, obtuses ou peu aiguës, bien fermes sur leurs pétioles courts, peu forts, bien raides et bien redressés.

Stipules de moyenne longueur, tantôt en forme d'alênes, tantôt lancéolées et le plus souvent recourbées.

Boutons à fruit moyens, conico-ovoïdes, allongés et aigus ; écailles d'un beau rouge vif et presque glabres.

Fleurs petites ou à peine moyennes ; pétales ovales-élargis, à onglet un peu long, se recouvrant à peine entre eux, bien lavés de rose violet en dehors et en dedans ; divisions du calice assez longues, finement aiguës et peu recourbées en dessous ; pédicelles un peu longs, grêles et à peine duveteux.

Feuilles des productions fruitières moyennes, les unes obovales un peu allongées, les autres lancéolées et plus allongées, se terminant peu brusquement en une pointe courte, creusées en gouttière et non arquées, bordées de dents fines, peu profondes et aiguës, s'abaissant un peu sur des pétioles un peu longs, bien grêles, un peu flexibles et le plus souvent colorés d'un beau rouge sanguin vif.

Caractère saillant de l'arbre : teinte générale du feuillage d'un vert pré souvent très-peu foncé ; feuilles des productions fruitières remarquablement allongées ; toutes les feuilles bien creusées en gouttière.

Fruit gros ou assez gros, sphérico-cylindrique, un peu déformé dans son contour par des côtes peu saillantes et souvent bien aplanies, atteignant sa plus grande épaisseur à peu près au milieu de sa hauteur ; au-dessus et au-dessous de ce point, s'atténuant par des courbes peu convexes pour se tronquer sur une assez grande étendue, soit du côté de la queue, soit du côté de l'œil vers lequel il s'atténue un peu plus.

Peau un peu ferme, d'abord d'un vert très-clair, blanchâtre, semé de points bruns, nombreux, larges et bien apparents. Une rouille d'un brun clair couvre la cavité de la queue et rarement se disperse en formant quelques taches sur la surface du fruit. A la maturité, **automne et commencement d'hiver**, le vert fondamental passe au jaune clair, doré du côté du soleil ou parfois lavé ou seulement pointillé d'un peu de rouge.

Œil petit, fermé, à divisions fines, réfléchies en dedans et restant longtemps vertes, placé dans une cavité assez profonde, un peu évasée, plissée dans ses parois et par ses bords, et ces plis se prolongent par des côtes plus ou moins prononcées sur toute la hauteur du fruit. Tuyau du calice descendant par un tube étroit et aigu bien au-delà de la première enveloppe du cœur dont la coupe régulièrement cordiforme est proportionnée au volume du fruit.

Queue courte, forte, attachée dans une cavité étroite, un peu profonde, tantôt unie, tantôt largement plissée par ses bords.

Chair d'un blanc légèrement teinté de jaune, demi-fine, tendre, abondante en jus sucré, délicatement parfumé et relevé d'une saveur rafraîchissante.

REINETTE DE LA CHINE

(ZITZEN REINETTE)

(N° 87)

Versuch einer Systematischen Beschreibung der Kernobstsorten. DIEL.
Systematisches Handbuch der Obstkunde. DITTRICH.
Handbuch der Pomologie. HINCKERT.
Handbuch aller bekannten Obstsorten. BIEDENFELD.

OBSERVATIONS. — Diel ne donne pas de renseignements sur l'origine de cette variété, mais il dit qu'elle aurait reçu son nom de la disposition des divisions du calice de son fruit qui imiterait celle des cheveux d'un chinois relevés sur la tête. S'il faut un peu d'imagination pour trouver cette ressemblance, on peut encore ajouter qu'un grand nombre de pommes offrent le même caractère de ressemblance. — L'arbre d'une vigueur contenue sur paradis, s'accommode assez bien des formes régulières. Sa fertilité, peu précoce, devient ensuite seulement moyenne. Son fruit est de première qualité dans la classe des Reinettes.

DESCRIPTION.

Rameaux de moyenne force, un peu anguleux dans leur contour, droits, à entre-nœuds courts, d'un brun verdâtre à l'ombre, rougeâtres et non voilés d'une pellicule du côté du soleil; lenticelles jaunâtres, petites, nombreuses et un peu apparentes.

Boutons à bois petits, coniques, courts, renflés sur le dos, obtus, appliqués au rameau, soutenus sur des supports peu saillants dont l'arête médiane se prolonge assez distinctement; écailles jaunâtres et glabres.

Pousses d'été d'un vert clair et un peu jaune, à peine couvertes d'un duvet gris et peu épais,

Feuilles des pousses d'été assez grandes, ovales-elliptiques et un peu allongées, se terminant un peu brusquement en une pointe bien fine, peu repliées sur leur nervure médiane et parfois largement ondulées dans leur contour, bordées de dents fines, peu profondes, finement surdentées et finement aiguës, bien soutenues sur des pétioles un peu longs, un peu forts et redressés.

Stipules en forme d'alênes très-courtes, fines et recourbées en croissant.

Boutons à fruit moyens, conico-ovoïdes, un peu allongés et aigus ; écailles jaunâtres, bordées de brun et glabres.

Fleurs assez petites ; pétales ovales-élargis ou ovales-elliptiques, peu concaves, à onglet court, se touchant un peu entre eux, largement tachés de rose violet en dehors, lavés de la même couleur en dedans ; divisions du calice de moyenne longueur, peu larges et bien recourbées en dessous ; pédicelles de moyenne longueur, un peu forts et un peu duveteux.

Feuilles des productions fruitières à peu près de même grandeur et de même forme que celles des pousses d'été, se terminant plus brusquement en une pointe plus courte, très-largement creusées en gouttière et arquées, bordées de dents fines, peu profondes, surdentées, peu aiguës ou émoussées, bien soutenues sur des pétioles très-courts, peu forts, bien raides et redressés.

Caractère saillant de l'arbre : teinte générale du feuillage d'un vert herbacé et mat ; toutes les feuilles un peu allongées et peu larges.

Fruit moyen, sphérico-conique, ordinairement bien uni dans son contour, atteignant sa plus grande épaisseur un peu au-dessous du milieu de sa hauteur ; au-dessus de ce point, s'atténuant assez sensiblement par une courbe peu convexe en une pointe peu longue, épaisse et tronquée à son sommet ; au-dessous du même point, s'arrondissant par une courbe bien convexe jusque dans la cavité de la queue.

Peau fine, mince, d'abord d'un vert pâle ou d'un jaune paille verdâtre semé de points d'un gris brun, assez nombreux, un peu largement et bien régulièrement espacés et apparents. Une rouille fine, de même couleur, couvre la cavité de la queue et dans certaines années se disperse en traits fins sur la surface du fruit. A la maturité, **courant et fin d'hiver,** le vert fondamental passe au jaune clair, ordinairement seulement un peu doré du côté du soleil, mais aussi parfois lavé d'un très-léger nuage de rouge clair.

Œil petit, fermé, à divisions dressées et recourbées en dehors, presque saillant dans une cavité peu profonde, évasée et plissée dans ses parois et ces plis atteignent ses bords sans les dépasser. Tuyau du calice en forme d'entonnoir étroit, descendant un peu au-dessous de la première enveloppe du cœur dont la coupe cordiforme élevée offre une grande étendue par rapport au volume du fruit.

Queue le plus souvent courte, forte et parfois charnue, attachée dans une cavité étroite, peu profonde, bien régulière dans ses parois et par ses bords.

Chair d'un blanc à peine teinté de jaune, très-fine, tassée, un peu ferme, abondante en jus sucré, vineux, acidulé et agréablement parfumé.

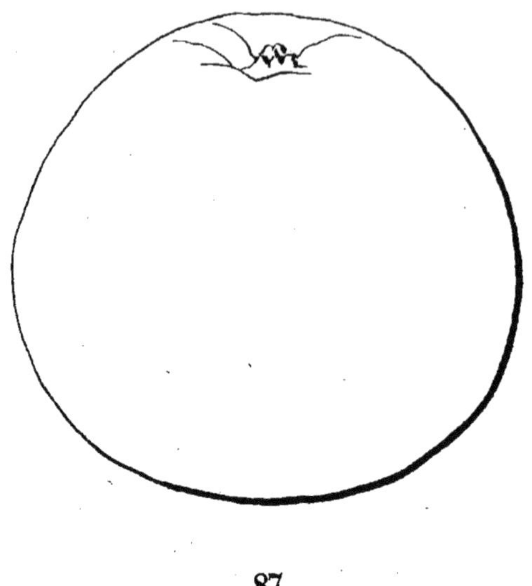

87

88

87. REINETTE DE LA CHINE. 88. JOHN CARTER.

Imp. Protat frères, Mâcon.

JOHN CARTER

(N° 88)

The Fruits and the fruit-trees of America. Downing.

Observations. — Downing dit que l'origine de cette variété est incertaine et qu'elle est cultivée surtout dans l'Etat de Connecticut. — L'arbre, d'une bonne vigueur sur paradis, est propre aux grandes formes sur ce sujet et surtout à celle de pyramide. Sa haute tige sur franc forme une tête élevée et de grande dimension. Sa fertilité est précoce et son fruit, de magnifique apparence, assez bon pour la table, est surtout à recommander pour les usages du ménage.

DESCRIPTION.

Rameaux forts, presque unis dans leur contour, à entre-nœuds alternativement courts et allongés, d'un rouge vineux intense un peu voilé par une pellicule très-mince; lenticelles blanches, assez rares et assez peu apparentes.

Boutons à bois gros, courts, épais et obtus, plus ou moins appliqués au rameau, soutenus sur des supports peu saillants dont les côtés et l'arête médiane se prolongent très-obscurément; écailles d'un rouge brun et couvertes d'un duvet très-court et serré.

Pousses d'été d'un vert pâle et couvertes d'un duvet très-court et peu serré.

Feuilles des pousses d'été très-grandes, elliptiques-arrondies ou elliptiques-élargies, se terminant très-brusquement en une pointe courte, bien concaves et sensiblement ondulées dans leur contour, bordées de dents larges, profondes et souvent plusieurs fois surdentées et plus ou moins aiguës, bien soutenues sur des pétioles de moyenne longueur, extraordinairement forts et assez redressés.

Stipules longues, lancéolées-élargies.

Boutons à fruit gros, conico-ovoïdes, obtus ; écailles d'un brun foncé et à peine duveteuses.

Fleurs moyennes ou presque grandes; pétales elliptiques-arrondis, concaves, à onglet presque nul, se recouvrant largement entre eux, tachés de rose violet en dehors et à peine lavés de la même couleur en dedans ; divisions du calice assez longues et bien recourbées en dessous ; pédicelles un peu courts, forts et peu duveteux.

Feuilles des productions fruitières grandes, obovales-elliptiques, se terminant brusquement en une pointe courte, peu concaves, bordées de dents profondes et très-acérées, bien soutenues sur des pétioles courts, forts et dressés.

Caractère saillant de l'arbre : teinte générale du feuillage d'un beau vert intense et brillant ; ampleur remarquable des feuilles des pousses d'été ; pétioles extraordinairement forts ; aspect de la plus grande vigueur.

Fruit gros ou très-gros, sphérico-conique et largement tronqué à ses deux pôles, souvent déformé dans son contour par des côtes épaisses et aplanies, atteignant sa plus grande épaisseur au-dessous du milieu de sa hauteur ; au-dessus de ce point, s'atténuant par une courbe largement convexe en une pointe courte, très-épaisse et largement tronquée à son sommet; au-dessous du même point, s'arrondissant par une courbe bien convexe jusque dans la cavité de la queue.

Peau un peu ferme, d'abord d'un vert clair sur lequel il est difficile de reconnaître de véritables points. Rarement on remarque quelques traces de rouille dans la cavité de la queue. A la maturité, **septembre,** le vert fondamental passe au vert jaunâtre ou au jaune clair, et le côté du soleil est flammé et pointillé d'un joli rouge vif.

Œil très-grand, fermé, à divisions larges et un peu duveteuses, placé dans une cavité un peu profonde, bien évasée et pénétrée jusque dans son fond par des côtes qui divisent ses bords d'une manière prononcée et se prolongent souvent assez sensiblement sur la hauteur du fruit. Tuyau du calice descendant par un tube très-large et très-obtus à peine au-dessous de la première enveloppe du cœur dont la coupe est largement cordiforme.

Queue courte, très-forte, enfoncée dans une cavité profonde, largement évasée et un peu irrégulière par ses bords.

Chair blanche, assez fine, tassée, suffisante en eau peu sucrée, acidulée et légèrement parfumée.

PEARMAIN D'ÉTÉ AMÉRICAINE

(AMERICAN SUMMER PEARMAIN)

(N° 89)

The Fruits and the fruit-trees of America. DOWNING.
The Apple and its Varieties. ROBERT HOGG.
The American fruit Culturist. THOMAS.
American Pomology. JOHN WARDER.

OBSERVATIONS. — Downing dit avec raison que cette variété est différente de la Pearmain d'Été des Anglais et qu'elle a probablement été obtenue d'un semis de cette dernière. — L'arbre, d'une végétation modérée sur paradis, se prête bien par la souplesse de ses branches peu fortes et allongées aux formes attachées à un treillage. Sa haute tige sur franc montre une plus grande vigueur et n'atteint cependant qu'une dimension moyenne, en formant, par la disposition de ses branches pendantes, une tête sphérique-déprimée. Son fruit, joli et d'excellente qualité, est aussi d'une maturation prolongée.

DESCRIPTION.

Rameaux très-grêles, obscurément anguleux dans leur contour, à peine flexueux, à entre-nœuds alternativement longs et très-courts, verdâtres et recouverts d'une pellicule du côté du soleil ; lenticelles très-petites, assez peu nombreuses et peu apparentes.

Pousses d'été d'un vert d'eau et à peine duveteuses.

Feuilles des pousses d'été moyennes, ovales-élargies ou ovales un peu arrondies, assez sensiblement atténuées vers le pétiole, se terminant brusquement à leur autre extrémité en une pointe longue et large, à peine concaves ou même parfois un peu convexes, bordées de dents larges, profondes, couchées, aiguës et souvent plusieurs fois et finement surdentées, bien soutenues sur des pétioles de moyenne longueur, assez grêles et redressés.

Stipules en alênes très-courtes.

Boutons à fruit petits, conico-ovoïdes, peu aigus ; écailles d'un marron foncé et presque glabres.

Fleurs petites ; pétales ovales-elliptiques, presque planes, à onglet court, se touchant à peine entre eux, presque blancs en dehors et blancs en dedans ; divisions du calice de moyenne longueur, étroites et annulaires ; pédicelles de moyenne longueur, très-grêles et peu duveteux.

Feuilles des productions fruitières moins amples que celles des pousses d'été, obovales-lancéolées, très-sensiblement atténuées vers le pétiole, se terminant brusquement en une pointe longue et souvent bien contournée, à peine repliées sur leur nervure médiane ou presque planes, bordées de dents fines, très-peu profondes, bien couchées et peu aiguës, assez peu soutenues sur des pétioles longs, très-grêles et divergents.

Caractère saillant de l'arbre : teinte générale du feuillage d'un vert d'eau un peu foncé et terne ; feuilles des productions fruitières formant contraste par leur forme avec celles des pousses d'été et soutenues sur des pétioles extraordinairement grêles.

Fruit moyen ou presque gros, sphérico-cylindrique et parfois un peu irrégulier dans son contour, atteignant sa plus grande épaisseur à peu près au milieu de sa hauteur ; au-dessus et au-dessous de ce point, s'atténuant par des courbes presque de même longueur et presque également convexes, en s'atténuant cependant un peu plus du côté de la cavité de l'œil.

Peau fine, mince, d'abord d'un vert vif semé de points peu appréciables, ordinairement remplacés par de petites taches nacrées. On remarque parfois un peu de rouille dans la cavité de la queue. A la maturité, **août et septembre,** le vert fondamental passe au jaune clair dont on n'aperçoit qu'une très-petite étendue et ordinairement dans la cavité de l'œil, car il est presque entièrement recouvert d'un nuage de rouge traversé par des raies d'un rouge plus foncé. Il devient des plus vifs du côté du soleil où apparaissent aussi de petits points jaunes.

Œil exactement fermé, à divisions courtes, dressées, placé dans une jolie cavité profonde et évasée, finement plissée dans ses parois et ordinairement unie par ses bords. Tuyau du calice descendant en entonnoir court et aigu jusqu'à la première enveloppe du cœur dont la coupe est ovale-cordiforme.

Queue de moyenne longueur, peu forte, parfois un peu charnue à son point d'attache dans une cavité profonde, évasée et ordinairement régulière par ses bords.

Chair jaune, fine, tendre, plus tendre que celle de la Pearmain d'Eté anglaise, suffisante en jus sucré, agréablement parfumé, constituant un fruit de première qualité.

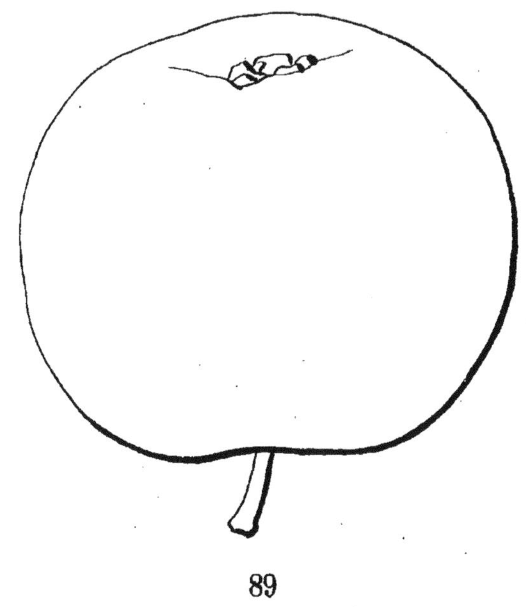

89

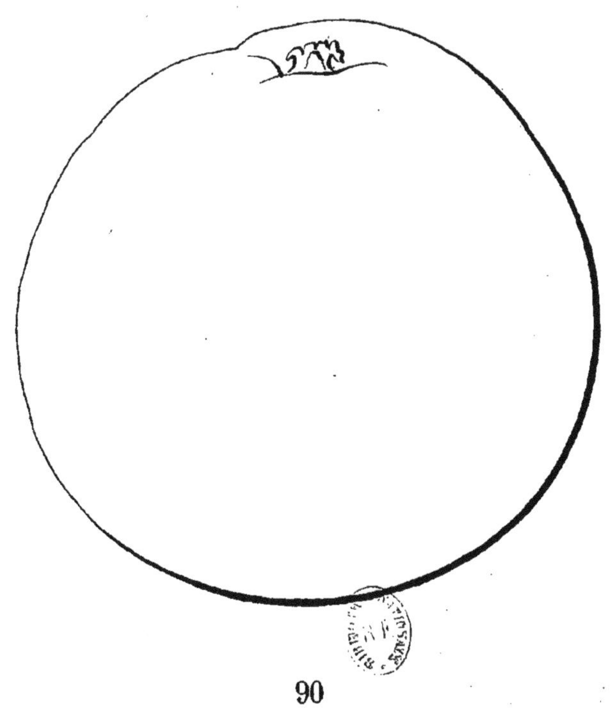

90

89. PEARMAIN D'ÉTÉ AMÉRICAINE. 90. DOUCE DE DAME.

Peingeon, Del. Imp. Protat frères

DOUCE DE DAME

(LADY'S SWEET)

(N° 90)

The Fruits and the fruit-trees of America. DOWNING.
LADIES' SWEETING. *American Pomology.* JOHN WARDER.
The American fruit Culturist. THOMAS.

OBSERVATIONS. — Downing ajoute à ce dernier synonyme ceux de Pommeroy et Roa Yon, et dit que cette variété fut obtenue aux environs de Newburgh, New-York. Il apprécie son fruit en ces termes : « Sa belle apparence, son parfum délicieux, sa saveur relevée, le temps prolongé pendant lequel il conserve toute sa perfection, le font admirer partout où il est connu, et l'arbre mérite une place dans tous les jardins. » — L'arbre, d'une bonne végétation sur paradis, est propre aux formes régulières. Sa haute tige sur franc forme une tête sphérique-déprimée et d'une grande fertilité.

DESCRIPTION.

Rameaux assez forts, presque unis dans leur contour, bien droits, à entre-nœuds courts, d'un vert intense du côté de l'ombre, brunis et non recouverts d'une pellicule du côté du soleil ; lenticelles jaunâtres, assez nombreuses, un peu larges et un peu apparentes.

Boutons à bois gros, un peu renflés sur le dos, obtus, appliqués au rameau, soutenus sur des supports presque nuls dont l'arête médiane se prolonge très-peu distinctement ; écailles brunes et presque entièrement recouvertes d'un duvet gris blanchâtre.

Pousses d'été d'un vert d'eau, couvertes d'un duvet très-court et peu abondant.

Feuilles des pousses d'été assez grandes, ovales-elliptiques ou ovales-arrondies, se terminant très-brusquement en une pointe un peu longue et étroite, un peu concaves, souvent largement contournées sur toute leur longueur et arquées, bordées de dents extraordinairement larges, profondes et peu aiguës ou même obtuses, se recourbant sur des pétioles assez courts, forts et redressés.

Stipules de moyenne longueur, lancéolées et souvent recourbées.

Boutons à fruit assez gros, conico-ovoïdes, peu aigus ; écailles extérieures d'un brun clair largement bordé de brun foncé et glabres ; écailles intérieures couvertes d'un duvet grisâtre et très-court.

Fleurs très-petites ; pétales frêles, elliptiques, concaves, à onglet très-court, se recouvrant à peine entre eux, presque blancs en dehors et blancs en dedans ; divisions du calice longues et bien réfléchies en dessous ; pédicelles très-courts, un peu forts et un peu cotonneux.

Feuilles des productions fruitières petites et même très-petites, obovales-lancéolées ou obovales-élargies, se terminant brusquement en une pointe courte, un peu creusées en gouttière et arquées, bordées de dents assez fines, assez peu profondes et aiguës, se recourbant sur des pétioles très-courts, très-grêles et divergents.

Caractère saillant de l'arbre : teinte générale du feuillage d'un vert bleu assez intense et un peu brillant ; feuilles des pousses d'été remarquablement épaisses et grossièrement dentées ; feuilles des productions fruitières beaucoup plus petites que celles des pousses d'été.

Fruit gros, sphérico-ovoïde, ordinairement à peu près uni dans son contour, atteignant sa plus grande épaisseur bien au-dessous du milieu de sa hauteur ; au-dessus de ce point, s'atténuant par une courbe largement convexe en une pointe courte, épaisse et tronquée à son sommet ; au-dessous du même point, s'arrondissant par une courbe bien convexe jusque dans la cavité de la queue.

Peau fine, mince, souple, d'abord d'un vert d'eau mat sur lequel on ne remarque que quelques points bruns très-rares et très-irrégulièrement espacés. Souvent une rouille fine d'un brun clair couvre la cavité de la queue. A la maturité, **commencement et courant d'hiver,** le vert fondamental s'éclaircit un peu en jaune et reste terne, et le côté du soleil est lavé d'un rouge sanguin traversé par des raies fines et allongées d'un rouge plus foncé, plus distinctes sur les parties moins éclairées, et sur ce rouge ressortent peu des points d'un gris jaunâtre clair. Une fleur blanche et fine recouvre la surface du fruit au moment où on le cueille.

Œil très-petit, bien fermé, placé dans une cavité étroite, peu profonde, du fond de laquelle naissent des rudiments de côtes qui ne se prolongent sur la hauteur du fruit que d'une manière presque insensible. Tuyau du calice en forme d'entonnoir court, ne dépassant pas la première enveloppe du cœur dont la coupe cordiforme-déprimée est proportionnée au volume du fruit.

Queue assez courte, grêle, ligneuse, ne dépassant pas ordinairement la cavité étroite et assez profonde dans laquelle elle est enfoncée et dont les bords souvent réguliers sont aussi quelquefois largement ondulés.

Chair d'un blanc à peine verdâtre, bien fine, tassée et cependant tendre, peu abondante en jus richement sucré, sans aucune acidité, relevée d'une légère saveur d'amande, constituant un fruit de bonne qualité, mais auquel nous ne pouvons accorder toute l'excellence que lui attribue Downing.

FAVORITE DES DEMOISELLES

(MAIDEN'S FAVORITE)

(N° 91)

The Fruits and the fruit-trees of America. DOWNING.
The American fruit Culturist. THOMAS.
American Pomology. JOHN WARDER.

OBSERVATIONS. — Downing donne aussi à cette variété le synonyme de Maiden's Apple (Pomme des Demoiselles). Il dit qu'elle fut obtenue sur la ferme de J.-G. Sickless, à Stuyvesant, New-York, et ajoute que la délicatesse et la beauté de son fruit doivent la faire désirer par l'amateur. — L'arbre, d'une vigueur bien contenue sur paradis, s'accommode bien des formes régulières surtout de celles appuyées à un treillage sur lequel son fruit corrige un peu son petit volume. Sa haute tige sur franc forme une tête de petite dimension, à branches pendantes, d'une fertilité précoce, très-grande et soutenue.

DESCRIPTION.

Rameaux peu forts, obscurément anguleux dans leur contour, à peine flexueux, à entre-nœuds courts, d'un rouge sombre et non voilé d'une pellicule ; lenticelles petites, rares et peu apparentes.

Boutons à bois petits, coniques, obtus, appliqués au rameau, soutenus sur des supports peu saillants dont l'arête médiane se prolonge peu distinctement ; écailles peu duveteuses.

Pousses d'été d'un vert d'eau et peu duveteuses.

Feuilles des pousses d'été moyennes, ovales-elliptiques, se terminant brusquement en une pointe courte, concaves, bordées de dents peu profondes, couchées et obtuses, bien soutenues sur des pétioles de moyenne longueur, grêles et assez fermes.

Stipules très-courtes, fines et très-caduques.

Boutons à fruit petits, conico-ovoïdes, un peu aigus ; écailles extérieures jaunâtres, largement bordées de brun foncé et glabres ; écailles intérieures peu duveteuses.

Fleurs presque moyennes ; pétales ovales-élargis, presque cordiformes, un peu concaves, d'un rose vif en dehors, bien lavés de la même couleur en dedans ; divisions du calice de moyenne longueur et bien recourbées en dessous ; pédicelles courts, grêles et peu duveteux.

Feuilles des productions fruitières plus grandes que celles des pousses d'été, ovales-elliptiques, allongées et peu larges, se terminant un peu brusquement en une pointe un peu longue et étroite, un peu concaves, bordées de dents très-peu profondes, couchées et bien obtuses, bien soutenues sur des pétioles un peu longs, grêles, raides et redressés.

Caractère saillant de l'arbre : teinte générale du feuillage d'un vert herbacé peu foncé et peu brillant ; toutes les feuilles régulièrement concaves et garnies d'une serrature peu profonde ; tous les pétioles grêles.

Fruit moyen ou presque moyen, tantôt sphérico-conique, tantôt et le plus souvent sphérico-cylindrique, tantôt entièrement uni, tantôt un peu anguleux dans son contour, atteignant sa plus grande épaisseur à peu près au milieu de sa hauteur ; au-dessus de ce point, s'atténuant plus ou moins par une courbe largement convexe en une pointe courte, très-épaisse et plus ou moins largement tronquée à son sommet ; au-dessous du même point, s'arrondissant par une courbe plus convexe jusque dans la cavité de la queue.

Peau fine, mince, d'abord d'un vert très-clair semé de points bruns, larges, très-largement et régulièrement espacés et bien apparents. Une rouille brune et dense couvre la cavité de la queue et souvent s'étale en étoile bien au-delà de ses bords. A la maturité, **courant et fin d'hiver,** le vert fondamental passe au jaune citron clair et brillant et le côté du soleil est plus ou moins largement lavé d'un joli rouge rosat, plus ou moins fondu et sur lequel ressortent peu des points jaunâtres.

Œil fermé ou demi-fermé, à divisions dressées en bouquet et recourbées en dehors, placé dans une jolie cavité en forme de godet étroit et assez peu profond, finement plissé dans ses parois, tantôt uni, tantôt un peu ondulé par ses bords. Tuyau du calice en entonnoir court et aigu, dépassant à peine la première enveloppe du cœur dont la coupe cordiforme offre peu d'étendue par rapport au volume du fruit.

Queue courte, peu forte, attachée dans une cavité profonde, un peu évasée et ordinairement régulière par ses bords.

Chair blanchâtre, fine, un peu croquante, suffisante en jus doux, sucré, vineux, mais sans parfum appréciable.

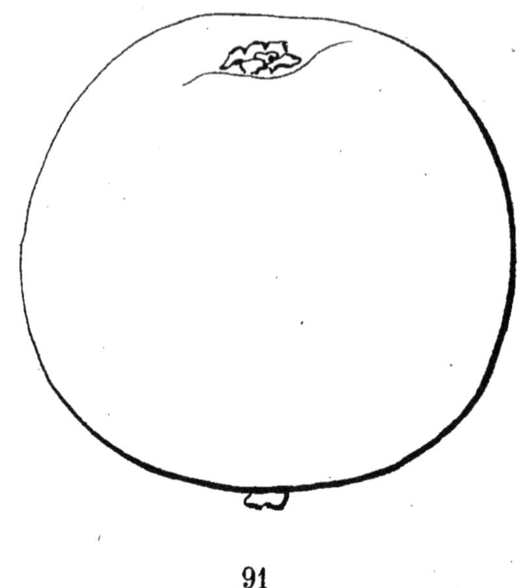

91

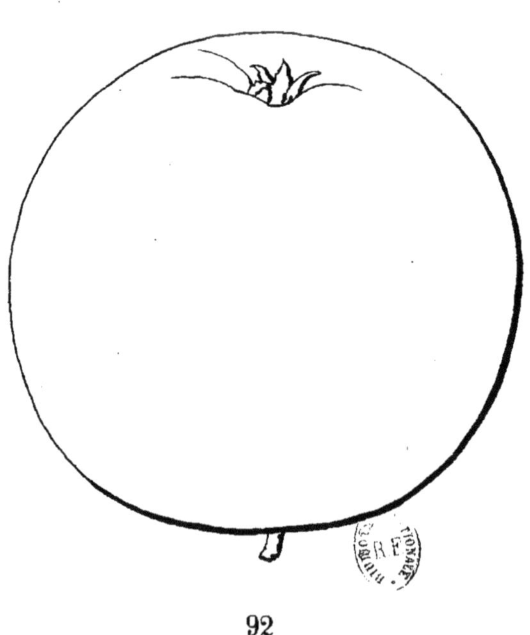

92

91. FAVORITE DES DEMOISELLES. 92. REINETTE CITRONNÉE DE WILKENBURG.

Peingeon, Del. Imp. Protat frères, Mâcon.

REINETTE CITRONNÉE DE WILKENBURG

(WILKENBURGER CITRONEN-REINETTE)

(N° 92)

Illustrirtes Handbuch der Obstkunde. Oberdieck.
Handbuch aller bekannten Obstsorten. Biedenfeld.
Pomologische Notizen. Oberdieck.

Observations. — M. Oberdieck dit qu'il trouva cette variété dans le jardin de son père à Wilkenburg, près de Hanovre, et la nomma ainsi après avoir constaté qu'elle ne pouvait se rapporter à aucune de celles qu'il connaissait. — L'arbre est de vigueur normale sur paradis, et son bois bien disposé à se garnir de productions fruitières le rend très-propre aux formes régulières. Sa haute tige sur franc forme une tête robuste, de grande dimension, dont la fertilité est grande, mais sujette à l'alternat. Son fruit est de première qualité.

DESCRIPTION.

Rameaux de moyenne force, presque unis dans leur contour, droits, à entre-nœuds très-courts, d'un rouge peu foncé à peine ombré de gris du côté du soleil, plutôt que voilé d'une pellicule; lenticelles jaunâtres, un peu allongées, nombreuses et apparentes.

Boutons à bois moyens, courts, épais, renflés sur le dos, obtus, appliqués au rameau, soutenus sur des supports saillants dont les côtés et l'arête médiane se prolongent très-obscurément; écailles rouges et peu duveteuses.

Pousses d'été d'un vert vif, lavées de rouge et finement duveteuses.

Feuilles des pousses d'été petites, ovales-arrondies, se terminant brusquement en une pointe un peu longue, concaves et non arquées, bordées de dents un peu profondes et bien recourbées, bien soutenues sur des pétioles courts, grêles et redressés.

Stipules courtes, lancéolées-élargies.

Boutons à fruit moyens, conico-ovoïdes, courts, épais et courtement aigus ; écailles extérieures d'un marron rougeâtre et glabres ; écailles intérieures couvertes d'un duvet fin, soyeux et assez peu abondant.

Fleurs presque moyennes ; pétales elliptiques ou elliptiques-arrondis, planes, à onglet très-court, se recouvrant largement entre eux, tachés de rose violet en dehors, un peu lavés de la même couleur en dedans ; divisions du calice courtes et recourbées en dessous ; pédicelles courts, peu forts et peu duveteux.

Feuilles des productions fruitières plus grandes que celles des pousses d'été, ovales ou ovales-elliptiques, se terminant plus ou moins brusquement en une pointe longue et étroite, peu repliées sur leur nervure médiane et arquées, bordées de dents larges, profondes et bien aiguës, bien soutenues sur des pétioles de moyenne longueur, grêles, bien raides et bien redressés.

Caractère saillant de l'arbre : teinte générale du feuillage d'un vert pré peu foncé et un peu brillant; feuilles des productions fruitières bordées de dents remarquablement larges et aiguës et bien soutenues sur des pétioles bien redressés ; la plupart des feuilles longuement acuminées.

Fruit moyen, sphérico-cylindrique, largement tronqué à ses deux pôles, ordinairement un peu déformé dans son contour par des côtes peu prononcées, atteignant sa plus grande épaisseur à peu près au milieu de sa hauteur; au-dessus et au-dessous de ce point, s'arrondissant par des courbes de même longueur et à peu près également convexes soit du côté de la queue, soit du côté de l'œil vers lequel il s'atténue cependant un peu plus sensiblement.

Peau fine, d'abord d'un vert très-clair semé de petits points d'un gris brun, nombreux et régulièrement espacés. Une tache d'une rouille brune, dense et souvent un peu rude au toucher couvre la cavité de la queue et parfois s'étend largement au dehors. A la maturité, **commencement et courant d'hiver,** le vert fondamental passe au jaune citron clair et brillant, largement lavé du côté du soleil d'un rouge frais, traversé par des raies peu distinctes de même couleur et décroissant en petites taches sur les parties moins éclairées.

Œil moyen, tantôt fermé, tantôt demi-ouvert, placé dans une cavité large et profonde, divisée dans ses bords par des côtes qui se prolongent quelquefois assez distinctement sur la hauteur du fruit. Tuyau du calice en forme d'entonnoir un peu large et peu aigu, dépassant la première enveloppe du cœur dont la coupe ovale offre une très-petite étendue par rapport au volume du fruit.

Queue courte, grêle, ligneuse, ne dépassant pas les bords de la cavité assez large, peu profonde, souvent un peu ondulée par ses bords dans laquelle elle est engagée.

Chair d'un blanc à peine teinté de jaune, fine, tendre, abondante en jus sucré, vineux, relevé d'un parfum rafraîchissant qui a fait donner son nom à cette variété recommandable entre les meilleures Reinettes.

CHELTENHAM

(N° 93)

The Fruits and the fruit-trees of America. DOWNING.
American Pomology. JOHN WARDER.

OBSERVATIONS. — Downing fait remarquer que cette variété porte aussi le nom de Calf Pasture (Pâture aux Veaux), qui lui a été donné parce qu'elle fut trouvée sur le territoire de Cheltenham, comté de Montgomery, Etat de Pensylvanie, dans un lieu qui avait autrefois servi de pâturage. — L'arbre, d'une bonne végétation sur paradis, s'accommode bien des formes soumises à la taille et surtout de la pyramide. Sa haute tige sur franc forme une tête à branches érigées, de moyenne dimension, d'un rapport précoce et bon. Son fruit, d'assez bonne qualité, n'est pas de longue conservation et n'est propre qu'à la vente sur le marché où l'on peut l'écouler promptement.

DESCRIPTION.

Rameaux de moyenne force, obscurément anguleux dans leur contour, un peu flexueux, à entre-nœuds longs, d'un rouge violacé intense, un peu voilés vers leur partie supérieure d'une pellicule mince ; lenticelles blanchâtres, nombreuses, peu larges et un peu apparentes.

Boutons à bois gros, coniques-allongés, aigus, appliqués au rameau, soutenus sur des supports bien saillants dont l'arête médiane se prolonge peu distinctement ; écailles d'un rouge clair et peu duveteuses.

Pousses d'été d'un vert vif, couvertes d'un duvet très-court et épais.

Feuilles des pousses d'été moyennes, ovales, se terminant régulièrement en une pointe finement aiguë, un peu repliées sur leur nervure médiane et un peu arquées, bordées de dents fines, peu profondes, surdentées et aiguës, bien soutenues sur des pétioles longs, très-grêles et redressés.

Stipules en forme d'alênes courtes et un peu recourbées.

Boutons à fruit moyens, conico-ovoïdes, courts et un peu aigus; écailles extérieures d'un marron intense et peu duveteuses; écailles intérieures roses et bordées de brun.

Fleurs moyennes; pétales obovales-elliptiques et élargis, peu concaves, à onglet long, écartés entre eux, largement lavés de rose en dehors et en dedans; divisions du calice assez courtes, fines et recourbées en dessous; pédicelles très-courts, grêles et cotonneux.

Feuilles des productions fruitières moyennes, tantôt obovales-lancéolées et allongées, tantôt obovales-élargies et courtes, brusquement et courtement atténuées vers le pétiole, se terminant presque régulièrement en une pointe courte, très-largement creusées en gouttière ou presque planes, bordées de dents fines, très-peu profondes, un peu couchées et aiguës, irrégulièrement soutenues sur des pétioles un peu longs, très-grêles et divergents.

Caractère saillant de l'arbre : teinte générale du feuillage d'un vert herbacé vif et un peu brillant; toutes les feuilles garnies d'une serrature formée de dents fines, peu profondes et aiguës; tous les pétioles remarquablement grêles.

Fruit moyen, sphérico-conique, ordinairement peu déformé dans son contour par des côtes très-aplanies, atteignant sa plus grande épaisseur peu au-dessous du milieu de sa hauteur; au-dessus de ce point, s'arrondissant par une courbe largement convexe jusque dans la cavité de l'œil; au-dessous du même point, s'arrondissant par une courbe plus convexe jusque dans la cavité de la queue.

Peau très-mince, souple, d'abord d'un vert clair semé de points bruns, larges, irrégulièrement espacés et bien apparents. Rarement on remarque une rouille très-fine dans la cavité de la queue. A la maturité, **automne**, le vert fondamental passe au jaune paille brillant et le côté du soleil est couvert d'un nuage de rouge cramoisi, rayé et moucheté d'un joli rouge cerise.

Œil petit, fermé, à divisions bien fines, dressées, placé dans une cavité étroite, peu profonde, à peine déformée dans ses bords par de larges plis qui se prolongent très-obscurément sur la hauteur du fruit. Tuyau du calice descendant par un tube très-étroit jusque dans la cavité du cœur dont l'axe est creux, et dont la coupe est largement cordiforme.

Queue de moyenne longueur, grêle, ligneuse, attachée dans une cavité étroite, assez profonde, ordinairement un peu ondulée dans ses bords.

Chair d'un jaune clair, bien fine, tendre, suffisante en jus doux, sucré, assez agréable dès le début de la maturité, mais contractant plus tard une saveur douceâtre et herbacée.

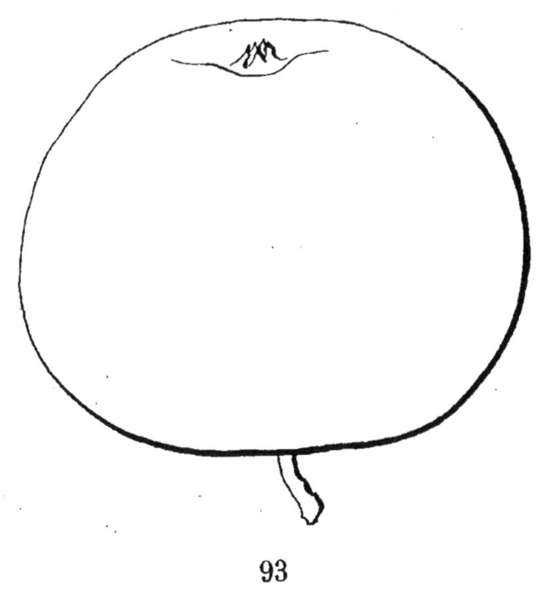

93

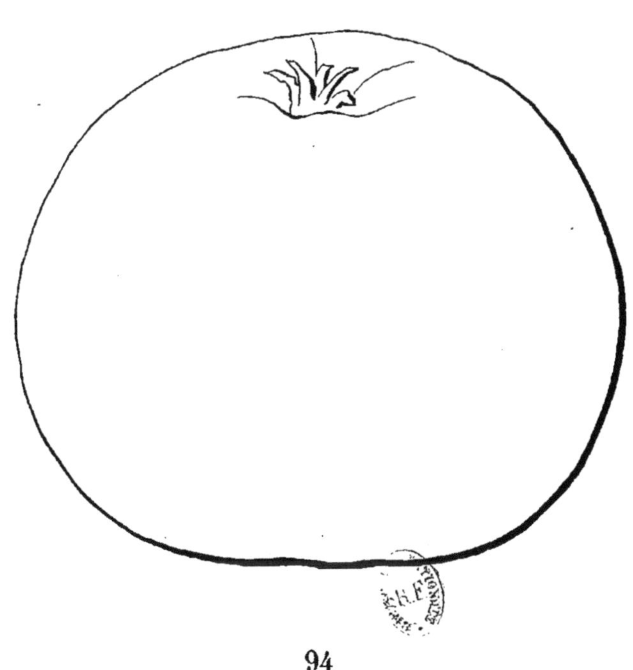

94

93. CHELTENHAM. 94, FAVORITE D'YOPP.

FAVORITE D'YOPP

(YOPP'S FAVORITE)

(N° 94)

The Fruits and the fruit-trees of America. Downing.
The American fruit Culturist. Thomas.
American Pomology. John Warder.

Observations. — D'après Downing, cette variété est originaire de l'Etat de Géorgie. — L'arbre, d'une vigueur contenue sur paradis, est peu propre par sa végétation aux formes soumises à la taille. Sa haute tige sur franc forme une tête élevée, à branches érigées et seulement de moyenne dimension. Sa fertilité est précoce et soutenue. Son fruit est de seconde qualité.

DESCRIPTION.

Rameaux de moyenne force; anguleux dans leur contour, presque droits, à entre-nœuds courts, d'un rouge vineux et brillant et à peine voilé d'une pellicule mince du côté du soleil; lenticelles blanches, arrondies, peu nombreuses et apparentes.

Boutons à bois assez petits, coniques, renflés sur le dos et émoussés, appliqués au rameau, soutenus sur des supports un peu saillants dont les côtés et l'arête médiane se prolongent assez distinctement; écailles d'un rouge foncé et peu duveteuses.

Pousses d'été d'un vert clair, couvertes d'un duvet très-court et épais.

Feuilles des pousses d'été moyennes, ovales-élargies, se terminant brusquement en une pointe longue, un peu concaves et souvent largement ondulées dans leur contour, bordées de dents bien larges, un peu profondes, un peu couchées et bien obtuses, bien soutenues sur des pétioles de moyenne longueur, de moyenne force et redressés.

Stipules très-courtes, lancéolées, obtuses.

Boutons à fruit assez gros, conico-ovoïdes, un peu aigus ; écailles extérieures d'un jaune rougeâtre bordé de brun ou rougeâtres ; écailles intérieures un peu couvertes d'un duvet blanc, bien soyeux et peu épais.

Fleurs moyennes ; pétales ovales-elliptiques, peu concaves, à onglet peu long, un peu écartés entre eux, souvent finement ondulés dans leur contour, largement tachés de rose violet en dehors, presque uniformément lavés de la même couleur en dedans ; divisions du calice assez courtes, bien recourbées en dessous ou souvent annulaires ; pédicelles un peu longs, grêles, un peu colorés de rouge et peu duveteux.

Feuilles des productions fruitières grandes, elliptiques-allongées et peu larges, se terminant brusquement en une pointe longue et étroite, très-brusquement et courtement atténuées vers le pétiole, largement creusées en gouttière, tantôt largement ondulées dans leur contour, tantôt contournées sur leur longueur, bordées de dents peu profondes, plus ou moins couchées, obtuses ou émoussées, bien soutenues sur des pétioles de moyenne longueur, de moyenne force, raides et redressés.

Caractère saillant de l'arbre : teinte générale du feuillage d'un vert pré bien décidé et un peu brillant ; toutes les feuilles longuement acuminées, souvent ondulées dans leur contour et garnies d'une serrature peu profonde et plus ou moins obtuse.

Fruit gros ou assez gros, sphérico-conique, un peu déformé dans son contour par des côtes très-aplanies, atteignant sa plus grande épaisseur un peu au-dessous du milieu de sa hauteur ; au-dessus de ce point, s'atténuant par une courbe largement convexe en une pointe très-courte, très-épaisse et largement tronquée à son sommet ; au-dessous du même point, s'arrondissant par une courbe bien convexe jusque dans la cavité de la queue.

Peau fine, mince, unie, d'abord d'un vert clair et gai semé de points d'un gris brun, peu larges et très-irrégulièrement espacés. Une rouille brune et fine s'étale en étoile dans la cavité de la queue. A la maturité, **commencement et courant d'hiver,** le vert fondamental passe au jaune citron brillant, et le côté du soleil est lavé, sur une assez petite étendue, d'un rouge sanguin bien fondu et qui décroît en raies très-peu distinctes sur les parties moins éclairées.

Œil grand, fermé ou demi-fermé, à divisions bien fines, placé dans une cavité étroite, assez peu profonde, peu sensiblement plissée dans ses parois et par ses bords. Tuyau du calice en forme d'entonnoir court, dépassant un peu la première enveloppe du cœur dont la coupe cordiforme-elliptique est proportionnée au volume du fruit.

Queue courte ou de moyenne longueur, attachée dans une cavité étroite, extraordinairement profonde et presque régulière par ses bords.

Chair blanche, bien fine, un peu tendre, abondante en jus doux, sucré, rafraîchissant, mais peu relevé, constituant un fruit seulement de seconde qualité.

DOUCE DE WOOD

(WOOD'S SWEET)

(N° 95)

The Fruits and the fruit-trees of America. DOWNING.
The American fruit Culturist. THOMAS.
American Pomology. JOHN WARDER.

OBSERVATIONS. — Cette variété, d'après Downing, serait originaire du vicomté de Sudburg (Etats-Unis). — L'arbre, d'une grande vigueur, est cependant d'un rapport très-précoce et très-riche. Il se recommande à la culture par la beauté de son fruit dont les bonnes qualités ne se sont pas démenties, chez moi, depuis plusieurs années.

DESCRIPTION.

Rameaux assez forts, à peine anguleux dans leur contour, à entre-nœuds courts, d'un rouge jaunâtre, non recouverts d'une pellicule; lenticelles petites, rares et peu apparentes.

Boutons à bois gros, coniques, épais, émoussés, plus ou moins appliqués au rameau, soutenus sur des supports peu saillants dont les côtés et l'arête médiane se prolongent très-obscurément; écailles rougeâtres et couvertes d'un duvet gris, court et épais.

Pousses d'été d'un vert d'eau, couvertes sur toute leur longueur d'un duvet très-court et serré.

Feuilles des pousses d'été moyennes, ovales-arrondies, se terminant brusquement en une pointe courte et souvent contournée, concaves et à peine arquées, ondulées dans leur contour, bordées de dents larges, profondes, surdentées et émoussées, bien soutenues sur des pétioles un peu longs, un peu forts et redressés.

Stipules assez courtes, lancéolées-élargies.

Boutons à fruit assez gros, conico-ovoïdes, obtus ; écailles jaunâtres, bordées de brun et peu duveteuses.

Fleurs grandes; pétales arrondis, bien concaves, à onglet court, se recouvrant très-largement entre eux, tachés de rose en dehors et légèrement lavés de la même couleur en dedans ; divisions du calice larges et réfléchies en dessous ; pédicelles longs, un peu forts et peu duveteux.

Feuilles des productions fruitières un peu plus grandes que celles des pousses d'été, obovales-arrondies et quelques-unes régulièrement elliptiques, se terminant un peu brusquement en une pointe très-courte, concaves et largement ondulées, bordées de dents larges, simples, un peu courbées et un peu aiguës, bien soutenues sur des pétioles longs, peu forts et bien dressés.

Caractère saillant de l'arbre : teinte générale du feuillage d'un vert vif et brillant; toutes les feuilles plus ou moins ondulées et bien fermes sur leurs pétioles.

Fruit moyen ou gros, sphérico-conique ou sphérique-déprimé à ses deux pôles, souvent à peine déformé dans son contour par des côtes très-aplanies, atteignant sa plus grande épaisseur au-dessous du milieu de sa hauteur; au-dessus de ce point, s'atténuant par une courbe largement convexe en une pointe courte ou très-courte, épaisse ou très-épaisse et largement tronquée à son sommet ; au-dessous du même point, s'arrondissant par une courbe bien convexe jusque dans la cavité de la queue.

Peau un peu ferme, d'abord d'un vert très-clair sur lequel il est difficile de reconnaître de véritables points. Une tache d'une rouille d'un brun jaunâtre couvre souvent la cavité de la queue, parfois aussi entièrement unie. A la maturité, **fin d'août et septembre,** le vert fondamental passe au blanc à peine teinté de jaune ou de vert et souvent entièrement pur, et le côté du soleil se couvre, sur une large étendue, d'un rouge cramoisi vif, décroissant en bandes peu distinctes sur les parties moins éclairées et sur lequel ressortent des points blanchâtres, sur les parties où le rouge est moins intense se montrent de petites taches jaunâtres. Sa surface, onctueuse et odorante à la maturité, est aussi recouverte d'une fleur de couleur lilas.

Œil grand, exactement fermé, à divisions dressées et restant longtemps vertes, placé dans une cavité peu profonde, évasée, finement plissée dans ses parois et ordinairement régulière par ses bords. Tuyau du calice descendant par un tube cylindrique, large et obtus jusqu'à la cavité du cœur dont la coupe cordiforme offre peu d'étendue par rapport au volume du fruit.

Queue de moyenne longueur, souvent un peu forte, parfois colorée de rouge, insérée dans une cavité profonde et bien évasée.

Chair blanche, assez fine, assez tendre, suffisante en eau douce, sucrée et délicatement parfumée.

95

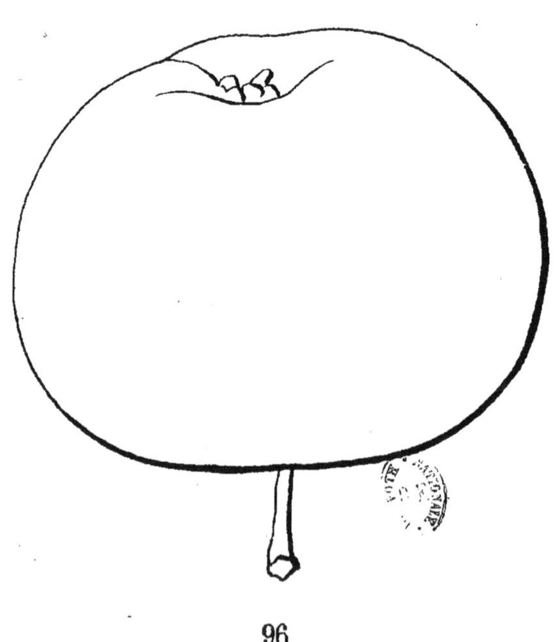

96

95. DOUCE DE WOOD. 96. BEAUTÉ DE L'OUEST.

Peingeon, D

Imp. Protat frères, Mâcon.

BEAUTÉ DE L'OUEST

(WESTERN BEAUTY)

(N° 96)

American Pomology. JOHN WARDER.

BEAUTY OF THE WEST. *The Fruits and the fruit-trees of America.* DOWNING.

The American fruit Culturist. THOMAS.

SCHÖNER AUS WESTLAND. *Illustrirtes Handbuch der Obstkunde.* OBERDIECK.

Pomologische Notizen. OBERDIECK.

OBSERVATIONS. — D'après Downing et Warder, cette variété, qui porte aussi en Amérique les noms de Big Rambo, Ohio Beauty, Musgrove's Cooper, fut répandue pour la première fois, il y a une trentaine d'années au plus, par le juge Buel, mais son origine est inconnue. — L'arbre, d'une vigueur normale sur paradis, par sa végétation bien équilibrée, se prête facilement aux formes régulières, surtout à celle de pyramide ou de fuseau. Sa fertilité est bonne et bien soutenue. Son fruit, très-estimé en Amérique, s'est montré jusqu'à présent dans mes cultures un peu au-dessous de sa réputation.

DESCRIPTION.

Rameaux de moyenne force, très-finement anguleux dans leur contour, à entre-nœuds assez longs, de couleur rougeâtre peu foncé et en grande partie recouverte d'une pellicule d'apparence métallique, duveteux sur presque toute leur longueur; lenticelles manquant souvent.

Boutons à bois très-petits, coniques un peu émoussés, appliqués au rameau, soutenus sur des supports un peu saillants dont l'arête médiane se prolonge très-finement; écailles peu recouvertes d'un duvet extraordinairement court.

Pousses d'été d'un vert d'eau foncé et couvertes d'un duvet extraordinairement court et peu serré.

Feuilles des pousses d'été moyennes, ovales un peu allongées et parfois étroites, se terminant presque régulièrement en une pointe peu longue, creusées en gouttière et arquées, bordées de dents assez larges, peu profondes et obtuses, soutenues horizontalement sur des pétioles longs, de moyenne force et redressés.

Stipules en alênes très-courtes.

Boutons à fruit petits, conico-ovoïdes, émoussés ; écailles recouvertes d'un duvet gris et serré.

Fleurs moyennes ; pétales ovales-elliptiques, planes, à onglet très-court, se recouvrant entre eux, à peine lavés de rose violet en dehors, blancs en dedans ; divisions du calice de moyenne longueur, presque annulaires ; pédicelles courts, grêles et un peu duveteux.

Feuilles des productions fruitières moyennes, les unes obovales-elliptiques, se terminant un peu brusquement en une pointe peu longue, peu repliées sur leur nervure médiane et peu arquées, les autres elliptiques-élargies, bien repliées sur leur nervure médiane et bien arquées, bordées de dents assez profondes, couchées, le plus souvent émoussées, mais parfois aussi un peu aiguës, bien soutenues sur des pétioles assez courts, grêles, bien redressés et bien raides.

Caractère saillant de l'arbre : teinte générale du feuillage d'un vert bleu assez foncé ; stipules extraordinairement courtes.

Fruit gros ou assez gros, tantôt plus large que haut, tantôt paraissant plus haut que large, sphérico-conique et largement tronqué à ses deux pôles, souvent un peu déformé dans son contour par des côtes très-aplanies, atteignant sa plus grande épaisseur très-peu au-dessous ou presque au milieu de sa hauteur ; au-dessus et au-dessous de ce point, s'arrondissant par des courbes presque également convexes, soit du côté de la cavité de la queue, soit du côté de celle de l'œil vers laquelle il s'atténue cependant un peu plus.

Peau mince, unie, d'abord d'un vert décidé semé de points bruns, cernés de vert très-clair et très-largement espacés. Une tache d'une rouille brune s'étale en étoile dans la cavité de la queue. A la maturité, **commencement et courant d'hiver,** elle devient grasse et onctueuse, le vert fondamental s'éclaircit un peu en jaune et le côté du soleil, sur une large étendue, est lavé d'un rouge rosat traversé par des raies de la même couleur plus foncée et sur lequel apparaissent bien des points largement cernés de jaune.

Œil grand, fermé ou demi-fermé, à divisions fines et finement aiguës, placé dans une cavité assez peu profonde, un peu évasée et divisée par ses bords en des rudiments de côtes qui se prolongent d'une manière très-peu prononcée sur la hauteur du fruit.

Queue plus ou moins courte, de moyenne force, attachée dans une cavité étroite, peu profonde et à peine irrégulière par ses bords.

Chair d'un blanc verdâtre, assez fine, demi-ferme, suffisante en jus douceâtre, à peine acidulé, relevé d'une saveur souvent entachée d'un arrière-goût herbacé, constituant un fruit bon seulement pour les usages de la cuisine.

TABLE ALPHABÉTIQUE

DU

TOME VIII.—POMMES.

(Les numéros d'ordre des descriptions et des planches sont indiqués à la suite de chaque fruit. Les synonymes sont en caractères italiques.)

Bourg. — Imprimerie J.-M. Villefranche, place d'Armes, 1.

www.ingramcontent.com/pod-product-compliance
Ingram Content Group UK Ltd.
Pitfield, Milton Keynes, MK11 3LW, UK
UKHW021852190726
13855UKWH00001B/275